과학의 최전선

ZUKUNFTSWELTEN

노화 연구에서 우주 탐사까지, 인류의 미래를 향한 지적 여행

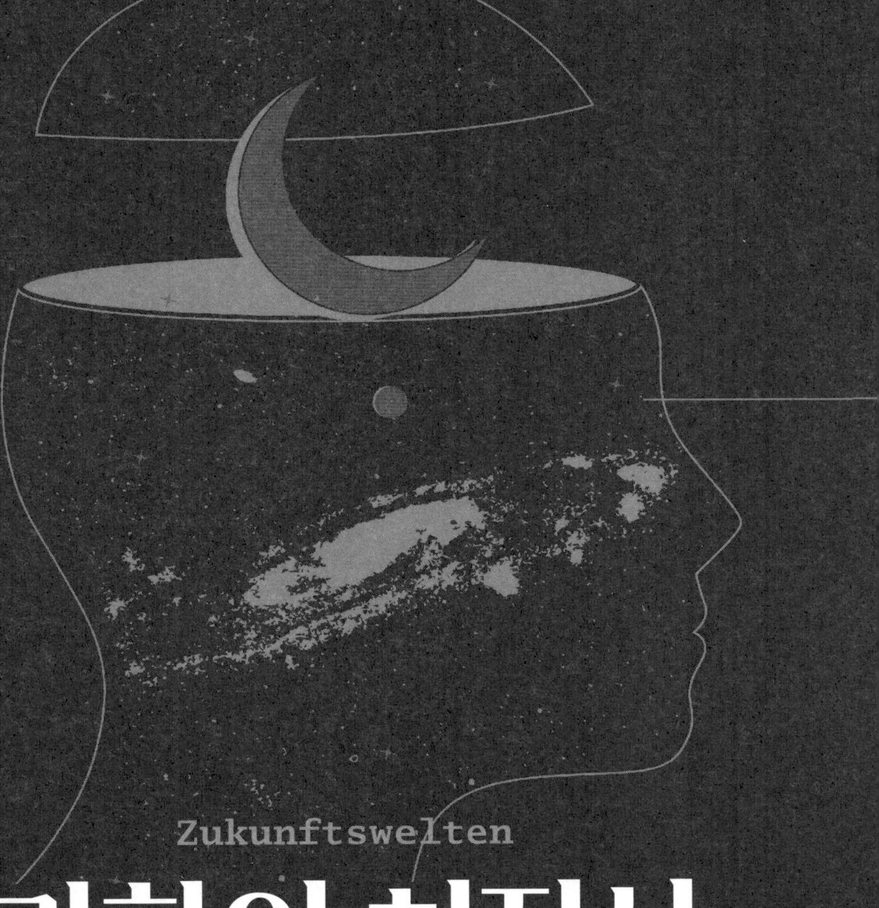

Zukunftswelten

과학의 최전선

패트릭 크래머 지음 | 강영옥 옮김 | 노도영 감수

21세기북스

추천사

멈추지 않는 호기심은 생존을 위해 살아 숨 쉬는 생명체의 기본적인 반응이다. 누구도 떠올리지 못했던 작은 질문은 세상을 바꿔나갔고, 심사숙고한 전문가들의 신중한 합의는 인류를 구원했다. 그리고 수십 번씩 반복했던 질문이라는 작은 불씨가 어떻게 광대한 우주의 최전선까지 이어질 수 있는지를 보여주는 아름답고 경이로운 여정이 바로 여기 있다. 일상의 소소한 궁금증에서 출발하지만, 꼬리에 꼬리를 무는 질문의 도착 지점에는 늘 과학의 최전방이 펼쳐진다. 유전자에서 은하, 세포에서 사회 시스템까지 경계 없이 자유롭게 오고 가는 탐구심의 대상은 마치 잘 설계된 천체망원경이자 깨끗이 닦인 현미경처럼 멀리 있는 사유의 별들을 우리 눈앞으로 끌어오는 동시에 보이지 않는 미세한 현상들을 관측해낸다. 복잡계와 진화, 인공지능과 뇌, 에너지와 생명, 물질과 시간이라는 숨 막히는 주제 앞에서 저자의 손끝은 단 한 순간도 멈추지 않고 익숙한 삶의 언어로 미래를 마음껏 표현한다. 과학이라는 무궁무진한 잠재력의 렌즈는 인류의 물음표에 답을 주기보다 더 풍요로운 질문으로 세상을 다시 보게 해줄 것이다.

- 궤도(과학 커뮤니케이터, 『과학이 필요한 시간』, 『궤도의 과학 허세』의 저자)

미래는 어떻게 만들어질까? 자유롭게 꿈꾸고 상상하는 사람들이 필요하다. 꿈꾸던 일을 현실로 만들기 위해 끊임없이 실험하고 도전할 수 있는 장소와 시설도 필요하다. 현재 주어진 가능성만 바라보는 것이 아니라, 대담하게 더 먼 곳을 내다보고 계속해서 목표를 업데이트할 수 있도록 지속적인 지원도 필수적이다. 다음 세대가 참여할 수 있도록 교육과 양성도 잘 이뤄져야 한다.

미래를 현실로 만들기 위한 이 모든 것이 모여 있는 곳이 바로 독일의 막스플랑크협회다. 창립 이후 100년이 넘는 시간을 한결같이 과학자들이 자신의 비전을 마음껏 펼칠 수 있도록 파격적으로 지원해 온 곳, 그리고 30명이 넘는 노벨상 수상자를 배출한 곳, 바로 세계 최고의 연구자들이 모여 있는 막스플랑크연구소. 이곳에서는 어떤 연구를 하고 있으며, 연구소는 어떻게 운영되고 있고, 연구자들은 어떤 원칙을 지키고 있을까? 막스플랑크협회의 새 회장 패트릭 크래머 박사의 책을 읽으면 그 답을 알 수 있다. 지금 우리가 가진 것, 알고 있는 것만으로는 미래 세상을 살아갈 수 없다. 늘 새롭게 시도하고, 새로운 발견을 할 수 있어야 우리의 미래가 더 밝아질 것이다. 지금도 어딘가에서 새로운 시도를 하고 있을 과학자들이 궁금하지 않은가? 이 책을 강력히 추천한다.

– 장동선(뇌과학자, 『AI는 세상을 어떻게 바꾸는가』 저자,
유튜브 '장동선의 궁금한 뇌' 진행자)

감수사

미래를 현재로 당겨오는 질문의 힘

노도영(기초과학연구원장)

우주, 물질, 생명, 그리고 인간에 관한 끊임없는 질문들은 현재 인류가 보유하고 있는 지식 체계를 형성했으며, 인류문명의 발전을 이끌어 왔다. 코페르니쿠스, 뉴턴, 아인슈타인에 의해 이루어진 천체와 우주에 대한 개념의 전환은 인간들의 자아상에 대한 관점을 흔들어 놓았고, 인간의 생명 그리고 인간이 사는 지구에 대한 질문을 던졌다. 우주와 지구, 그리고 인간에 이르는 다양한 질문들을 던지고 답을 찾는 기초과학 연구는 인류의 현재를 만들어 온 것처럼 인류의 미래를 예측하게 하고 제시하는 역할을 할 것이다.

이 책의 저자는 막스플랑크협회의 회장 취임 전 1년 여의 시간 동안 독일 전역에 걸쳐 있는 거대한 기초과학 시스템인 막스플랑크협회 산하 80여 개의 연구소를 여행하며 다양한 기초과학 연구를 엿보고 인류의 미래를 논한다. 역시 시작은 우주와 천체에 관한 연구이다. 지구 여러 지역에 설치된 거대 망원경을 동시에 연결하여 촬영한 은하의 블랙홀 사진과, 공간을 왜곡하는 중력파의 측정 연구를 소개하며, 중력파의 존재를 입증하기 전에는 죽을 수 없다고 말했던 과학자 하인츠 빌링의 고집을 조명한다.

'아는 것은 적용하는 것에 앞선다'라는 문장은 기초과학의 중요성을 가장 잘 설명하는 막스플랑크협회의 모토이다. 이 모토는 인간이 초래한 지구 온난화를 비롯한 기후변화 및 그에 대한 대책에도 잘 적용된다. 노벨물리학상을 수상한 클라우스 하셀만 박사는 1980년대 이미 온실가스 증가의 책임이 인간에게 있다는 것을 밝혀냈다. 지구는 우주의 일부이고 그 영향을 받지만, 인간은 지구에 근본적인 변화를 일으키고 있다. 오존층 감소 원인이 냉매제인 불화탄화수소라는 것을 알게 된 것은 냉매 규제 등을 통해 오존층 복원을 가져오게 했다.

인류의 진화에 관한 연구는 인류가 이룩한 발전을 통찰하는 열쇠를 제공한다. 네안데르탈인과 차별적인 배아를 형성하는 뇌 발달 유전자 돌연변이의 발견, 언어 발달에 유리한 구강근육 발달과 관련된 유전자 등 다양한 진화론적 연구가 다수의 막스플랑크연구소에서 진행되어 왔다. 세포와 생명에 대한 근원적인 연구는 의학의 커다란 발전을 이끌었으며, 2019년 말 시작된 팬데믹 기간에 수천만 명의 목숨을 구한 백신의 개발은 위대한 생명과학 연구의 성과이다. 새로운 단백질 및 RNA 의학은 의약품의 범위를 크게 확장하고 있다.

지난 100여 년간 이루어진 물질과학의 혁명은 막스플랑크협회 이름의 유래가 된 막스 플랑크의 에너지 양자화 개념에서 시작되었다. 이는 물질과 빛이 가질 수 있는 에너지가 임의의 양이 아니고 아주 작은 덩어리로 존재한다는 것이다. 물질의 양자화에 대한 이해는 현대 전자산업의 토대를 마련했지만, 최근 또 다른 변혁을 예고하고 있다. 물질의 양자적 특성을 컴퓨터의 최소 정보단위인 '큐비트'로 활용하는 양자컴퓨터에 대한 연구의 진행은 곧 한계에 다다를 기존 트랜지스터 기반 컴퓨터 기술을 넘어선 엄청난 잠재력을 가지고 있다. 막스플랑크협회의 여러 연구소에서는 인류의 지속적 성장에 필수적인 청정에너지에 대한 연구가 활발히 진행되고 있다. 특히 수소에너지와 핵융합 분야에서 당면한 과제를 해결하기 위해 다양한 연구가 진행되고 있다.

한편 연구자들은 자신의 연구가 끼칠 영향을 끊임없이 고민해야 한다. 무엇이 유용하고, 미래에 무엇이 가능할지 소통해야 한다. 막스플랑크협회에서 사회학과 인문학 연구를 포함하는 것은 파격적으로 보일 수도 있지만, 인간의 존재 및 공생을 다루는 학문이라는 점에서 필수라는 생각이 든다. 인공지능이 적용되는 로봇이 주먹 도끼와는 다른 완전히 새로운 기계라는 점은 분명하다. 그리고 여기에는 기회와 위험이 공존한다. 또한 선진국에서 신재생에너지 연구가 활발해져 화석연료의 가격이 하락할 경우, 개발도상국에서는 값이 싸진 화석연료를 더욱 많이 사용하게 될 가능성이 있다.

막스플랑크협회의 존재는 독일이라는 국가를 넘어 전 전 세계

인류에게 커다란 축복이라고 할 수 있다. 인류의 미래를 예측하고 대비할 수 있도록 돕는 우주, 지구, 물질, 생명에 대한 중요한 연구를 수행하는 막스플랑크협회에 깊이 감사한다. 이 책을 읽으며 가까운 미래에 국민들에게 직접적인 이익이 돌아오지 않을 것을 알면서도 기초과학 연구에 대한 국가적 지원의 필요성을 강조할 때, 본인 스스로 확신에 대한 의구심을 과감하게 떨칠 수 있었다.

이 책은 다양한 기초과학의 깊이 있는 주제를 다루면서도 일반인들이 어렵지 않게 접근할 수 있는 길을 곳곳에 열어준다. 과학에 관심 있는 대중이 정독을 한다면 과학의 묘미를 여유롭게 즐기며 지식의 늪에 빠져들 것이다. 우주, 지구, 생명, 물질에 대하여 캐주얼하게 접근하다가도, 어느 순간 독자를 프런티어 과학의 최전선으로 끌어드리는 저자의 독특한 화법은, 편하게 읽다가 문득 정신이 번쩍 드는 긴장감을 느끼게 한다. 이 책이 인류의 미래와 자연과학에 관심이 있는 일반인에게 사고의 폭을 넓혀줄 것으로 기대한다. 나아가 왜 기초과학을 지원해야 하며, 어떻게 기초과학 연구를 수행할 것인가를 고민하는 과학기술 연구기관 책임자, 국가 과학기술 정책입안자와 언론인들에게 필독서로 추천한다.

서문

세계 최초의 발견, 그 경이로운 기쁨

이 책에 관한 아이디어가 떠오른 것은 2022년 늦여름 어느 날, 하이델베르크성에서 쾨니히슈툴산 정상에 올랐을 때였다. 높은 산 위에서 네카어 계곡을 수놓은 낭만적인 도시를 바라보니 지난날의 기억들이 새록새록 떠올랐다.

1990년대 초 나는 화학을 전공하는 학생으로 이곳에 왔다. 여기서 내가 한 일이라곤 낡은 실험실에서 흰 가운을 입고 유리로 된 우스꽝스런 기계 장치가 지글지글 끓는 모습을 바라보는 게 전부였다. 당시 내 관심은 다른 것에 쏠려 있었다. 바로 생명의 화학이다. 결국 나는 갈망해 마지않던 브리스틀과 케임브리지 유학을 위해 영국으로 떠났다.

이후 1994년 박사 과정 선발 절차에 지원하기 위해 하이델베르크로 다시 돌아왔다. 당시 유럽 분자생물학실험실European Molecular Biology Laboratory, EMBL의 박사 과정에는 공석이 많지 않았는데도 수백 명이 지원했고 나도 그중 한 사람이었다. 두 번째 도전에서 나는 그토록 바랐던 박사 과정을 밟게 되었고, 프랑스 그르노블의 유럽 싱크로트론 방사선 연구소European Synchrotron Radiation Facility, ESRF에서 몇 년 동안 입자가속기를 연구했다. 그 후 미국 캘리포니아의 스탠퍼드 대학교, 독일 뮌헨 루트비히막시밀리안 대학교에서 연구하다가 괴팅겐의 막스플랑크협회Max Planck Gesellschaft로 자리를 옮겼다. 그리고 다시 하이델베르크로 돌아왔고 지금은 대학자문위원회와 유럽 분자생물학실험실 협의회에서 일하고 있다.

그처럼 하이델베르크는 내게는 매우 친숙한 곳이다. 그런데 2022년 8월 산에 올랐을 때는 이곳이 갑자기 낯설게 느껴졌다. 불과 몇 주 전인 6월 23일, 내 인생을 완전히 뒤바꿔놓은 일이 생기면서 이 익숙한 도시마저도 다른 시각으로 보게 되었기 때문이다. 그 일이란 바로 내가 막스플랑크협회 회장으로 선출된 것이다. 회장으로서 직무를 수행하려면 과학에 대한 관점을 새롭게 바꿀 필요가 있었다. 나는 유럽 분자생물학실험실에서 겨우 몇 킬로미터 떨어진 곳에 있는 막스플랑크 천문학연구소Max Planck Institut für Astronomie로 올라가며 이 사실을 다시 한번 실감했다.

나는 30년 가까이 분자생물학을 연구했다. 이 분야의 국제 연구팀은 유전자의 비밀에 점점 더 깊이 다가가고 있다. 하지만 이제 연구 관리, 과학 정책, 홍보 업무까지 해내려면 지금보다 훨씬 더 진취적인 자세가 필요하다. 이런 새로운 도전 과제에 어떻게 대처해야 할지 나는 나 자신에게 질문하면서, 바로 이곳 하이델베르크에서 학자로서 어떻게 경력을 시작했는지 기억이 떠올랐다. 그래, 여기서부터 새롭게 출발하면 어떨까?

나는 새로운 과제를 준비하기 위해 대대적인 여행을 결심했다. 미래의 학문을 찾아 독일에 38곳, 해외에 4곳 있는 막스플랑크협회의 84개 기관을 방문하기로 말이다. 현장에서 최신 학문을 접하고 인문과학, 사회과학, 법학, 자연과학, 컴퓨터과학뿐 아니라 생명과학과 바이오의학 등 다양한 연구 활동 전반을 파악할 수 있는 눈을 키우고 싶었다. 그리하여 실험실과 생각의 공간에서 무슨 일이 일어나고 있는지, 새로운 지식이 미래의 세계를 어떻게 만들어 나갈지 알게 되길 바랐다.

실은 이 여행을 떠나기 훨씬 전부터 이 연구가 우리의 삶에 근본적인 영향을 끼치고 우리가 함께 살아가고, 일하고, 소통하는 방식에 변화를 가져오리라는 게 확실해졌다. 우리는 기후 재난을 방지하기 위해 대체 에너지원을 개발하게 될까? 우리의 민주주의는 새로운 통신 형태와 인공지능이 불러올 도전 과제를 극복할 수 있을까? 우리는 고령화 사회에 의료 서비스를 제공할 수 있을까?

미래에 관한 이런 질문들과 그 외 많은 질문에 대한 답을 찾기 위해 나는 대부분 사람이 접근하기 어려운 장소들을 여행했다. 나는 도서관의 비밀 소장품들 사이를 거닐었고, 금화조들로 가득한 연구용 케이지를 지나쳤으며, 거대한 플라스마 저장 장치 앞에 감탄하며 서 있었다. 하지만 이 여행이 나를 연구용Zebra finch 장치들이 있는 공간으로만 안내한 건 아니었다. 나는 약 300명에 이르는 연구소장들, 약 2만 4,000명의 직원을 이끄는 연구팀 리더 및 대표들과 대화를 나누었다. 막스플랑크협회에는 100여 개국 출신의 직원들이 일하고 있어서 이따금 세계 일주를 하는 듯한 기분이 들 정도였다.

그렇게 해서 나는 이제 막 연구자들의 머릿속에서 탄생한 미래의 세계를 엿볼 수 있었다. 새롭게 펼쳐질 연구의 지평과 우리 앞에 어떤 가능성이 놓여 있는지를 말이다. 나는 미래에 대한 아이디어와 꿈, 우려와 도전 과제를 하나하나 만났고 이로써 단순히 연구소 방문객에 머무르는 게 아니라 여행자가 될 수 있었다. 또한 다양한 전문 영역의 문화에 관한 이해의 폭을 넓히게 되었으며 이는 긍정적인 미래 시나리오를 발전시키는 희망으로 이어졌다.

이처럼 환상적인 여행을 할 수 있는 기회가 모두에게 주어지는 건 아니다. 그래서 나는 간접적으로나마 여러분을 이 여행에 동참시키고 이 자리를 통해 내가 특별히 받았던 인상, 경험, 통찰을 전하고자 한다. 내 여행 보고서는 막스플랑크협회처럼 규모가 큰 학술 조직에서 진행되는 연구를 정확히 설명하기에는 턱없이 부족하다. 하지만 이 책에서 소개한 만남들은 과학이라는 환상적인 세계에 대한 통찰을 제공하는 모범 사례들이다.

이를 설명하기 위해 나는 해당 연구 분야의 지식수준을 꾸준히 반영했고 막스플랑크협회에서 나온 것뿐만 아니라 전 세계 학회에서 진행 중인 연구 결과도 추가했다. 그리고 전반적인 지식수준에 대해 나눈 대화와 내 경험을 넣음으로써 다양한 주제 영역을 초월해 최신 연구 환경을 개략적으로 파악할 수 있도록 했다. 앞으로 다뤄야 할, 해결되지 않은 질문들도 계속해서 추가할 것이다. 더불어 내가 통찰을 얻는 과정을 보여주면서 이 책에서 소개하고자 하는 연구 분야를 더 철저하게 다룰 수 있도록 동기를 부여하고자 한다.

연구소 방문 여행의 출발 장소는 1948년 막스플랑크협회가 설립된 괴팅겐이었다. 여기서 시작해 나는 2022년 8월부터 2023년 4월까지 매주 기차 여행을 했다. 나의 연구소 방문기는 연대기 순이 아니라 장소별로 분류되어 있고 향후 학계에서 다룰 주제에 관한 경험을 선별해 정리했다. 그리고 각 장의 내용은 연구에 얽힌 위대한 수수께끼와 여러 기관이 기여하고 있는 연구 분야의 도전 과제들을 순회하듯 다루었다.

이 책에서 막스플랑크 연구소의 연구 활동을 단편적으로만 소개하고, 국내외 다른 연구 기관이 기여했음에도 이들의 활동을 정확하게 언급하지 않은 것에 대해서는 독자 여러분이 넓은 아량으로 이해해주길 바란다. 또한 이 여행에서 연구자 수천여 명을 만났지만 일부 노벨상 수상자의 이름만 언급한 점에 대해서도 양해를 구한다.

나는 미래로의 여행, 즉 수많은 작은 단계를 거쳐 이뤄지는 것과는 완전히 다른 여행에 여러분을 초대하고자 한다. 이것은 머릿속에서만 일어날 수 있는 여행이자 미래로의 여행, 우주의 광활한 공간에서 온갖 비밀로 가득한 우리의 고향인 지구로 넘어오는 여행이다. 지구에서 우리는 멸종 위기의 동식물계를 거쳐 인간의 창의력에 다가가고 의학과 기술, 에너지 생산을 탐색할 것이다. 그리고 마지막으로 사람들이 공존하는 환상적인 세계로 들어갈 것이다. 이제 우리는 이 위대한 일들이 어떻게 이 세계에서 일어났는지, 지식과 법과 문화는 어떻게 탄생했는지, 그것이 우리에게 무엇을 의미하는지 알게 될 것이다.

누가 알겠는가? 이 여행의 끝에서 여러분은 다름 아닌 자기 자신에게 한 발 더 가까이 다가갈지 모른다. 내가 그랬듯이 말이다. 어쩌면 여러분은 각자의 미래를 엿볼 수도 있다. 여러분이 궁금해하던 것, 여러분의 희망, 여러분의 선택 등을 말이다. 이런 일이 일어난다면 이 책은 목표를 이룬 셈이고 나는 더없이 행복할 것이다.

차례

1장

우주에서 우리의 위치

광활한 우주 속, 우리가 찾으려는 것은 무엇인가

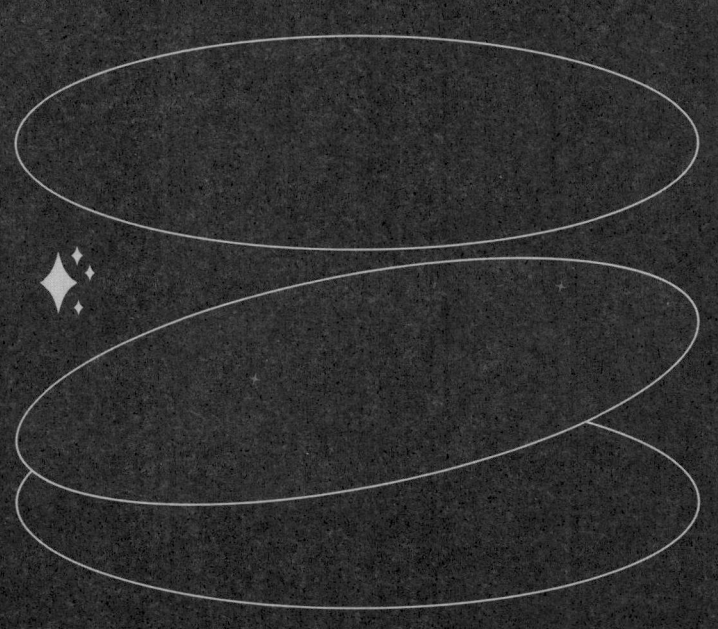

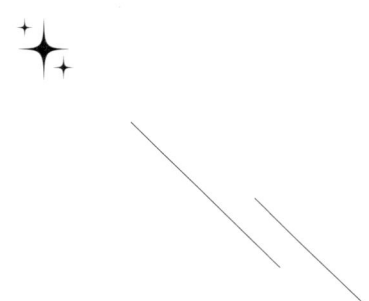

하이델베르크성의 구불구불한 길 끝에 있는 쾨니히슈툴산을 올라 막스플랑크 천문학연구소에 도착했다. 숲 한가운데에 있는 공터는 하늘을 향해 활짝 열려 있어 태곳적부터 수많은 사람이 얼마나 경이로운 눈빛으로 이곳의 하늘을 바라봤을지 생각하게 된다.

천체는 항상 우리의 길잡이 역할을 해왔다. 약 4,000년 전의 것으로 추정되는 네브라 하늘 원반Himmelsscheibe von Nebra(천체가 묘사된 청동 원반으로 1999년 독일 네브라에서 발굴되었다-옮긴이)에는 이미 하지와 동지, 달의 위상이 묘사되어 있었다. 고대 그리스인들은 천체의 순환 주기를 이용해 절기를 구분했으며, 7세기에 마야인들은 태양의 신전 주변에 도시를 건설했다. 코페르니쿠스가 태양 중심설을 바탕으로 한 우주관으로 근대의 시작을 알리면서 천문학은 서양의 과학을 이끄는 원동력이 되었다. 뉴턴 역학이든, 아인슈타인의 상대성 이론이든 인류에겐 항상 천체의 운행과 우주의 구조를 이해하는 것이 관건이었다.

오늘은 하늘에서 무엇을 또 발견할 수 있을까? 우리는 저 멀리 떨어진 곳의 은하에 대해 무엇을 알 수 있을까? 19세기 말 이곳 쾨니히슈툴산에 천문대가 개관된 이후 천문학은 급속도로 발전해왔다. 세계 곳곳에 거대한 망원경이 설치되었고 수많은 연구원이 이 망원경들을 조작한다. 현대식 고성능 망원경의 입지는 저 먼 곳에 있는 천체가 산란광, 먼지, 습도로 인해 최대한 흐릿하게 나타나지 않는 곳으로 선정된다. 최적의 시야를 확보하기 위해 심지어 우주 공간으로 망원경을 발사하기도 한다. 우주 공간에서는 그 어떤 것도 공간의 깊이에 맞춰 시야를 왜곡시키지 않고 그 어떤 빛도 지구의 대기권에 흡수되지 않기 때문이다.

연구소의 입구에서부터 나는 오늘날의 망원경이 제공하는 압도적인 이미지들을 맛보기로 체험하고 있다. 이곳에서는 아득히 먼 곳에 있는 은하들을 담은 대형 사진들이 반갑게 인사한다. 나는 반짝반짝 빛나는 소용돌이, 숱하게 많은 별이 있는 나선은하spiral galaxies, 가스와 먼지로 이뤄졌고 분홍빛과 초록빛으로 희미하게 빛나는 은하성운galactic nebula 앞에 홀린 채 서 있었다. 이 마법 같은 세계를 넋을 놓고 바라보다가 문득 인류와 생명에 관한 오래되고 근본적인 질문을 떠올렸다. 우리는 어디에서 왔을까? 우리는 어디로 가는 것일까? 우주에 우리만 존재할까?

주최 측에서 나를 플라네타륨planetarium과 강당으로 사용되는 높은 아치형 천장이 있는 방으로 안내했다. 대중에게 우주에 관한 연구를 소개하는 천문학관으로 인근 도시의 학생들과 이 분야에 관심이 있는 비전문가들도 초대를 받아 오는 곳이다. 하지만 오늘은 이 공간에 연구소의 전 직원이 모였다. 활기찬 대담이 끝난 후 나는 개별적인 대화들을 이어갔다.

여기서 내가 보고받는 것들은 내 상상력을 초월했다. 잘 알려져 있듯이 우주에는 천문학적인 수의 은하들이 존재하며 우리은하(태양계가 속해 있는 은하-옮긴이)도 그중 하나다. 몇몇 은하들은 탄생의 순간을 볼 수 있는데, 우리에게는 이런 별들의 세계가 이제 막 탄생한 것처럼 보인다. 하지만 실제로 이런 은하들은 상상할 수 없을 만큼 지구에서 멀리 떨어져 있어서 이 은하들로부터 지구에 빛이 도달하기까지는 엄청나게 긴 시간이 걸린다. 현재 지구에 도달한 빛은 이런 은하들이 탄생한 아주 먼 옛날의 것이다.

그 빛은 주홍색으로, 이는 해가 뜰 때 더 따뜻한 빛을 띠며 모습을 드러내는 것과 같은 이치다. 어린 별들은 가시 영역 너머에서도 빛을 발하기 때문에 연구원들은 적외선 영역에서도 복사선을 측정할 수 있다. 그래서 태곳적 우주에서 어떻게 은하가 생성되었는지 연구할 수 있다.

한 연구원이 내게 마치 날씨 이야기를 하듯 편안하게 우주가 어떻게 탄생했는지 설명해주었다. 우주의 아주 초기에 은하가 생성된 후 우주 인플레이션cosmic inflation(우주 초기의 어떤 순간에 우주가 빛보다 더 빠른 속도로 팽창했다는 가설-옮긴이)이 발생했다. 이 초창기에 모든 것은 극도로 빠르게 팽창했다. 이와 동시에 초광속superluminal

이라는 신비로운 현상도 나타났다.

나는 잠시 그의 말을 끊고 아인슈타인이 광속을 운동의 최고 한계로 정의했느냐고 질문했다. 그는 아인슈타인은 그랬지만 이런 한계는 현재의 시공간에만 적용된다고 설명했다. 그의 대답을 듣고 나는 안심했다. 아인슈타인이 시간과 공간은 분리될 수 없는 단위, 즉 시공간을 형성한다고 주장했기 때문이다. 이어서 그 연구원은 시공간이 항상 안정적인 건 아니라고 덧붙였다. 우주 인플레이션이 일어나는 동안 시공간이 확장되기 때문에 아인슈타인이 주장한 한계가 적용되지 않는다는 것이다. 나는 우주가 생성된 직후 실제로 초광속이 가능했다는 사실을 알게 되었다.

그런데 은하는 별들뿐만 아니라 별들의 주변을 돌고 있는 행성들로 이뤄져 있다. 이런 행성들은 어떻게 생성되는 것일까? 이곳을 방문하기 전까지 나는 행성에 대한 개념도 정확하게 몰랐다. 처음에는 어린 별들의 주변에 먼지와 가스로 이뤄진 원반들이 생성된다. 행성을 구성하는 원반들을 연구하려면 고해상도 이미지가 필요한데 이에 요구되는 감도를 맞추기 위해 망원경에 특수 장치를 장착해야 한다. 이때 이동식 반사경이 이른바 적응광학계를 이뤄 대기층의 기체 불안정으로 발생하는 장애를 줄일 수 있다. 이렇게 하면 더 선명한 이미지를 얻을 수 있는데 이런 이미지들은 그야말로 장관이다. 게다가 먼지와 가스가 어떻게 고체인 물질로 농축되고 행성이 탄생하는지도 볼 수 있다.

또 다른 연구원과의 만남에서 나는 더 놀라운 사실을 알게 되었다. 몇 년 전 하버드 대학교에서 하이델베르크 대학교로 온 그녀는 저 먼 곳에 존재하는 행성계의 신비로운 외계 행성들에 흠뻑 빠져 외계 생명체의 흔적을 찾고 있었다. 그녀는 활짝 웃으며 그런 행성들은 스스로 빛을 내지 못하기 때문에 우주에서 발견하기 어렵지만 연구 방법이 정밀해지면서 점점 더 정확하게 관찰할 수 있게 되었다고 했다. 이제는 어떤 외계 행성이 대기로 둘러싸여 있고 이런 대기가 어떻게 구성되어 있는지 볼 수 있게 된 것이다. 게다가 아주 멀리 떨어져 있는 외계 행성들로부터 지구에 도달하는 극도로 약한 적외선도 분석할 수 있게 되었다. 연구원들은 손가락의 지문처럼 이런 복사선에서 대기 중의 특정한 기체를 의미하는 신호 패턴을 발견할 수 있다.

인간은 곧 외계 생명체의 흔적도 찾을 것이다. 생명체가 존재할 가능성을 보여주는 결정적인 증거는 물로서, 실제로 외계 행성에 물이 있다는 사실이 확인되었다. 물 분자는 흡수하는 특성이 있는데 파장이 약 3마이크로미터, 즉 3×10^{-6}미터일 때 적외선 빛을 흡수한다. 바로 이것을 측정할 수 있기 때문에 우주에 물이 존재한다는 사실을 입증할 수 있는 것이다. 이 외에도 우주에서 발견된 또 다른 흔적들에서 알코올, 아세트알데히드, 사이안화수소 등의 탄소화합물이 검출되었다. 화학식이 HCN인 사이안화수소는 더 큰 분자를 구성하기 위한 출발 물질로 사용될 수 있다.

외계 행성은 생명의 탄생에 필요한 분자들이 형성되기 어려운 조건, 즉 기온과 물질의 밀도가 낮은 경우가 태반이다. 그럼에도 연구원들은 우주에 그런 물질이 존재한다는 암시를 찾아냈다. 이를 위해 측정된 적외선 스펙트럼과 이론적으로 예측한 곡선을 비교한 결과를 보면 그 유사성은 종종 놀라울 정도였다. 그래서 많은 젊은 연구원이 눈을 반짝거리며 외계 생명체가 존재한다는 암시들이 점점 확실한 증거로 나타날 것으로 생각한다.

생명체를 이루는 분자들은 외계 행성뿐만 아니라 연구소 지하실에서도 탐색된다. 이곳에는 관과 피스톤이 달려 있고 금속을 얇게 입힌 장치들이 있는데, 아주 낮은 온도에서만 화학 반응이 일어난다. 현재 이곳 연구원들의 바람은 저 멀리 떨어져 있는 외계 행성과 동일한 조건에서 화합물을 합성하는 것이다. 이것이 성공한다면 우주에 생명체가 존재한다는 가설을 입증하는 첫 단계를 통과하는 셈이다.

우리는 이런 실험들을 통해 우주와 지구에서 화학 반응이 일어나는 조건이 다르다는 사실을 알고 있다. 화학 반응을 일으키려면 많은 에너지가 공급되어야 한다. 우주에 복사선이 충분히 나타나는 것으로 봐서 이 반응은 분명 에너지를 지닌 복사선을 통해 일어날 것이다. 이제 유전에 관여하는 분자인 핵산의 합성에 이르는 첫 단계를 통과했다. 앞으로 생명을 이해하는 길에서는 더욱 흥미진진한 일들이 잇따를 것이다.

이런 연구 작업에는 매우 정밀한 장치가 필요하다. 이 연구소는 그런 장치를 제작하기 위해 정밀 기계 작업장을 운영하고 있다. 천장이 높은 홀에 들어가자마자 나는 기사들과 기술자들이 그들의 일에 자부심이 있다는 걸 느낄 수 있었다. 이들의 오랜 노력 끝에 유일하게 이곳에만 있는 측정 장치들이 탄생했다. 이런 장치 중 다수가 이미 전 세계의 망원경에 장착되어 있다. 그리고 이들의 도움으로 칠레의 새 망원경에 외계 행성의 특성을 찾아내기 위한 장치가 구현되었다. 우주 저 멀리 떨어져 있는 별들의 세계에 있는 세부적인 것들까지 탐색하려면 이처럼 특별한 엔지니어링 기술이 뒷받침되어야 한다.

이곳에서도 우주망원경에 필요한 기술 부품들이 제작되었는지 궁금해서 물어보자, 안내인은 친절하게 고개를 끄덕였다. 세계 최초의 우주망원경인 허블 망원경은 1990년에 우주로 쏘아 올려졌다. 그리고 2021년 12월 25일, 수십 년에 걸친 고된 작업 끝에 프랑스령 기아나 쿠루 우주정거장에서 과학 로켓 아리안 5호와 함께 제임스웹 우주망원경James Webb Space Telescope, JWST이 발사되었다. 이를 위한 측정 장치가 바로 이곳에서 제작되었다고 한다. 그중에는 적외선 카메라용 부품들도 있었다. 이 카메라는 감도가 매우 뛰어나서 이론상으로는 지구에서 약 7억 킬로미터 떨어져 있는 목성의 위성에 있는 촛불도 볼 수 있다고 한다.

그런데 이 카메라는 우주에서 섭씨 영하 266도의 극심한 추위 속에서도 정확하게 작동되어야 한다. 게다가 다른 문제들도 있다. 2022년 6월 다수의 미세 운석들이 망원경의 반사경에 포착된 것이다. 그럼에도 연구원들은 제임스웹 우주망원경이 우주의 저 먼 곳으로부터 환상적인 사진들을 계속 보내주고 있어서 행복하다고 했다. 덕분에 우리가 '창조의 기둥Pillars of Creation', 즉 지구에서 약 7,000광년 떨어진 독수리 성운Eagle Nebula의 성간물질(성간 가스와 먼지)을 상세히 촬영한 사진들을 보며 새로운 별들이 탄생하는 순간을 이해할 수 있게 되었다고 말이다.

하이델베르크로 내려오는 길에 문득 우주에서 오는 수많은 정보를 세심하게 분석해야 한다는 생각이 머릿속을 스치고 지나갔다. 이를 위해 개발된 것이 이론 모델이다. 무언가 새로운 것은 천체를 관측해서 얻은 사실과 모델에 차이가 날 때, 현재 통용되고 있는 연구 가설에 의심이 생길 때 발견되기 마련이다.

얼마 후 나는 뮌헨 가르힝에 있는 막스플랑크 천체물리학연구소를 방문했는데 이론 연구에 특화된 곳이었다. 이 연구소는 은하의 생성을 연구하기 위해 전 세계 천체물리학자들이 사용하는 소프트웨어를 개발하고 있다. 우주의 심연으로부터 나오는 우주 마이크로파 배경복사Cosmic Microwave Background Radiation, CMBR는 분석하기가 매우 까다로운데 여기에 이론 모델이 사용된다. 그 외에도 암흑 물질이 존재함을 암시하는 증거도 얻을 수 있다고 한다.

내가 나의 상상력으로는 이런 걸 상상하기 어렵다고 고백했더니 연구원은 당황한 기색을 보였다. 우리 주변에는 우리에게 잘 알려진 물질 외에도 눈에 보이지 않는 신비로운 암흑 물질이 있다. 암흑 물질이라는 이름도 눈에 보이지 않는다고 해서 붙여진 것이다. 이 암흑 물질이 어떻게 구성되어 있는지는 아무도 모른다. 암흑 물질을 이루는 작은 입자들이 있다고 추측만 할 뿐 아직 이를 입증할 증거는 없다. 그럼에도 천체물리학자들은 암흑 물질이 존재한다는 주장에 동의한다. 우리에게 잘 알려진 우주의 팽창과 같은 많은 현상이 암흑 물질을 빼고는 설명할 수 없기 때문이다. 심지어 우주에서는 암흑 물질이 다른 물질보다 우세하게 많은 것으로 여겨진다.

천체물리학연구소 인근에 있는 막스플랑크 외계물리학연구소MPI für extraterrestrische Physik에서 나는 2020년 노벨물리학상을 수상한 독일의 천체물리학자 라인하르트 겐첼Reinhard Genzel을 만났다. 그는 우리은하, 즉 은하수의 중심부에서 블랙홀을 발견한 것에 대해 열정적으로 설명했다. 블랙홀은 다가오는 모든 것을 삼킬 정도로 물질에 대한 밀도가 엄청나게 높다. 그는 내게 블랙홀 주변에서 일어나는 일에 대한 영상을 보여주었다. 나는 이제 막 블랙홀을 비껴 간 별을 따라갔다. 블랙홀의 거대한 중력으로 처음에 별은 이동 속도가 매우 빨라지다가 이동 방향이 바뀌고, 마지막에는 블랙홀 옆을 날아서 지나간다.

이 외에도 그는 특이하게 휘어진 비행경로를 설명해주었는데, 연구원들이 내게 설명했듯이 이 경로는 이론과 정확하게 일치하지 않았다. 이것이 영상에 흥미를 한층 더했다. 그렇다면 관측 결과를 설명하기 위해 이론을 수정해야 할까?

여전히 답을 찾지 못한 질문들이 많다. 우리는 별들의 영상이 무한 루프로 재생되고 있는 모니터를 주시하며 서 있었다. 이 영상은 지구상에서 여러 개의 거대 망원경이 동시에 연결되었을 때만 촬영될 수 있다. 이 트릭을 이용하면 측정 위치의 정확도를 높일 수 있는데, 지구의 표면에서 망원경들 사이의 간격이 크기 때문에 더 우수한 성능의 각 분해능angular resolution(천문 관측에서 천체의 모습을 분해해 볼 수 있는 가장 작은 각의 크기를 말한다-옮긴이)에 도달할 수 있기 때문이다.

이 방법으로 2019년 4월 사상 최초로 멀리 떨어진 은하에서 블랙홀 바로 주변의 사진을 찍는 데 성공했다. M87이라는 이름의 이 사진은 전 세계 모든 뉴스 채널에서 보도되기도 했다. 2022년에는 궁수자리 A*Sagittarius A*(궁수자리와 전갈자리 경계 근처-옮긴이), 즉 우리 은하 중심에 있는 블랙홀의 사진도 찍을 수 있었다.

우주의 이런저런 관측에 사용되는 최고 성능을 가진 망원경 중 일부는 칠레의 아타카마사막에 설치되어 있다. 남아메리카의 태평양 연안의 공기가 육지에 도달하기 전에 급격히 냉각되기 때문에 이 지역에는 극건조 기후가 나타난다. 이런 냉각 현상은 한류寒流, 즉 훔볼트 해류(페루 해류)로 인해 생긴다. 차가운 공기는 습기를 거의 저장하지 않기 때문에 아타카마사막에는 실제로 눈이나 비가 내리지 않는다. 그래서 습도가 아주 낮게 유지되는 것이다. 게다가 높이가 5,000미터 이상인 지대에서는 공기가 매우 희박하고 사실상 먼지가 없다. 이 외딴 지역에는 우주의 시야를 방해하는 산란광도 없다.

몇 년 후에는 칠레에서 세계 최대의 광학망원경Extremely Large Telescope, ELT이 가동될 것이라고 한다. 이 신형 지상망원경은 주경의 직경은 39미터이고 798개의 육각형 형태로 된 반사경을 조립해 제작되었다. ELT는 가르힝의 막스플랑크 천체물리학연구소 인근에 있는 기관인 유럽 남방천문대European Southern Observatory in the Southern Hemisphere, ESO에서 관리하고 있다. 이 초대형 망원경을 위해 연구소에서는 근적외선 영역의 복사선을 포착하는 감도가 높은 탐지기인 미카도Multi-AO Imaging Camera for Deep Observation, MICADO를 제작했다. 이를 이용하면 우주 외부의 멀리에 있는 화합물도 포착할 수 있다. 물론 외계 행성도 포착 가능하다.

우주에 이미 설치된 완전히 다른 망원경 시스템도 대부분 이곳에서 개발되었다. 그중 이로시타extended Roentgen Survey with an Imaging Telescope Array, eRosita(X선으로 우주를 촬영하는 망원경)라고 불리는 탐지기는 아주 짧은 파장의 X선을 포착한다. X선은 원자 결합 규모의 파장으로 우주의 원자와 기본 입자를 밝혀내고 높은 에너지의 복사선을 측정할 수 있다. 이 탐지기는 지구의 궤도로부터 150만 킬로미터 외부에 있는 우주 탐사기에 장착되어 있어서, 우주 곳곳에서 X선을 수집할 수 있다. 이렇게 하면 블랙홀의 발달 과정도 추적할 수 있다. 이따금 블랙홀들이 서로 합쳐질 때는 상상할 수 없을 정도로 막대한 양의 에너지를 방출한다. 이 외에도 이로시타를 이용하면 우주에서 암흑 물질이 우세한 영역들을 지도로 만들 수도 있다.

하지만 암흑 물질은 중력을 이용해 연구하는 추세로 점점 바뀌어가고 있다고 한다. 그 원리는 아주 간단하다. 블랙홀 주변에서는 중력이 아주 세기 때문에 지나가는 빛이 굴절된다. 이 현상을 '블랙홀이 중력 렌즈처럼 작용하고 있다'라고 표현한다. 하지만 이런 빛의 굴절은 블랙홀의 질량은 물론이고 블랙홀 주변의 암흑 물질 존재 여부에 좌우된다. 그래서 블랙홀 주변을 관찰하면 주변에 암흑 물질이 존재하는지 간접적으로 알 수 있다.

암흑 물질뿐만 아니라 우리에게 친숙한 중력도 물리학자들에게 끊임없이 수수께끼를 던져준다. 이런 문제의 답을 찾는 곳이 막스플랑크 중력물리학연구소MPI für Gravitationsphysik다. 이 연구소의 별칭은 알베르트아인슈타인 연구소Albert Einstein Institut로 포츠담과 하노버 두 곳에 소재한다.

포츠담 연구소 안마당에 들어갔을 때, 아인슈타인의 흉상 바로 옆의 대형 모니터에서 매혹적인 영상이 재생되고 있었다. 화면 속에는 두 개의 블랙홀이 번갈아가며 회전하다가 함께 돌진하더니 융합되어 한 개의 '몬스터 홀'로 들어갔다. 수백 개의 태양이 휘어진 경로를 타고 블랙홀 주변으로 돌진했다. 가까이 다가오는 별은 블랙홀로 빨려 들어갔다. 물론 이는 시뮬레이션 영상이다. 최고 성능의 망원경이라고 해도 시간 및 공간 해상도가 그 수준에 도달하지 못했기에 실제 이런 영상을 만드는 것은 불가능하다고 한 연구원이 웃으면서 말했다.

나는 두 개의 블랙홀이 융합하는 장면을 시뮬레이션하는 게 어떻게 가능한지 물어봤다. 그 연구원은 이를 위해 아인슈타인이 일반상대성 이론에서 제시했던 수학 공식뿐만 아니라 슈퍼컴퓨터도 필요하다고 말해주었다. 갑자기 슈퍼컴퓨터가 어떻게 생겼는지 보고 싶었던 나는 그에게 보여달라고 요청했다.

컴퓨터는 지하에 있었다. 문 앞에는 '귀마개를 착용하시오'라는 경고 표시가 붙어 있었다. 문을 열고 들어가니 벽면에 줄지어 길게 늘어서 있는 캐비닛 안 컴퓨터들이 윙윙거리는 소리에 귀가 멍했다. 게다가 별들의 궤도를 시뮬레이션할 때 발생하는 열을 끌어내리기 위해 거대한 냉각기가 돌아가고 있었다. 성능뿐만 아니라 소음과 열기도 대단한 컴퓨터였다. 다시 지상으로 올라오며 나는 시뮬레이션이 어떻게 현실을 반영한다는 건지 궁금했다.

답은 간단했다. 블랙홀들이 번갈아 회전하며 융합할 때 중력파를 내보낸다는 것이다. 이런 중력파들은 블랙홀의 크기와 그 주변의 형태에 따라 달라진다. 그런데 몇 년 전부터 우주에서 지구에 도달하는 중력파들을 측정할 수 있게 되었다. 이런 중력파들이 시뮬레이션을 통해 생성된 중력파와 일치하면 시뮬레이션에 신뢰도가 부여된다. 하지만 우주에서 보내오는 신호는 아주 복잡하다. 연구원은 이 과정이 마치 많은 사람이 모였을 때 나오는 뒤섞인 소리로부터 각각의 소리를 걸러내는 것과 같다고 강조했다.

이런 상관관계를 좀 더 쉽게 이해하려면 무엇이 중력파와 관련이 있는지 알아야 한다. 아인슈타인은 100여 년 전에 이미 이런 파동이 있으리라 예측했다. 하지만 이런 파동을 어떻게 탐지할 수 있는지는 오랫동안 밝혀지지 않았는데 드디어 해낸 것이다. 최초로 중력파를 실험적으로 입증하는 데 성공한 것은 2015년으로, 하노버의 막스플랑크 중력물리학연구소 소속 연구원들이 결정적인 기여를 했다.

나는 중력파를 어떻게 탐지하는지 알고 싶었다. 그리고 돌아온 답은 아주 명확해서 나도 쉽게 이해할 수 있었다. 중력파는 시공간을 왜곡시키는데, 중력파가 시공간을 지나갈 때 공간은 확장되거나 수축된다. 우리 인간은 공간이 불변한다고 인식하지만 사실 그렇지 않다. 공간의 변화가 아주 미미해서 아무것도 느낄 수 없을 뿐이다. 물론 시공간에서 일어나는 아주 작은 왜곡도 측정할 수 있지만 그러려면 두 물체의 간격이 아주 정확하게 정해져야 한다.

그렇다면 이런 정확한 공간 측정이 기술적으로 가능한 일일까? 그러자 연구원들은 직접 측정하는 것을 보여주려고 했다. 우리는 거대한 지하 공간으로 내려가 머리에는 보호캡을 착용하고 신발에는 비닐봉지를 씌웠다. 기적의 방법이 꾸준히 개발되고 있는 이 공간에 먼지 한 톨도 유입되면 안 되기 때문이다.

우리는 중력파 탐지를 위해 개발된 장치인 레이저 간섭계 앞에 섰다. 이 기구는 길이가 대략 10미터인 두 개의 관으로 이뤄져 있었는데, '팔'이라고 불리는 두 관은 마주 보며 구석에 배열되어 있었다. 두 개의 팔에서는 레이저 광선이 흘러나오고 연결부에서 만난다. 이와 동시에 레이저 광선들이 서로 간섭을 일으킨다. 즉 빛의 파동 곡선에서 마루끼리 만나면 높아지는 반면, 파동의 골과 마루가 만나면 소멸된다. 공간이 왜곡될 때 변하는 간섭 패턴은 이렇게 생성된다. 우주의 중력파가 간섭계를 통과하면 공간이 왜곡되고 팔의 두 끝점 사이 간격이 변한다. 이 간격은 측정할 수 있기 때문에 중력파가 눈에 보이는 것이다.

중력파의 파장은 극도로 길어서 중력파를 탐지하기 위한 간섭계의 팔 길이도 아주 길어야 한다. 이곳 연구소의 테스트 장치보다 훨씬 긴, 수 킬로미터에 이르는 팔 길이는 막스플랑크 중력물리학연구소와 학술 협력 관계에 있는 미국 리고Laser Interferometer Gravitational-Wave Observatory, LIGO(레이저 간섭계 중력파 관측소)의 감지기까지 도달한다.

중력파는 리고까지 가는 팔 길이를 변화시키지만 그 길이는 최소 수준에 불과하다. 중력파를 통해 변화시킬 수 있는 길이는 1킬로미터당 10^{-18}미터로 상상조차 어려운 짧은 거리다. 이는 수소 원자핵 직경의 1,000분의 1밖에 되지 않는다. 수 킬로미터나 떨어진 반사경의 거리는 간섭계를 이용해 아주 정확하게 정해질 수 있다. 리고는 인간이 만든 가장 정확한 '인치자'인 셈이다.

한 연구원이 2015년 중력파 입증에 얽힌 이야기를 풀어놓았다. 독일 중력파 연구의 창시자인 하인츠 빌링Heinz Billing은 중력파의 존재를 입증하기 전에는 죽을 수 없다고 했는데, 리고 덕분에 2015년 102세에 이 역사적인 순간을 경험할 수 있었다. 향후 유럽에서 신형 중력파 탐지기, 이른바 아인슈타인 망원경이 제작될 것이다. 이 망원경으로 훨씬 정확한 관측이 가능하고 심지어 지금보다 우주가 10배나 더 작았던 시점의 블랙홀도 확인할 수 있다고 한다. 신형 망원경이 어디서 제작될지는 아직 확실치 않다.

천체물리학자들은 한발 더 나아가고 있다. 나는 지구에서는 약 30만 킬로미터 파장까지의 중력파만 관측할 수 있다고 들었다. 이런 파동은 최대 질량이 '고작' 50태양질량(1태양질량=332,946지구질량)에 불과한 아주 작은 블랙홀에서 시작된다. 이런 한계 때문에 현재 학자들은 아주 드문 경우에만 블랙홀이 어떻게 융합되는지 관찰할 수 있다. 이런 사건들을 더 많이 포착할 수 있고 융합을 통해 더 커진 블랙홀에서 나오는 중력파를 감지할 수 있다면 감지기를 우주 공간으로 옮겨야만 한다. 지구에는 지진파의 움직임이 있어서 이것이 지구의 중력장에 변화를 일으켜 우주에서 오는 신호를 교란하기 때문이다.

그런데 한 연구원이 환히 웃으며 수백만 질량에 이르는 훨씬 큰 블랙홀을 우주로부터 추적할 수 있다고 말했다. 그의 말에 따르면 향후 리사Laser Interferometer Space Antenna, LISA(레이저 간섭계 우주 안테나 실험) 프로젝트의 일환으로 우주 공간에서 중력파를 통해 그 존재를 입증해낼 것이라고 한다. 중력파는 종종 수십억 킬로미터의 파장을 나타내므로 감지기의 팔 길이는 수백만 킬로미터에 이른다. 이런 거대한 팔 길이는 그에 걸맞은 세 개의 위성을 배치하고 레이저를 통해 연결함으로써 궁극적으로 우주에 도달할 것이다.

연구원들은 기아나에서도 위성이 우주로 발사되고 2035년에는 리사에서 데이터를 제공하는 수준에 이르길 바란다고 했다. 시뮬레이션을 통해 나는 세 개의 위성이 태양 주변의 궤도에서 지구를 따라다니는 모습이 어떨지 상상해봤다. 이는 머지않아 현실이 될 것이다.

한편 유럽우주국European Space Agency, ESA은 2015년에 이미 리사의 연구 위성 패스파인더Pathfinder와 함께 사전 미션 착수에 성공했다. 연구원들은 새로운 초대형 프로젝트에 무엇을 기대하고 있을까? 리사를 통해 역동적인 상태의 시공간, 즉 빠른 변화 상태에서 관측이 가능해지면 우주의 구조를 생성할 수 있다. 게다가 우주가 존재한 최초의 순간의 중력파를 포착할 수 있다고 한다. 우주 마이크로파 배경복사를 분석하면 우주가 탄생한 지 30만 년밖에 되지 않았을 때의 초기 우주를 볼 수 있다. 물론 리사를 통해 아주 초기 우주의 구조가 어땠는지도 정보를 얻을 수 있다고 한다.

나는 믿을 수 없어서 두 눈을 비볐다. 우리 주변에 있는 모든 것이 탄생하는 순간을 아주 가까이에서 체험할 수 있다니, 그저 놀라울 뿐이었다. 연구원의 말에 따르면 지금까지 인간은 블랙홀이 붕괴할 때 짧은 순간 발산되는 일시적인 중력파만 포착할 수 있었다. 하지만 미래에는 펄서pulsar(맥동 전파원이라고도 한다. 고도로 자기화된 관측 가능한 전파의 형태를 취하며, 전자기파 광선을 내보내면서 자전하는 중성자별을 일컫는다-옮긴이)와 같이 특별한 천체에서 끊임없이 내보내는 지속적인 중력파도 발견할 수 있을 것이다.

펄서는 빠르게 회전하는 중성자별neutron star(중성자들로만 이뤄진 밀도가 매우 높은 천체로 항성 진화에서 종말에 도달한 상태를 일컫는다-옮긴이), 이른바 거성이 폭발하고 남은 잔해물이다. 이런 중성자별 중 수천 개가 이미 알려져 있고 머지않아 우주의 더 먼 곳에 존재하는 중성자별도 훨씬 많이 발견될 거라고 한다.

그렇다면 현재의 기술 수준으로 학자들은 어떻게 중성자별들을 발견할 수 있었던 것일까? 수수께끼로 가득한 펄서는 우주에서 어떻게 포착될까? 그 답을 찾는 것은 우리와 같은 비전문가들에게는 몹시 어려워 보이지만 독일 본의 막스플랑크 전파천문학연구소 MPI für Radioastronomie 연구원들에게는 더없이 매력적으로 느껴지는, 그들의 일일 뿐이다. 예전에 독일의 수도였던 본의 변두리에 있는 이곳에서는 아주 특별한 영역인 우주에서 오는 장파장 전자기파, 이른바 전파를 집중적으로 연구한다. 실제로 1960년대에 이미 이 연구소는 최초의 펄서를 발견하는 데 성공했다.

펄서는 1초 간격으로 저 먼 우주의 전파를 우리에게 보낸다. 내가 연구소를 방문했을 때 펄서를 등대라고 상상하면 된다고 한 연구원이 설명했다. 그사이에 1초에 무려 700번이나 깜빡거리는 펄서도 발견되었다고 한다. 이런 중성자별들은 크기가 매우 작아서 직경은 고작 20킬로미터지만 엄청나게 무거워서 질량이 태양 질량의 두 배에 이른다.

나는 그 연구원에게 꿈이 무엇이냐고 물어봤다. 그는 오래 생각하지 않고 우리은하의 중심에 있는 블랙홀 가까이에 있는 펄서를 발견하는 날이 오길 간절히 바란다고 했다. 그러고 나서 몸을 앞으로 내밀며 더 작은 소리로 이것이 정확하게 무엇을 의미하는지 아느냐고 물었다. 나는 아주 조심스럽게 고개를 내저었다. 그러자 그는 그런 날이 오면 블랙홀 근처가 어떻게 생겼는지 알 수 있을 거라고 속삭이듯 말했다.

그의 설명을 간단히 정리하면 이렇다. 펄서는 시계처럼 규칙적으로 깜빡인다. 펄서가 블랙홀 가까이에 오면 블랙홀이 시공간을 왜곡시키기 때문에 우리에게는 다른 형태로 깜빡인다. 그래서 우리는 깜빡이는 활동의 변화를 통해 블랙홀의 구조를 관찰할 수 있다. 또한 펄서를 이용해 블랙홀 주변의 시공간을 측정할 수도 있다. 그는 이것이 바로 커튼이 걷히는 신호라며 기대감에 들떠 웃었다.

또 다른 연구원은 지난 40년간의 연구를 돌아봤다. 전 세계의 다양한 망원경에서 M87 은하(처녀자리 A 은하, Virgo A, M87, NGC 4486이라고도 하며 처녀자리에 있는 타원 은하를 일컫는다-옮긴이)의 블랙홀을 촬영한 사진과 함께 자기판이 본에 도착했는데, 2019년 최초로 그 모습이 사진에 담긴 순간이 하이라이트였다. 연구원의 말에 따르면 이 사진을 촬영하는 데만 전 세계 학자들 약 400명이 참여했다고 한다. 블랙홀 주변이 이글이글 타오르는 것은 중심을 향해 붕괴하는 물질로 인한 현상이다. 이 물질은 블랙홀 주변의 원반에 배열되고 거의 빛의 속도로 움직인다. 이때 생성되는 X선은 지구에서도 포착된다고 한다.

나는 전파망원경이 어떻게 생겼는지 꼭 봐야겠다는 생각이 들었다. 다음 날 아침 눈이 내린 아이펠고원의 에펠스베르크 숲 한가운데까지, 40킬로미터에 이르는 구불구불한 길을 한 시간이나 걸려 갔다. 나는 거대한 반사경으로 본 겨울 숲의 장관에 압도되어 입을 다물 수 없었다. 예전에 에펠스베르크 전파망원경은 중량이

3,200톤이고 구경이 100미터에 이르는 세계 최대의 이동식 전파망원경 중 하나라는 글을 읽은 적이 있었다. 바로 앞에서 망원경을 볼 수 있는 통제실에는 수많은 모니터가 있었다. 그곳에 들어가서 접한 모든 것은 생각보다 대단했다.

1971년에 제작된 이 망원경은 수십 년에 걸쳐 꾸준히 개선되었기 때문에 아직도 이 유형의 망원경 중에서는 가장 현대적인 기기로 여겨진다. 연구원들은 이 망원경을 이용해 깜빡거리는 펄서와 블랙홀은 물론이고 우주에서 별이 탄생하는 지역과 신비로운 자기장을 관측할 수 있다.

연구를 총괄하는 학자가 알록달록한 수많은 모니터를 가리켰다. 각 화면은 항성시恒星時, sidereal time(어떤 지역에서 천구의 적도를 따라 항성 혹은 춘분점의 시간각을 측정해 정하는 시간을 일컫는다-옮긴이)를 나타낸다고 한다. 항성시는 우리의 시간에 비례해 2주일에 약 한 시간씩 움직이며 항성시를 따라갈 경우 자신이 즐겨 관측하는 대상이 하늘에서 어느 위치에 있는지 항상 알고 있어야 한다. 그런데 눈 때문에 망원경의 반사경을 수직으로 세워놓았다고 했다. 다행히 우리는 반사경에서 수신기 조종실까지 이어지는 이동식 다리를 이용해 수평으로 위를 올려다볼 수 있었다.

반사경은 창문에서 저 위까지 보여주고 있었다. 침을 꿀꺽 삼켜야 할 정도로 아찔한 높이에 올라오니, 이런 높이에서도 기가 막히게 균형을 잡는 비밀첩보원 제임스 본드가 저절로 떠올랐다. 회의와 흥분이 뒤섞인 감정이 밀려왔다.

통제실에는 세계 지도가 걸려 있었다. 지도에는 더 정확한 신호를 받기 위해 동기화할 수 있도록 다른 망원경들의 위치가 표시되어 있었다. 연구원은 이런 것들을 통해 생각지도 못했던 판구조론에 대해서도 살짝 배울 수 있다고 했다. 이에 나는 천체물리학과 판구조론은 관련이 없지 않으냐고 물었다. 그러자 그는 망원경 간의 차이는 아주 정확하게 측정될 수 있다고 설명했다. 망원경 옆에 원자시계를 설치해놓았기 때문에 하늘에서 동일한 대상을 관측한 망원경 간의 차이를 계산할 수 있다고 한다. 일종의 초대형 GPS 시스템 같다는 생각이 어렴풋이 들었다. 지난 몇 년간 바이에른 숲의 베트첼Wettzell 관측소 망원경은 사실상 움직이지 않았지만 시칠리아 관측소의 망원경은 몇 센티미터 정도 움직였다는 점이 눈에 띄었다.

이제야 무슨 말인지 이해할 수 있었다. 학자들은 유럽판과 비교하며 아프리카판의 이동을 관찰하고 있었던 것이다. 그 연구원은 웃으면서 이것은 지각판의 이동을 가장 정확하게 측정할 방법이라고 했다. 이 기술을 이용하면 해양 지진이 발생할 가능성을 예측해 쓰나미가 발생하기 전 정확한 시점에 경고 조치를 할 수 있다고 한다. 생각지도 못하게 이는 한 학문 영역이 다른 학문 영역에 유익하게 활용될 수 있는 사례였다.

이제 숨 고르기를 해야 할 때가 왔다. 우리는 작은 승강기를 타고 망원경의 중간 높이까지 갔다. 문이 열리자마자 나는 난간을 붙들었다. 눈발이 흩날리는 산을 바라보며 뻥 뚫려 있는 금속 창살을 지날 때 아래를 내려다보지 않으려고 안간힘을 썼다. 우리는 창살을 지나 약 70미터 높이까지 더듬더듬 앞으로 갔다. 하얀 기둥들 사이에서 조심스럽게 이동식 다리를 따라 거대한 장치의 중앙에 있는 '눈'까지 갔다. 이 눈은 아찔한 높이에 있는 반사경 앞의 중심부에 걸려 있었다. 우리는 잠수함의 문을 연상시키는 승강구를 지나 탐지기 조종실에 도달했다. 여기서 우리는 추위를 피했다. 한 연구원이 자랑스럽게 이곳은 겉은 투박하지만 내부는 정밀 하이테크가 응집된 핵심부라고 말했다.

이 탐지기는 감도가 매우 뛰어나서, 우주에서 휴대폰을 달에 던져도 우주에서 세 번째로 강한 전파원으로 감지할 정도라고 했다. 하늘에서 관측되는 대상은 상상할 수 없을 정도로 약한 신호를 내보내고 있다는 의미였다. 그렇다면 지구의 교란 신호들은 큰 골칫거리일 터다. 연구원은 금속으로 도금된 두 개의 도관을 가리키며 헬륨 냉각을 위한 유입부라고 했다. 그러면서 탐지기 온도는 절대 0도absolute zero point(절대 온도의 기준점이 되는 온도로 0K라고 쓰며 섭씨로는 영하 273.15도다-옮긴이)를 넘고 12~20도로 유지되어야 하는데, 그렇지 않으면 열이 소음으로 변할 수 있다고 했다.

2023년 초부터 전파천문학자들은 이런 교란 신호가 많다는 점을 근거로 제시하면서 소음이 없는 달의 뒷면은 우주의 전파 신호를 수신하기에 가장 이상적이라는 점을 강조해왔다. 따라서 이것이 달 탐사에도 반영되어야 한다고 말이다. 아무튼 향후 10년간 대략 250건의 달 탐사 미션이 예정되어 있다.

우리가 차에 오르자 눈이 그쳤다. 나는 고개를 뒤로 돌려 망원경이 어떻게 움직이는지 봤다. 안테나는 다시 하늘을 향해 있었다. 거대한 포물선 반사경이 불과 몇 분 만에 360도 회전했을 뿐만 아니라 거의 90도가량 기울었다. 그렇게 하늘은 지평선까지 열렸다. 연구자들은 내 방문이 끝나고 측정 작업을 다시 진행할 수 있어서 기쁠 것이다. 나도 연구자이기 때문에 그 마음을 안다. 입자가속기에만 매달려 아무런 방해도 받지 않고 즐겁게 자료를 수집하던 숱한 밤들이 머리속을 스쳐 지나갔다.

쓰나미 예측이나 리사 프로젝트의 중력파 감지기 같은 많은 프로젝트가 비록 먼 훗날에나 실현될 꿈일지라도, 다음 단계의 도전 과제를 위한 길은 이미 열려 있다. 현재의 기술은 다음 세대 장치들에 관한 데이터를 겨우 구할 수 있는 수준이기 때문에 즉시 활용하기가 어렵다. 엄청난 복잡성과 양 때문에 오늘날의 슈퍼컴퓨터도 이런 데이터의 극히 일부도 처리하는 게 불가능하다고 한다. 아마도 그 해결은 미래의 양자컴퓨터가 담당할 것이다. 양자컴퓨터는 막대한 수의 연산을 동시에 실행할 수 있다. 이에 관한 자세한 내용은 나중에 다루도록 하겠다.

연구자들은 학문을 하다 보면 시도 때도 없이 마주치는 이런 상황에 겁을 내기는커녕 오히려 자극을 받는다. 그리고 인간은 새로운 통찰을 얻는다. 하나의 문을 열면 또 다른 문이 나오고, 심지어 수많은 문이 나올 때도 있다. 문을 열 수 있는 열쇠가 언제 나올지 정확한 시점을 알 수 없는 경우도 태반이다. 그럼에도 인간은 문을 향해 계속 나아간다. 생각지도 못했던 방법을 통해 다음 열쇠를 찾기도 한다는 것을 경험으로 알기 때문이다.

그래서 전 세계적인 과학 공동체가 중요하다. 세계의 어딘가에서 누군가가 그 열쇠를 발견했거나 이미 손에 쥐고 있는데 어떤 문에 맞는 열쇠인지 알지 못하는 경우가 있기 때문이다. 이렇게 함께 걸어가며 문을 통과하면 또 다른 문들이 나타난다. 끔찍한 말처럼 들리겠지만 연구원들에게 이는 일상이다. 연구원들은 수많은 노력 끝에 자연의 아주 작은 비밀이라도 밝혀내면 기뻐한다.

쾨니히슈툴산에서 하이델베르크로 돌아오는 길에 나는 혼자 이런 질문을 던졌다. 천문학과 천체물리학을 통해 우주에서 우리의 자리가 어디인지 알 수 있을까? 그간 여러 연구소를 방문하며 나는 이런 연구가 세상이 어떻게 탄생했는지 더 많이 이해하는 데 도움이 될 거라고 확신했다. 우주 관측이라는 방법을 통해서라면 지구의 실험실에서는 절대로 불가능한 물리학 연구도 가능하다. 우주 공간에서만 극한의 밀도, 에너지, 중력장을 발견할 수 있기 때문이다.

하지만 천체물리학이 우리의 자아상을 흔들고 있다는 점도 놓치지 말아야 할 부분이다. 인류는 네 번째 모욕을 당하기 직전의 상태에 있는 듯하다. 코페르니쿠스가 지구가 아닌 태양이 태양계의 중심이라고 주장하면서 인류는 첫 번째 모욕을 당했다. 이는 우주론 차원의 모욕이었다. 그다음에는 다윈이 나타나 인간이 모든 생물 중에서 가장 뛰어난 존재라는 환상을 깨뜨렸다. 이는 생물학적 차원의 모욕이었다. 마지막으로 프로이트는 우리가 자기 자신(자아)의 주인이 아니라 잠재의식의 영향을 받는다는 점을 일깨웠다. 이는 심리학적 차원의 모욕이었다. 이제 우주 밖 수많은 곳에 생명이 탄생할 수 있는 재료들이 존재한다는 사실을 인정해야 할 날이 머지않았다. 이는 생명체의 고유성에 대한 문제를 제기하므로 우리 인류는 또 다른 모욕감을 맛볼 것이다.

지구상의 생명체는 분자들의 운동으로 탄생했다. 따라서 이런 운동이 가능한 조건만 갖춰져 있으면 우주의 어디에서든 생명체가 탄생할 수 있다. 분자가 상호작용을 충분히 일으킬 수 있는 적합한 조건이 갖춰지고 시간만 충분히 주어진다면, 심지어 생명이 없는 물질에서도 생명체가 탄생할 수 있다. 많은 외계 행성이 그런 조건을 갖추고 있을 가능성이 있으므로, 인류의 고향인 지구만이 유일하게 생명체가 존재하는 곳이라는 주장을 더는 고집할 이유가 없다. 하지만 그렇다고 해서 미리부터 우리가 대단한 존재가 아니라고 생각할 필요도 없다.

외계 생명체가 존재할지도 모를 외계 행성에 가는 건 불가능한 일이다. 태양계에서 가장 가까이 있는 켄타우루스자리 알파별 Proxima Centrauri은 4광년 이상 떨어져 있어서 현재의 기술로는 수천 년이 걸려도 그곳에 도달할 수 없다. 그렇다면 잠시 심호흡을 하고 먼 우주에서 인류의 고향 행성 지구로 시선을 돌려보자. 지금 지구는 관심이 필요하다.

2장

지구의 복잡계

모든 것이 상호작용하는 거대한 시스템

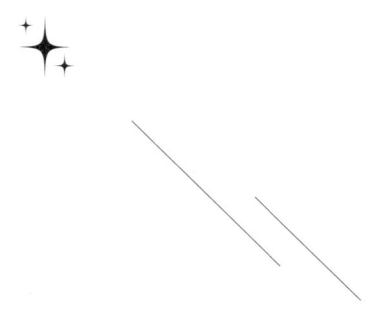

나는 내 손 위에 올려진 암석 덩어리에 그만 마음을 홀딱 빼앗겨버렸다. 내가 암석을 계속 쓰다듬자 막스플랑크 태양계연구소MPI für Sonnensystemforschung의 한 연구원이 화성과 목성 사이에서 온 운석이라고 설명했다. 그는 매우 침착했지만 내 심장은 두근거렸다. 그가 이 돌에 있는 작은 하얀 얼룩이 보이냐고 물었다. 나는 고개를 끄덕였고, 외계 물체의 엄청난 무게에 여전히 놀라고 있었다.

칼슘과 알루미늄을 풍부하게 함유한 이 물질은 46억 년 정도 되었으며 인간이 알고 있는 가장 오래된 물질이라고 한다. 2031년 미국항공우주국NASA의 프로젝트로 주스Jupiter Icy Moons Explorer, JUICE(목성 얼음 위성 탐사선)가 목성에 착륙해 목성의 위성들을 탐사할 예정인데, 어쩌면 그곳의 얼음층 아래에 단세포 생물이 살 수 있는 조건이 갖춰져 있을지도 모른다고 한다. 실제로 많은 사람이 그럴 가능성을 믿고 있다.

나는 차가운 운석을 또 한 번 쓰다듬으며 위를 올려다봤다. 그리고 우리가 고향 행성 지구에서 거주하는 것이 대단한 행운이냐고 묻자 그는 당연하다고 대답했다. 그러면서 지구는 우리 태양계에서 거주할 수 있는 영역, 이른바 생명체 거주 가능 영역habitable zone(골디락스 행성이라고도 한다-옮긴이)에 있다고 했다. '푸른 행성' 지구는 태양과 적절한 간격을 두고 있어서 너무 뜨겁지도 너무 차갑지도 않아 생명체가 살 수 있다. 금성처럼 태양과 가까이에 있으면 너무 뜨거워서 모든 생명체의 기초를 이루는 탄소화합물이 말 그대로 탄화炭化된다. 반면 태양에서 너무 멀리 떨어져 있으면 기온이 영하로 뚝 떨어져서 지표면에 생명체가 살 수 없게 된다.

현재 태양계와 우리의 행성에 대해 수집할 수 있는 모든 지식에 비춰 보면 지구가 여전히 비밀로 가득하다는 사실이 놀라울 따름이다. 연구원들의 뜨거운 열망에도 불구하고 지구에 대한 이해는 여전히 부족하다. 이는 특히 지구가 복잡계complex system(여러 구성 요소로 이뤄진 집단에서 각 요소가 다른 요소와 끊임없이 상호작용을 하는 체계를 일컫는다-옮긴이)라는 점과 관련이 있다.

지구계earth system(지구를 이루는 구성 요소들의 집합-옮긴이)는 지권geosphere, 빙권cryosphere, 수권hydrosphere, 대기권atmosphere, 생물권biosphere 등의 다양한 영역으로 분류할 수 있다. 이런 복잡성은 이 영역들이 끊임없이 교류하고 서로 직접적인 영향을 주는 관계라는 데서 비롯된다. 인간은 동물과 식물 등 생물권의 다른 요소에 직접적인 영향을 받지만 지권, 수권, 대기권의 영향도 받는다. 동시에 인간은 다른 모든 영역에 그 어떤 생명체보다 더 많은 영향을 끼치고 있다. 지금 여러분의 머릿속에 떠오르는 단어가 '기후변화'라면 잘 따라오고 있는 것이다.

기후와 대기에 대해 더 많은 것을 알아보기 위해 늦여름의 어느 이른 아침, 나는 기차를 타고 함부르크에 있는 막스플랑크 기상학연구소MPI für Meteorologie를 방문했다. 그곳으로 가는 내내 나는 상당히 긴장했다. 인간이 만든 기후변화의 직접적인 증거를 최초로 찾은 장소를 방문하는 것이었기 때문이다.

이 연구소는 국제 협력을 통해 지구 온난화가 인간의 행위로 인한 결과임을 입증하기 위한 기반을 다져왔다. 그 공로를 인정받아 2021년 독일의 기후 연구자이자 기상학자, 해양학자인 클라우스 하셀만Klaus Hasselmann은 노벨물리학상을 수상했다. 그는 다른 과학자들과 마찬가지로 1980년대에 이미 기후변화를 경고했고, 1993년에 지구 온난화의 주범이자 온실가스를 증가시킨 책임의 95퍼센트가 인간에게 있음을 입증했다.

현재의 기후변화는 인간이 초래한 결과, 특히 이산화탄소를 비롯한 메탄과 질소 등 온실가스의 배출 때문이라는 견해가 보편적으로 인정되고 있다. 물론 여기에는 과학적 통찰이 필요했고 하셀만이 통계학적 근거를 바탕으로 제시한 인과 관계는 2015년 파리협약을 제정하는 데 결정적인 공을 세웠다. 이를 통해 전 세계 195개국이 기후변화를 막기 위해 세계 경제를 기후 친화적으로 재구성하고, 지구 온난화로 인한 기온 상승을 산업화 이전 대비 섭씨 2도 미만, 적어도 섭씨 1.5도 미만으로 제한할 것을 의무화했다.

한 연구원이 아침 햇살을 맞으며 함부르크 담토어 역에 서 있었다. 그는 연구소까지 나를 안내하면서, 하셀만이 복잡한 기후 데이터에서 인간이 끼친 영향에 대한 암시를 어떻게 찾아냈는지 설명해주었다. 이런 데이터는 단기적인 기후 변동과 같은 다양한 영향을 바탕으로 하기 때문에 변수가 많다. 따라서 온실가스 배출이 초래한 기후변화의 신호들을 찾는 일은 여간 어려운 게 아니다.

하지만 하셀만은 통신공학에서 활용하는 방법을 통해 이런 물리적 문제를 해결했다. 그는 1970년대에 이미 이를 다루는 수학적 도구를 개발해 기후 연구에 적용했다. 그 결과 외부적 영향, 즉 인간에게서 유래한 신호와 (특히) 날씨에서 기인하는 자연 소음을 구분하는 데 성공했다.

우리는 미래파 느낌이 나는 상자형 건물인 독일 기후컴퓨팅센터Deutsche Klimarechenzentrum를 지났다. 회색 전면 뒤에는 고성능 컴퓨터 네트워크인 거대한 컴퓨터 클러스터에 미래의 기후변화가 투영되고 있었다. 잠재적인 미래의 세계를 살펴보기 위해 함부르크 연구소의 연구원들은 수십 년 전부터 협력자들과 공동으로 복잡한 수학적 기후 모델을 개발하고 있다. 지금도 연구팀들은 바다, 육지, 대기에 대한 나날이 정확성이 높아지는 데이터를 이용해 이 모델을 개선하고 있다. 이런 연구 덕분에 산출 결과는 더 정확해졌고 지구의 기후를 더욱 정확하게 예측할 수 있게 되었다.

연구원들은 기후 민감도가 지구 온난화를 예측하는 데 결정적인 역할을 한다는 점을 강조했다. 기후 민감도는 대기 중 이산화탄소 농도가 산업화 이전보다 두 배 증가했을 때 지구 온난화가 얼마나 강력하게 나타나는지를 수치화한 것이다. 그전은 아니더라도 늦어도 21세기 말에 우리는 이런 상황을 맞이할 것으로 예측된다.

기후 민감도 예측에 따르면 현재 지구 온난화는 섭씨 2.5~4도 사이이다. 언뜻 보면 이 수치가 그다지 극적으로 느껴지지 않겠지만 이것이 평균값이라는 점을 생각해야 한다. 지구의 약 3분의 2가 물로 덮여 있고 바다가 육지보다 훨씬 느린 속도로 따뜻해진다. 이런 사실을 고려하면 지구의 많은 지역이 아주 작은 기온 변화에도 뜨겁게 달궈질 수 있다는 뜻이다. 쉽게 말해서 지구의 몇몇 지역은 인간이 아예 살 수 없는 곳이 된다.

우리는 가만히 서서 서로의 표정을 살폈다. 지구의 일부가 인간이 살 수 없는 곳이 되다니! 기후변화는 인류에게 극적인 영향을 끼친다. 자연재해가 날로 증가하고, 물 부족을 겪는 지역이 점점 많아지고, 난민 쇄도 사태는 더 심각해질 것이다. 나 역시 수십 년 전부터 지구 온난화의 문제점을 인식하고 있었고, 과거 지구 온난화가 어떤 결과를 초래했고 앞으로 얼마나 심각해질지 알고 있었다. 이곳에서 컴퓨터로 산출한 증거들을 보면서 우리가 즉시 강력하게 대처하지 않는다면 생명의 위협을 받으리라는 것을 절실히 깨달았다.

이런 맥락에서 반드시 던져야 할 중대한 질문들이 있다. 예를 들면 '미래에는 지구의 어느 지역에 비가 내리고 지하수가 존재할 것인가?'가 있다. 이에 따르면 기후 연구의 중요한 과제는 기후변화가 진행되는 과정에서 구름과 구름의 움직임이 어떻게 변하는지 살펴보는 것이다. 지금도 여전히 많은 질문에 대한 답을 얻지 못했다. 그중 한 예로 구름이 지구 온난화를 가속하는지 아닌지는 아직 확실하게 입증되지 않았다. 구름은 한편으로는 지구에 적외선을 가둬 육지의 온난화에 일조할 수 있다. 하지만 다른 한편으로는 햇볕을 차단해서 지구 온난화를 막을 수 있다.

복잡계에는 원래 명확한 양자택일 유형이란 게 존재하지 않는다. 게다가 우리의 지구에 대해 아직도 밝혀지지 않은 비밀들이 숱하게 많다. 구름의 경우만 해도 지극히 일상적인 현상이지만 여전히 수수께끼투성이다.

구름을 더 정확하게 이해하려면 먼저 구조 분석이 필요하다. 구름이 저장하고 있는 물은 우리가 생각하는 것보다 훨씬 적은 양이다. 구름은 지구의 3분의 2를 덮고 있지만 구름에 저장된 물은 지구에 균일하게 분포되어 있고 수분층의 두께는 고작 0.2밀리미터다. 실제로 집 한 채만 한 구름이 저장할 수 있는 물의 양은 겨우 1리터다. 하지만 구름은 기류氣流에서 새로운 물을 끊임없이 흡수할 수 있기 때문에 폭우와 홍수를 일으킬 수도 있다.

함부르크 연구소에서 나온 후에도 나는 이 문제를 한참 동안 붙들고 있었다. 막스플랑크 역학 및 자기조직화 연구소MPI für Dynamik und Selbstorganisation는 날씨의 기초를 이루는 것들을 연구한다. 이곳에서 연구원들은 구름이 어떻게 형성되고 행동하는지 밝혀내는 일을 하며, 레이저 광선과 고속 카메라로 각각의 물방울이

구름이 되는 과정을 추적한다. 여기서 알아내려고 하는 것은 구름이 바람에 노출되었을 때 이런 물방울들이 함께 행동하는지, 구름이 공기 중의 물을 흡수하는지, 정확하게 어떻게 구름에서 비가 만들어지는지다.

이를 위해 연구원들은 구름을 직접 측정하기 위한 용 모양의 계류기구인 헬리카이트helikite를 하늘에 띄운다. 직각의 십자 모양으로 된 날밑과 밧줄이 달려 있고 그 위에 열기구가 붙어 있는, 용 모양의 특이하게 생긴 이 비행 물체에는 최대 1,500미터 높이까지 가능한 대기 측정 장치가 장착되어 있어서 물방울 크기의 변화를 측정할 수 있다.

이보다 더 높이 올라가려면 산으로 가야 한다. 실제로 이 연구소의 연구원들은 2,650미터 높이의 산 정상에 있는 슈네페른하우스Schneefernhaus(예전에는 알프스 지역의 호텔이었으나 현재 환경 연구 기관으로 사용되고 있다-옮긴이) 옆에 필드랩을 설치했다. 연구원들이 이렇게 높은 곳을 지나가는 구름에 레이저를 쏘아 올리면 구름 사이에 난기류가 형성된다. 이런 것을 기후 모델에 최대한 많이 포함시키면 관측된 현상을 더욱 정확하게 이해할 수 있다.

여러분은 태양 활동의 변화를 이용해 기후변화를 설명할 수 있다는 추측에 대해 들어본 적이 있는가? 괴팅겐의 막스플랑크 태양계연구소의 연구원은 이 질문을 받아본 적이 있는지 내게 물었다. 앞으로 우리는 태양의 구조와 활동에서 나타나는 변화를 정확하게 추적할 수 있을 것이다. 이는 태양 주변을 순환하는 태양 관측 탐사선을 이용하면 충분히 가능한 일이다. 2021년 11월부터 태양 관측 탐사선 솔라 오비터Solar Orbiter가 태양계의 중심에 있는 천체인 태양으로부터 굉장한 사진들을 전송하고 있다. 이 비행 물체는 태양의 타원 궤도 운동을 아주 가까이에서 추적한다. 그 거리가 부분적으로는 4,200만 킬로미터에 이르는 곳도 있다.

참고로 지구는 태양으로부터 1억 5,000만 킬로미터 떨어져 있다. 솔라 오비터가 지구로 보내는 데이터를 통해 실제로 태양의 활동에 상당히 많은 변화가 있다는 사실을 확인할 수 있다. 하지만 이런 태양 활동의 변화만으로 지난 수십 년간 관측된 지구의 기온 상승을 설명할 순 없다. 게다가 지난 수십 년간 태양의 활동은 오히려 감소했는데 지구 온난화는 계속되고 있다. 이런 관측 결과는 지구 온난화가 결국 인간이 만든 것이라는 추론과 일치한다.

이런저런 추측들이 있지만 태양 활동의 변화가 지구에 영향을 주고 있는 것은 사실이다. 막스플랑크 태양계연구소의 로비에는 태양 표면의 분출과 태양풍의 흔적이 있는 대형 태양 사진이 걸려 있다. 연구원은 이것이 자외선 영역에서 촬영한 사진이라고 설명했다. 충전된 태양 입자들이 대기에 침투하면 극광으로 나타날 수 있는데, 이런 태양 활동의 역학을 눈으로도 볼 수 있다고 한다. 하지만 질량이 무거운 분출물들로 인해 태양풍이 발생하면 지구에 피해를 줄 수 있다. 1989년 캐나다의 퀘벡 지역에서 이 폭풍으로 전기가 끊긴 적도 있었다. '우주 기후space weather'로 알려진 이런 현상을 예측하는 일은 아직 걸음마 단계다.

태양이 지구에 끼치는 영향을 더 정확하게 이해하려면 좀 더 멀리 가야 한다. 연구원은 내게 인상적인 영상을 보여주었는데, 스칸디나비아반도 북부 지역인 라플란드의 키루나Kiruna 인근에서 거대한 헬륨 풍선이 출발했다. 이 풍선은 무게가 약 2.5톤인 태양 망원경을 공기 중으로 무려 35킬로미터 높이까지 들어 올렸다. 그는 환히 웃으면서 이 장치가 6월에 출발하면 위도 70~75도에서 서쪽으로 날아가 캐나다까지 간다고 설명했다.

그렇게 되면 북위도 지역에서는 24시간 내내 태양을 관측할 수 있다. 그다음에 이 장치들은 낙하산과 함께 착륙하는데, 누군가는 언제든 나타날 수 있는 공격적인 북극곰에 대비하고 있어야 한다. 연구원은 창문 아래의 대형 조립 홀을 가리켰다. 여기에 비행 후의 정비 도구들과 컨테이너들이 도착할 것이라고 한다.

지구는 우주의 영향을 많이 받지만 지구에 근본적인 변화를 일으키는 존재는 인간이다. 인간은 대기와 기후는 물론이고 집약적 토지 이용과 그로 인한 생물 다양성 감소, 대기, 토양, 수역의 미세 플라스틱 축적, 막대한 천연자원 소비에도 영향을 끼친다. 나는 솔트레이크시티 인근에 있는 세계 최대 규모의 구리 광산 중 한 곳의 맨 꼭대기에 서 있다면 어떤 기분일지 상상해봐야 했다. 그곳에 가면 인간이 만든 가장 큰 구멍을 볼 수 있다고 한다. 그럴 만도 한 게, 1킬로미터 가까이 되는 깊이의 테라스처럼 생긴 광산의 지면 위에서는 거대한 덤프트럭들이 마치 작은 장난감 자동차처럼 보이기 때문이다.

국지적인 개입의 영향이 이 정도라면 우리가 지구 전체에 끼치는 영향이 얼마나 클지 질문을 던져보게 된다. 인간이 지구에 남긴 다양한 흔적을 전부 측정할 수 있을까? 지구에 변화를 일으키는 상관관계를 밝히고 의미 있게 활용할 수 있을까? 지질학이나 지리학과 같이 정착된 학문의 범위를 넘는, 다양한 관점의 주제를 어떤 학문에서 다룰 수 있을까?

인간과 지구의 역동적인 상호작용을 연구하기 위해 설립된 기관이 예나의 막스플랑크 지구인류학연구소MPI für Geoanthropologie다. 이 연구소에 정착된 새로운 연구 분야는 산업화된 인류인 우리가 고향 행성 지구와 어떻게 상호작용을 하고, 이런 상호작용이 시간이 흐름에 따라 어떻게 변하는지를 다룬다.

예나 연구소를 방문했을 때 한 연구원이 지구계를 위협하는 변화를 정확하게 지적했는데, 바로 극지방의 빙하가 녹아서 나타나는 변화였다. 이것이 해수면 상승의 원인이다. 아마 여러분은 남극지방보다는 우리와 더 가까이에 있는 북극 지방을 먼저 떠올릴 것이다. 하지만 북극의 빙하는 어차피 물 위를 표류하므로 북극해의 빙하가 녹아서 지구에 끼치는 영향은 크지 않다. 문제는 그린란드, 특히 남극 지방의 상황이다. 남극 부근의 육지는 최대 5킬로미터에 이르는 얼음층으로 덮여 있다. 이런 거대한 대륙 빙하가 녹으면 엄청난 양의 물이 방출될 것이다. 그러면 해수면이 무려 60미터 가까이 상승해 세계 지도가 완전히 바뀔 것이다.

지구의 역사에서 이미 이런 대규모의 해수면 변동이 있었지만 다행히 지금은 매우 더디게 진행되고 있다. 연구원은 남극의 빙하나 그린란드 내륙의 빙하 일부가 사라지면 금세기 말까지 약 1미터 혹은 그 이상으로 해수면이 상승할 것이라고 설명했다. 콜카타, 상하이, 베네치아 같은 도시들은 벌써 심각한 위협을 받고 있다. 인도네시아 정부는 이미 수도 이전 계획을 세웠고 2024년에 먼저 일부 청사를 새로운 수도인 누산타라로 이전할 예정이다(하지만 수도 건설을 위한 자금 유치가 늦어지면서 이전 계획은 2028년으로 미뤄졌다-옮긴이). 해수면 상승은 인간의 주거지를 위협하는 것은 물론이고 많은 해안 지역에서 지하수의 염류화를 초래한다.

인류가 지구 위험 한계선planetary boundaries(스웨덴의 환경과학자 요한 록스트룀Johan Rockström이 처음 제시한 개념으로, 인간의 활동이 지구 환경에 끼치는 영향을 토대로 설정된 지구 환경의 한계를 말한다-옮긴이)에 부딪혔다는 것은 오래전부터 자명한 사실이었다. 한 연구원은 20세기 중반 이후부터 인류는 이런 상황에 놓여 있다고 설명했다. 이후 다양한 생활 영역에서 인류가 지구 위험 한계선에 부딪히는 현상은 점점 더 가속화되고, 많은 사회경제학적·생태학적·지리학적 측정량이 엄청나게 증가하고 있다. 세계 인구, 교통, 도시화 등 모든 영역의 수치가 상승 곡선을 나타내고 있다. 해양 산성화, 열대림 감소, 멸종 등도 같은 상황이다.

지구계의 변화와 마찬가지로 기술 영역에서도 이런 현상은 더 가속화되고 있다. 그 예로 통신은 막대한 에너지 소비와 관련이 있는 분야다. 인간은 스스로 개발한 기술과 인프라를 바탕으로 '사회적 신진대사'를 한다. 이런 사회적 신진대사에는 우리 몸에서 일어나는 자연적 신진대사에 필요한 것보다 수십 배를 훌쩍 넘는 에너지가 필요한데, 이는 우리 현대인의 생활에 엄청나게 들어가는 에너지 소비를 반영한다. 막대한 양의 에너지를 사용하기만 했는데 불과 수십 년 만에 '기술권technophere'이 탄생했다. 기술이 지배하는 새로운 생활 환경을 의미하는 기술권은 우리의 삶을 편리하게 해주었지만 이제는 엄청난 위협이 되고 있다.

현재 예나 연구소의 연구원들과 세계 각지의 학자들은 위험 한계선에의 접근을 가속화하는 메커니즘을 더 정확하게 이해하기 위해 애쓰고 있다. 우리는 이미 오래전부터 지식의 증가와 인구의 성장 사이에 피드백 루프feedback loop(어떤 시스템에서 처리 결과의 정밀도, 특성 유지를 위해 입력, 처리, 출력, 입력의 순으로 결과를 자동으로 재투입하도록 설정된 순환 회로. '되먹임 고리'라고도 한다-옮긴이)가 있다는 사실을 알고 있었다. 지식의 증가는 새로운 기술로 발전했고 덕분에 우리의 생활 환경은 편리해졌다. 그래서 인류는 한정된 자원에도 불구하고 지금까지 계속 발전할 수 있었던 것이다. 결국 이는 메커니즘 자체를 비롯한 인간의 행동과 지구의 변화 사이의 상관관계에 관한 문제인 셈이다. 우리가 이런 상호작용을 더 정확하게 이해할 수 있다면 인간이 만든 변화에 더 쉽게 대처할 수 있을 것이다.

인간의 역사에는 이런 2단계의 행위와 관련된 사례들이 많다. 노년 세대들은 아마 기억할 것이다. 숲이 산성비의 공격에 점점 더 많이 노출되던 1970~1980년대에는 석탄이 연소되면 이산화황이 배출되고 이산화황이 물과 결합하면 아황산이 생긴다는 사실을 아는 게 중요했다. 이런 상관관계가 명확했을 때는 석탄 화력발전소에서 이산화황을 배출하지 못하도록 여과 시설을 설치해 산성비를 제한할 수 있었다. 1980년대 이후에는 화석연료 발전소의 연도 가스flue gas(연소된 배기가스를 지나가게 하는 통로를 연도라 하며, 연도를 지나가는 가스를 연도 가스라고 한다-옮긴이)를 탈황脫黃시킬 수 있었다.

또 다른 사례는 1985년 남극의 성층권에서 거대한 오존 구멍이 발견된 일이다. 오존은 태양의 공격적인 자외선을 흡수해 우리가 햇볕에 빨리 타지 않게 해서 피부암에 걸리지 않게 해준다. 10년 전부터 나타난 대기의 오존층 감소 원인은 라디칼 반응radical reaction(공유 결합이 절단되면 유리기, 즉 자유 라디칼이 되는데 유리기가 재결합하며 진행되는 반응을 말한다-옮긴이)이었다. 이 반응은 1930년대부터 냉장고의 냉매제로 사용되었던 불화탄화수소Chlorofluorocarbon, CFC로 생긴 것이었다. 1987년 유럽 공동체와 24개국은 몬트리올 의정서Montreal Protocol(1987년 캐나다 몬트리올에서 체결된 오존층 파괴 물질의 생산 및 사용의 규제에 관한 국제 협약-옮긴이)에 조인하며 이런 화합물을 사용하는 것을 단계적으로 금지하기도 했다.

불화탄화수소는 수십 년 동안 성층권에 남아 있기 때문에 완벽하게는 아닐지라도 오스트레일리아와 뉴질랜드의 오존 구멍은 차츰 원상태로 복구되기 시작했다. 이는 지구계의 훼손을 복구하려면 아주 오랜 시간이 걸릴 수 있지만 가능하다는 것을 보여주는 예다.

나는 기대감에 부풀어 오존 구멍에 관한 기초 연구를 하는 마인츠의 막스플랑크 화학연구소MPI für Chemie를 방문했다. 이 연구소는 오랜 전통 위에 세워졌다. 신관의 밝은 개방형 계단실에는 이 연구소의 전신인 베를린 달렘 연구소(베를린 달렘의 카이저빌헬름 화학연구소Kaiser-Wilhelm-Institut für Chemie를 말한다-옮긴이)에서 오스트리아의 물리학자 리제 마이트너Lise Meitner와 공동으로 핵분열을 발견해 노벨상을 받은 독일의 화학자 오토 한Otto Hahn의 낡은 책상이 있다. 1969년에는 이곳에서 월석月石이 분석되었다.

1980~1990년대에는 네덜란드의 대기화학자인 파울 크루첸Paul Crutzen이 실험실에서 대기에서 일어나는 프로세스들을 추적했다. 이 방식으로 그는 오존 구멍이 발생하는 원인을 화학의 범위에서 규명했으며 공로를 인정받아 1995년에 멕시코의 화학자 마리오 몰리나Mario Molina, 미국의 화학자 프랭크 롤런드Frank Rowland와 공동으로 노벨화학상을 수상했다. 2000년에 인간이 지배하는 지질 연대, 이른바 인류세Anthropocene라는 새 시대가 열렸다고 주장한 학자도 크루첸이었다. 이후 인류세는 지구계에서 인간이 만든 모든 변화를 아우르는 개념이 되었다.

현장 연구, 실험실 연구, 이론은 통합되어야 한다. 한 젊은 연구원이 이런 연구 방향이 지금까지 어떤 의미를 지니는지 말해주었다. 그는 다음과 같은 예를 들어 설명했는데, 소형 연구용 비행기를 하늘에 띄우면 다양한 높이에서 공기 시료를 수집할 수 있다. 이런 수집 방법을 활용하면 대기 중에 어떤 물질이 얼마나 있는지 조사할 수 있고, 그다음에 실험실에서 이 물질들을 더 정확하게 검사할 수 있다.

우리는 OH라디칼(수산기, 하이드록실 라디칼)을 생성시키는 장치 앞에 섰다. OH라디칼은 대기 중의 오존과 수증기가 만나서 형성되는 공격적인 입자다. 그다음에 그녀는 도표를 가리켰다. 이것은 실험실 실험을 통해 얻은 곡선의 변화를 나타낸 그래프인데, 대기의 측정 결과와 일치했다. 드디어 목표에 도달했다. 즉 그녀는 지구의 대기에서 나타나는 현상을 설명할 수 있는 화학적 모델을 갖게 된 것이다.

산성비나 오존 구멍의 예는 과학 연구 결과로 새로운 행동 가능성이 어떻게 열리는지 확실하게 보여준다. 막스플랑크 연구소의 모토인 '적용보다 아는 게 먼저다Dem Anwenden muss das Erkennen vorausgehen'처럼 말이다. 인간이 초래한 지구 온난화도 마찬가지다. 우리는 이산화탄소 배출이 기후변화의 주범이라는 사실을 알고 있기 때문에 기후변화를 반드시 막아야 한다.

이제 연구의 중요한 과제는 인간이 이산화탄소의 형태로 대기에 내보내는 탄소가 어디에 도달하는지 알아내는 것이다. 이와 관련된 다양한 질문들을 연구하는 곳이 1997년 예나에 설립된 막스플랑크 생물지구화학연구소MPI für Biogeochemie다. 내가 이 연구소를 방문했을 때 한 연구원이 이곳에서는 지구의 신진대사를 추적하고 있다고 설명했다. 그랬더니 바로 이해가 되었다. 신진대사는 생물학을 통해 알려진 개념인데 지금은 지구계에 응용되고 있다.

지구계의 영역 간 물질은 어떻게 교환되고, 언제 물질 변환이 나타날까? 흔히 있는 일이지만 기존 학문의 경계에서 새로운 연구 영역이 탄생한다.

자연스럽게 나는 그 연구원에게 탄소 순환에 관한 질문을 했다. 대학 시절에 우리는 세계의 대양이 지구에 있는 대부분의 이산화탄소와 결합해 거대한 '기후 완충 장치' 역할을 한다고 배웠다. 하지만 연구원의 말에 따르면 이것이 아직 증명되지 않았다고 한다. 현재 이산화탄소 배출량의 대부분은 대기 중에 머물러 있고 소량만 세계의 대양과 육지에 흡수되는 것으로 예상된다.

식물은 이산화탄소를 많이 흡수해 광합성을 통해 당으로 변화시킨다. 이렇게 결합된 탄소는 계속 변해서, 이를테면 나무의 형태 등으로 바이오매스가 생성된다. 탄소 순환에서 가장 미스터리한 부분은 생물권이 얼마나 많은 양의 탄소를 결합할 수 있는지인데 이에 대해서는 정확하게 밝혀지지 않았다.

대기에서 이런 변화가 식물의 생장에 끼치는 영향을 밝혀내기 위해 이곳 연구원들은 온실 실험을 한다. 이산화탄소 공급량이 두 배 증가하면 특정 식물들은 약 25퍼센트가량 더 많이 광합성을 해서 바이오매스도 더 많이 형성되었다. 식물에 의해 결합된 탄소 일부가 토양으로 배출되는 현상도 관찰되었다. 식물의 뿌리는 영양소를 흡수할 뿐만 아니라 탄소를 함유한 화합물을 배출하기도 한다. 이렇게 배출된 탄소가 얼마나 오래 토양에 저장되느냐는 많은 파라미터에 좌우되는데, 이에 대해서는 밝혀진 것이 많지 않다.

온실에서는 조건이 통제될 수 있는 반면 자연의 노지 환경에서는 통제가 쉽지 않다. 그렇다면 대기에서 생물권에 도달하는 탄소의 양을 어떻게 결정할 수 있을까? 오래전부터 알려진 방사성탄소연대측정법radiocarbon dating을 변형해서 적용하면 된다. 이 기술은 원래 고고학 유물의 연대를 결정하는 데 사용되는 것으로 간략하게 설명하면 이렇다.

식물은 성장하는 동안 공기 중에 있는 탄소의 방사성 동위원소 ^{14}C를 흡수하고, 식물이 죽으면 저장되어 있던 동위원소의 양이 점점 줄어든다. ^{14}C는 방사성 붕괴를 하는 물질인데 반감기half-life(방사성 원소나 소립자가 붕괴 또는 다른 원소로 변할 경우, 그 원소의 원자 수가 최초의 반으로 줄어들 때까지 걸리는 시간-옮긴이)가 약 6,000년이기 때문이다. 방사성탄소연대측정법은 식물을 섭취하는 다른 생물에도 적용할 수 있다.

이제부터 하이라이트다. 한 연구원이 1945년부터 1963년까지 지상 핵실험이 진행되었다는 점을 상기시키면서 동시에 대기 중 탄소의 방사성 동위원소 ^{14}C가 현저히 증가했다고 했다. 이 시기에 식물이 흡수한 ^{14}C의 양도 훨씬 많았다. 이 내용을 상세히 이해하는 게 쉬운 일은 아니다. 하지만 기존의 방사성탄소연대측정법을 계속 발전시키면 식물과 토양에서도 탄소의 출처와 잔류량을 더 정확하게 결정할 수 있다는 점에서 중요하다. 또한 생물권 내에서 식물, 토양, 미생물 사이에 탄소가 어떻게 교환되는지 더 정확하게 추적할 수 있게 되었다.

그 연구원은 현재 ^{14}C가 들어 있는 전 세계의 시료를 연구하고 있는데, 그중 일부는 과거에 핵실험에 사용되었던 것이라고 설명했다. 이를 통해 대기 중에 흡수되는 탄소의 양과 토양에 저장되는 양을 추측할 수 있다. 이런 정량적 데이터를 이용하면 생물권과 지권의 탄소 저장에 대한 수학적 모델이 나오고, 이것은 다시 함부르크에서 발전시킨 지구계 모델 등을 통해 더 정확한 세계 기후 예보에 활용된다. 한쪽에서는 대량살상무기 실험을 하고, 다른 한쪽에서는 이 실험의 부작용을 인간이 만든 기후변화의 결과를 연구하고 대응 방안을 찾는 데 이용한다니, 가만히 생각해보면 희한한 일이다.

그러자 다른 연구원이 탄소 순환만 기후와 생태계 변화에 중대한 영향을 끼치는 게 아니라고 말했다. 질소 순환도 인간으로 인해 극적인 방식으로 영향을 받는다. 이것은 간단한 예만 살펴봐도 확실하게 알 수 있다.

독일은 질소를 함유한 인공 비료를 생산해서 라틴아메리카에 수출하고, 그곳에서는 콩 경작을 위한 대규모 플랜테이션에 인공 비료를 사용한다. 그리고 독일은 이렇게 생산된 콩을 수입해 대량 사육을 위한 동물 사료로 사용한다. 동물의 신진대사를 통해 질소는 거름이 되어 독일의 밭을 떠돌다가 결국 엄청난 양의 질소가 토양과 식수에 도달한다. 질소 순환의 범위는 대기에까지 이르는데, 질소는 다양한 산화물의 형태, 특히 교통수단의 연소 과정을 통해 대기에 도달한다.

질소 순환을 더 정확하게 이해하기 위해 이 연구소의 연구원들은 대기 중 질소 함유 가스의 농도를 측정한다. 이들은 지구의 신진대사를 최대한 정확하게 연구하고자 시베리아와 아마조나스 지역에서 관측탑을 가동한다. 그중 아마조나스의 관측탑은 브라질 우림의 한가운데, 마나우스에서 북쪽으로 약 150킬로미터 떨어진 지역에 있다.

아마존 고층관측탑Amazon Tall Tower Observatory, ATTO은 높이가 무려 350미터에 이르는 세계 최고의 관측탑으로, 높이는 에펠탑과 거의 비슷하지만 매우 가늘어서 실제로는 풍경 가운데 바늘 하나가 꽂혀 있는 것처럼 보인다. 이 탑은 다양한 측정 장치를 장착하고 있어서 온실가스와 기상 파라미터를 추적할 수 있다. 루이스 이나시우 룰라 다 시우바Luiz Inácio Lula da Silva가 브라질의 신임 대통령으로 취임한 2023년 초에, 프랑크-발터 슈타인마이어Frank-Walter Steinmeier 독일연방공화국 대통령은 이 탑을 방문해서 세계 기후와 관련해 우림이 갖는 의미를 강조했다.

막스플랑크 화학연구소의 한 연구원이 숲이 대기와 어떻게 교류하는지 설명해준 적이 있었다. 숲에서 순환의 종착점은 수관樹冠이 아니라고 한다. 나무는 산소 외에도 탄화수소를 내뿜는데, 바로 이 탄화수소가 식물들 사이의 소통을 담당한다. 게다가 나무는 아주 작은 유기 입자들을 퍼뜨리며 이 입자들은 보이지 않는 베일처럼 숲을 덮고 있다. 그런데 여기에는 수많은 곰팡이 포자들만 포함된 게 아니다. 생물 에어로졸bioaerosol(0.02~100마이크로미터 크기의 생물 기원성 입자로 바이러스, 세균 및 곰팡이와 같은 미생물 외에도 곰팡이 포자, 미생물 독소, 꽃가루, 사람의 몸에서 발생한 기침, 체액 등의 다양한 형태가 있다-옮긴이)의 구성 성분은 매우 복잡하다.

이렇게 생성된 생명 유지에 필요한 대기는 구름을 형성하거나 눈이나 비를 조절하는 역할을 하는 것으로 추측된다. 그런데 도시를 덮고 있는, 전형적인 인간의 행위로 만들어진 대기에는 이것이 부족하다고 한다.

물질 순환은 이보다 훨씬 복잡할 것이다. 탄소 순환과 질소 순환은 매우 복잡하게 연결되어 있다. 특히 식물이 단백질을 형성하려면 탄소뿐만 아니라 질소가 필요하다. 식물이 얼마나 많은 탄소를 흡수할 수 있는지는 공기 중의 이산화탄소 함량, 특히 토양의 질소 함량에 좌우된다. 질소는 곳곳에서 식물 생장을 제한하는 요인이다. 그래서 예나 연구소의 연구원들은 토양의 질소 가용성이 지구의 다양한 지역의 식물 생장에 어떻게 제동을 거는지 연구하고 있다.

실제로 공기 중의 질소와 결합하고 변형을 일으켜 식물 생장에 필요한 암모늄염을 제공하는 토양 세균이 있다. 렌틸콩, 완두콩 같은 콩과 식물 등 많은 식물이 그런 세균들과 공생 관계에 있다. 반면 밀, 쌀, 옥수수 같은 다른 유용 식물들은 이런 관계를 맺지 않는다. 그래서 이 식물들에게는 질소 비료가 필요하다. 질소와 결합하는 세균은 따뜻한 지역에서 더 많이 번식하는 경향이 있다. 그런데도 아마존 우림 같은 지역들은 벌목과 기후변화로 많은 위협을 받고 있다. 지구계는 복잡한 만큼 토양, 세균, 기후가 바이오매스를 형성할 때도 다양한 방식으로 상호작용을 한다.

세계 기후에 관한 자료는 끊임없이 쏟아진다. 중요한 건 이런 자료들을 항상 새로운 관점으로 보려고 하고 타성에 젖지 않으려는 태도다. 머신러닝의 새로운 방식도 기후과학에 적용할 수 있는데, 이것은 빅데이터에서 독립적으로 상관관계를 인식하는 컴퓨터 프로그램을 기반으로 한다(머신러닝은 이미 많은 학문 영역에 파고든 핵심 기술로, 8장에서 자세히 다룰 것이다).

새로운 수학적 방식 덕분에 이제는 대량의 기후 데이터 세트를 아무런 편견 없이 분석할 수 있게 되었다. 분석 결과는 명확하고 다른 연구자들의 통찰과도 일치한다. 2003년 폭염 이후 산불, 가뭄, 홍수와 같은 극한 기후 현상이 증가하고 있는데, 오래전부터 알려진 지구 온난화의 파라미터 외에도 물의 순환이 기후변화를 설명하고 예측할 수 있는 핵심 메커니즘으로 강조되고 있다.

물의 순환에 나타난 변화는 지구의 경관에도 점점 더 많은 영향을 끼치고 있다. 이를 더 정확하게 이해하기 위해 연구원들은 위성 사진을 바탕으로 하는 고해상도 지구 표면 지도를 사용한다. 그러면 세계의 넓은 지역들이 불과 20미터 크기의 격자에 나타난다. 이렇게 해서 토양 비옥도의 변화를 더 정확하게 예측할 수 있길 과학자들은 기대하고 있다.

연구소 방문을 통해 확실하게 깨달은 한 가지 사실이 있다. 우리가 지구계의 복잡한 상관관계를 완전히 이해하려면 아직 멀었다는 것이다. 물론 과학은 지난 수십 년간 더 우수한 방식의 데이터 수집과 더 정확한 모델링을 바탕으로, 지구계의 영역들이 우리가 생각했던 것보다 더 긴밀하게 연결되어 있다는 것을 보여주었다.

또한 과학은 우리에게 지구 위험 한계선을 제시했다. 지난 100년간 세계 인구가 엄청나게 증가할 수 있었던 것은 우리가 기술권을 구축하기 위해 막대한 양의 에너지를 소비했기 때문이다. 여전히 많은 에너지가 석탄, 석유, 가스 같은 화석 에너지원을 연소시켜 생산되며 막대한 양의 이산화탄소가 대기로 배출되고 있다. 이는 지구 온난화를 촉진하고 특히 물의 순환에 변화를 일으킨다. 우리에게 가장 시급한 도전 과제는 기술권의 탈탄소화다.

유감스럽게도 인간은 지구계의 기후변화에만 교란을 일으킨 게 아니다. 우리는 생물권의 다른 영역까지도 위협하고 있다. 이를 더 정확히 알아보려면 먼저 생물권이 무수히 많은 식물과 동물, 미생물로 이뤄져 있다는 것을 알아야 한다. 지금부터 지구에 사는 환상적인 생물의 세계를 살펴보도록 하자. 이 세계를 하나씩 이해해 가다 보면 모든 생명체가 의존 관계에 있다는 사실을 깨달을 것이다.

3장

위협받는 생태계

생물다양성 보존을 위한 사투

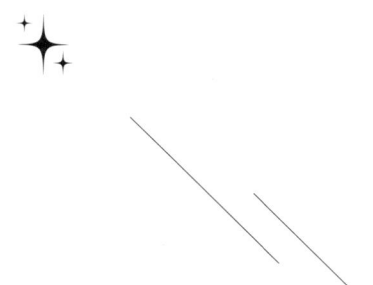

보덴호湖의 메어스부르크에서 콘스탄츠행 페리를 탔을 때 날은 이미 어둑어둑하고 비가 세차게 내리고 있었다. '슈바벤의 바다'라고도 불리는 보덴호의 맞은편에는 오래된 라돌프첼 조류 관측소가 있는데, 이 관측소는 2019년 콘스탄츠 막스플랑크 행동생물학 연구소MPI für Verhaltensbiologie로 거듭났다. 과거에는 쌍안경과 스케치북이 기본 장비였던 이곳에서 생물학자들은 이제 하이테크 방식으로 동물들을 관찰한다. 너무 늦은 시간이지만 나는 새로운 통찰에 대한 기대감을 가득 안고 호텔에 체크인했다.

다음 날 아침 나는 엄지와 검지 사이에 작은 송신기를 끼웠다. 연구원은 즐거움 가득한 얼굴로 태양열로 작동되는 이 초소형 장치에 대고 다정하게 "탁Tag"이라고 말했다. 이 장치에는 길이가 서로 다른 아주 얇은 두 개의 안테나가 달려 있는데, 마치 곤충의 더듬이처럼 생겼다. 연구원이 말하자마자 나는 송신기에서 전송되는 위치 데이터를 받았고 거기에는 세계 지도까지 그려져 있었다.

빨간 선은 헝가리에서 앙골라까지 갔다가 돌아오는 비둘기조롱이 Falco vespertinus의 비행 루트를 나타낸 것이었다.

이런 철새들이 가진 능력이야말로 참으로 놀랍다는 생각이 들었다. 나는 근육의 힘과 탁월한 방향 감각으로 유럽에서 아프리카 남부까지 날아가는 한 마리 새의 상세한 비행 루트를 감탄하며 지켜봤다. 그리고 소형 태양열 송신기로 시선을 옮겼다. 이 송신기는 세계 여행을 버틸 수 있을 만큼 아주 튼튼해야 할 것 같았다.

이렇게 작은 송신기가 지구의 절반을 돌았을 때 체류지를 어떻게 나타낼 수 있는 것일까? 나중에 정확한 경로를 나타낸 결과를 보니 생각보다 답을 찾기 쉬웠다. 답은 우주 공간에 있었다. 기술적인 측면에서도 인상적이었지만 우주 공간에서 동물을 관찰하겠다는 아이디어가 더욱 놀라웠다. 새로운 관점에서 동물 관찰의 원칙을 생각해야만 하기 때문이다.

실제로 다학제간 연구를 하려면 용기가 필요하다. 생물학자와 조류학자가 천체물리학자와 공학자와 공동의 언어를 찾아야 한다. 이 경우 두 가지를 모두 해낸 셈이다. 우주 공간에서 동물을 관찰하는 신기술이 조류학과 행동생물학에 변혁을 일으켰기 때문이다.

현재 이곳 연구원들은 이카루스International Cooperation for Animal Research Using Space, ICARUS(우주 공간을 이용한 동물 연구를 위한 국제 협력. 이 프로젝트에 대한 굳어진 표현이 없어서 임의로 번역했다-옮긴이) 프로젝트를 위해 많은 동물에게 송신기를 장착한다. 이들의 신호가 국제우주정거장International Space Station, ISS을 통해 수신되면 분석을 위해 보덴호의 연구소로 전송되고, 이렇게 해서 우주 공간에서 수천 마리의 새들을 비롯해 코끼리나 코뿔소 같은 육지 동물의 행동을 추적한다. 다학제간 협력 연구로 연구원들은 예전에는 얻을 수 없었던 데이터와 통찰을 얻었다. 특히 조류독감이나 동물을 통한 종자 확산을 이해할 수 있게 된 것도 이런 연구 덕분이다.

학문은 아무런 충돌 없이 순조롭게 흘러가지 않는다. 연구 과정에서 숱한 어려움과 장애물에 끊임없이 부딪치기 마련이다. 전혀 예상하지 못했고 아무런 상관관계가 없는 듯한 변수들도 부지기수다. 러시아의 우크라이나 침공으로 전쟁이 발생한 후 서방 국가들의 제재에 대한 보복 조치로 러시아 국제우주정거장의 송신 안테나도 하루아침에 가동이 중단되었다.

나는 다시 한번 비둘기조롱이의 비행 루트가 그려진 지도를 봤다. 실제로 이 지도의 비행 루트는 2022년 3월 4일에 끊겼는데, 이는 러시아의 침공이 시작된 지 겨우 8일 만에 일어났다. 다행히 연구원들이 대체 기술을 찾아 전 세계 동물들의 위치를 다시 파악할 수 있게 되었다. 2024년 가을에는 독일 마이크로 위성의 새로운 송수신 시스템이 우주 공간으로 쏘아 올려졌다.

동물의 행동은 이동만 있는 게 아니다. 동물 집단의 역학을 이해하는 데는 동물의 사회적 행동도 큰 관심사다. 마법처럼 아름다운 대열로 하늘을 나는 거대한 새들의 무리를 생각해보라. 새들은 어떻게 이처럼 역동적인 모형을 만들어냈을까? 새 무리에게 방향 변경을 지시하는 우두머리 새가 있다고 생각하는 사람도 있을지 모르겠다. 하지만 완전히 빗나간 추측이다.

콘스탄츠 연구소의 연구원은 이 추측이 틀렸다고 했다. 무리의 집단행동은 각 동물의 지역적인 행동에서 비롯된다. 쉽게 말해서 변화가 각 무리가 있는 위치에서 시작된다는 뜻이다. 이는 무리가 우두머리보다 진화에 더 적합하다는 의미다. 우두머리가 포식자에게 먹혀 사라지면 무리 전체가 흩어지거나 한동안 방향 감각을 잃은 상태로 있어야 하기 때문이다. 아무튼 새들이 이렇게 거대한 무리를 지어 다니는 이유는 아직 명확하게 밝혀지지 않았다.

연구원들은 현장 연구에만 머물러 있지 않다. 동물 집단의 행동을 더 정확하게 이해하기 위해 그들의 데이터와 컴퓨터 시뮬레이션과 실험실 실험을 조합한다. 예를 들면 가상현실로 수족관을 만들어 물고기 떼의 집단행동을 연구하는 것이 있다. 수족관 가장자리의 화면에서 동물들을 시뮬레이션하고 수조 안 물고기들의 반응을 연구하는 것이다. 이런 방법으로 연구원들은 물고기들이 집단행동을 위해 일정한 규칙을 지킨다는 것을 확인했다. 하지만 이런 규칙이 유전적으로 정해진 것인지, 후천적으로 습득하는 것인지는 아직 밝혀지지 않았다.

한 연구원은 행동 연구의 관심사가 생물학에 국한되지 않는다는 점을 강조했다. 동물 행동 연구는 동물과 지구계의 다양한 상호작용을 더 많이 이해하는 데 도움이 된다. 동물의 특이 행동이 화산 폭발과 같은 자연재해가 임박했음을 알리는 징후일 가능성도 있다. 동물들은 흔히 자신에게 닥친 위험을 예측할 수 있는 제7의 감각을 갖고 있다. 이와 관련해 알려진 것은 아직 많지 않다. 하지만 항상 동일하게 적용되는 원칙이 있다. 동물 집단의 특이 행동 패턴이 주변에 무언가 균형이 깨졌음을 암시할 수 있다는 것이다. 많은 동물이 자신의 생활 공간에 나타나는 변화에 민감하게 반응하기 때문에 동물의 행동을 통해 생태계가 온전한지 추적할 수 있다. 연구원들은 생활 공간으로서 수역에도 점점 더 많은 관심을 보이고 있으며, 육지와 대기의 실험에 적용하는 방식을 하천과 바다에까지 확장하고 있다.

연구소에서 나와 보덴호에서 뮌헨 방향으로 가는 차에서 창밖을 보니 푸르른 풍경이 펼쳐졌다. 식물상植物相은 생태계를 관통하는 조직과 같다는 생각이 들었다. 실제로 식물은 매력적인 생물이다. 꽃의 생장 과정이 담긴 타임랩스 촬영 사진을 한번 본 사람은 그 모습을 절대 잊지 못한다. 아주 작은 씨앗이 비옥한 토양에 떨어지고 푸른 잎을 틔우고 알록달록한 꽃을 피우는 과정은 경이에 가깝다.

그 후 몇 주 동안 나는 식물의 삶에 푹 빠졌다. 1955년부터 쾰른 교외의 라인강 왼쪽 기슭에 자리 잡은 막스플랑크 식물육종연구소MPI für Pflanzenzüchtungsforschung를 방문했다. 영농 기업 구트 포겔장Guts Vogelsang의 경작지를 지나 연구소로 가는 길은 녹색 생물학과 조화를 이룬다. 이곳에서는 식물 생장의 기본 과정을 집중적으로 연구한다. 식물은 어떻게 발달하고, 조직과 기관은 어떻게 생길까? 씨앗과 열매는 어떻게 생길까? 어떤 유전자가 개화, 수분, 번식을 조절할까? 식물은 해충을 어떻게 막을 수 있고, 식물의 면역 체계는 어떻게 작동할까?

수십 년이 넘어도 어린아이 같은 호기심을 간직하고 있는 한 연구원이 내게 특수 염색을 한 식물의 잎이 담긴 사진을 보여주었다. 이것은 일반적인 잎이 아니며 잎의 스테이닝staining 패턴은 잎의 식물 세포에서 새로 발견된 유전자가 활동하고 있는 위치를 나타낸다고 한다. 연구팀이 발견한 이 유전자는 깃모양잎의 형성에 관여한다. 식물이 생장하는 동안 이 유전자가 활동하면 깃모양으로 나뉘는 소엽(우상엽)이 생긴다.

전에는 이런 것들에 대해 궁금해한 적이 없었다. 하지만 내가 궁금해하기 이전에도 식물은 저마다 고유한 잎의 형태를 가지고 있었다. 너도밤나무든, 참나무든, 단풍나무든 간에 다양한 형태와 잎의 다채로움은 어떻게 생기는 것일까? 이런 것들을 밝혀내기 위해 연구원들은 잎의 형태에 관한 정보가 숨겨져 있는 유전체부터 먼저 접근했다. 그 결과 하나는 깃모양이고 다른 하나는 단엽인 두 개의 십자화과Brassicaceae 식물을 비교해 깃모양잎을 담당하는 유전자를 발견했다. 단엽 식물 유형에는 RCOReduced Complexity(복잡도 감소) 유전자가 없고, 우상엽 종에는 이 유전자가 있다. 이 유전자는 잎이 성장하는 동안 잎 가장자리의 특정한 위치에서 세포 분열을 중단시키고 깃모양잎을 형성하는 데 관여한다.

나는 이런 RCO 유전자가 깃모양잎의 형태에 관여하는 것을 어떻게 발견했는지 물어봤다. 그러자 그 연구원은 웃으면서 증거가 두 개였기 때문에 발견할 수 있었다고 말해주었다. 깃모양잎 식물에서 RCO 유전자가 변형되었을 때는 깃모양의 소엽이 생기지 않는다. 이를 유전학자들은 생명체의 유전자 기능에서 기능이 사라졌다고 해서 '기능 소실loss of function'이라고 한다. 한편 자연 상태에서 단엽인 식물에 이 유전자가 들어가면 새로운 잎의 구조가 형성되어, 잎 가장자리의 굴곡이 심하고 부분적으로 깃모양이 나타난다. 이런 경우는 기능을 얻었다고 해서 '기능 획득gain of function' 이라고 한다.

여기서 중요한 연구 원칙 하나를 알 수 있다. 과학자들은 계획적인 관찰을 통한 실험을 바탕으로 인과 관계를 파헤친다는 것이다. 그리고 원인과 결과는 짝을 이룬다. 이 경우에는 새로 발견된 RCO 유전자와 오래전부터 알려진 잎의 형태가 한 쌍이다. 하지만 초기 관찰 내용은 한 유전자가 깃모양잎을 가진 식물에 나타났고, 깃모양잎이 없는 식물에 이 유전자가 없다는 것이었다. 이 관찰은 새로 발견된 유전자가 깃모양잎을 형성하는 데 관여할 것이라는 내용의 연구 가설로 발전했다. 이 가설을 검증하기 위해 연구원들은 식물에 두 가지 개입을 했다. 두 경우 모두 가설을 바탕으로 예상했던 실험 결과가 나왔다. 관찰이 가설에 힘을 실어준 셈이다.

쾰른으로 돌아오는 길에 나는 결과가 명확하든, 그렇지 않든 간에 실험이 가설을 최종적으로 증명할 수 없다는 사실을 다시 한 번 확실히 깨달았다. 그렇지 않다면 가설을 토대로 가정할 수 있는 실험이 전부 진행되어야 하는데, 이는 말 그대로 불가능한 일이다.

지구상의 모든 식물에 있는 RCO 유전자의 기능을 확인할 수는 없기 때문이다.

가설이란 최종적인 검증이 불가능한 것이므로 철학자 칼 포퍼Karl Popper는 '반증주의反證主義'라는 개념을 도입했다. 반증주의는 우리의 가설은 검증할 수 있고 원칙적으로 반박할 수 있어야 한다는 것이다. 이른바 가설과 일치하지 않는 관찰이 나오면 가설은 변경되거나 폐기되고 새로운 가설이 세워져야 한다. 여기서 전제 조건은 새로운 관찰이 재생산될 수 있다는 것이다. 어떤 가설에 대한 문제를 제기하기 전에 이를 뒷받침하는 새로운 증거가 있다는 확신이 있어야 한다.

다른 연구소를 방문했을 때 나는 식물의 생장이 유전자를 통해서만 조절되는 게 아니라는 사실을 깨달았다. 생장 유전자 외에도 외적인 환경이 매우 중요하다. 유전자와 환경의 상호작용을 밝혀내려면 다양한 조건에서 유전적으로 다양한 식물들을 연구해야 한다. '프로이센의 베르사유'라 불리는 상수시 궁전에서 불과 몇 킬로미터 떨어진 곳에 포츠담의 골름 과학공원Wissenschaftspark Golm이 있는데, 이곳의 막스플랑크 분자식물생리학연구소MPI für molekulare Pflanzenphysiologie는 1990년부터 바로 이 유전자와 환경의 상호작용을 밝히기 위해 노력해왔다.

한 연구원이 나를 지하 실험실로 안내했다. 이곳에는 이동식 환경 챔버가 있었고 식물들은 문 뒤에 격리되어 정확하게 정해진 조건에서 자라고 있었다. 정확하게 통제되는 온도, 습도, 채광 조건에서 연구원들은 식물의 생장을 측정하고 분석한다. 에어컨 소음이 너무 커서 우리는 거의 소리를 지르다시피 했다. 연구원은 이 연구의 목표가 식물의 생장을 더 정확하게 이해하는 것이라고 설명했다. 그리고 유용 식물의 수확량 증대를 위한 다양한 선택지를 마련하는 것이라고 했다.

약 1만 2,000년 전 인류가 농경을 시작한 후 식물은 품종 개량을 통해 꾸준히 개선되어왔다. 품종 개량의 목표는 수확량을 높이는 것이었지만 병충해에 대한 저항이나 더 쉽게 탈곡할 수 있는 밀 등 다양한 식물의 특성을 개선하기 위한 것도 있었다. 그렇다면 품종 개량은 언제 일어날까?

식물은 다른 생물과 구별되는 특성을 보인다. 대부분 동물과 달리 식물의 세포는 더 많은 수로 이뤄진 염색체 세트, 즉 유전 인자를 지닌 세포 구조로 되어 있다. 인간은 두 벌로 이뤄진 23개의 염색체 쌍이 있으며 하나는 어머니에게서, 다른 하나는 아버지에게서 물려받는다. 식물은 4벌, 6벌, 심지어 훨씬 더 많은 염색체 세트를 가지고 있는데, 이를 배수체라고 한다(유전체가 두 배로 증가한 후 세포 분열이 일어나지 않으면 염색체 수가 늘어날 수 있다). 감자, 밀, 목화 등 많은 유용 식물은 배수체를 가지고 있다. 밀은 심지어 6벌로 이뤄진 염색체 세트를 가지고 있는데, 이는 세 개의 다른 종에서 유래하며 교배를 통해 이런 조합이 생긴 것으로 보인다.

이렇게 되는 원리는 매우 단순하다. 식물 세포에서 염색체가 여러 개 복제되면 유전자도 여러 배가 된다. 이렇게 유전자 복제가 추가로 이뤄짐으로써 세포에서 유전자의 활동이 증가할 수 있기 때문에 식물의 생장이 증가하고 열매의 크기도 커질 수 있다.

유용 식물에서 나타나는 배수체에는 한 가지 장점이 또 있다. 유전자가 배수체로 존재하면 다른 복제본들이 식물의 생장에 필요한 정상적인 유전자 기능을 제공해주기 때문에 유전자 복제본은 더 쉽게 돌연변이를 일으킬 수 있다는 것이다. 유전자 복제가 추가로 이뤄지기 때문에 진화하는 과정에서 새로운 특성을 더 쉽게 습득할 수 있다. 실제로 이런 돌연변이는 경작지에서 대량으로 꾸준히 발생한다. 1헥타르 크기의 밀밭에서는 매년 약 200억 개의 돌연변이가 발생하는 것으로 추정된다.

인간은 수백 년 이상 고전적인 방식으로 품종 개량을 해왔지만 요즘은 유용 식물의 유전체에 계획적으로 변형을 일으켜 품종을 개량한다. 이를 위해 점점 많이 활용되고 있는 것이 크리스퍼-캐스9CRISPR-Cas9라고 하는 유전자 가위다. 이는 유전체의 위치를 살짝 수정해, 자연 상태에서 나타나는 긍정적인 돌연변이를 다른 유용 식물에 삽입하는 것이다. 학자들은 이런 유전체 편집을 이용해 유전체를 이루고 있는 각각의 구성 요소들을 수정함으로써 식물에서 유전자를 활성화하거나 비활성화할 수 있다.

유럽 사법재판소European Court of Justice, ECJ는 비록 낯선 생물의 유전자를 식물에 삽입하는 경우가 아니라도 이와 같은 유전공학적 방식에 등급을 도입했다. 그 결과 과도한 규제로 인해 유전자 가위를 이용한 유용 식물의 계획적인 품종 개량이 어려운 실정이다. 신기술을 적용할 때는 신중해야 하지만, 식물 품종 개량을 위해 유전자 가위를 사용하면 미래의 세계로 한 걸음 더 나아갈 수 있다.

한 연구원이 유전공학적 방식이 지닌 의미를 설명해주었다. 곡물과 같은 유용 식물을 식품 생산에 성공적으로 활용하려면 식용 부위인 씨앗이 잘 형성되어야 한다. 씨앗의 대부분은 흔히 영양 조직(식물에서 유성 생식에 직접 관계하지 않는 조직을 통틀어 이르는 말-옮긴이)으로 이뤄져 있다. 밀의 경우 영양 조직이 밀알 무게의 약 80퍼센트를 차지하고 있다. 이런 영양 조직은 원래 식물의 배胚에 영양분 공급을 위해 사용된다. 그래서 새로운 종의 곡물을 품종 개량할 때의 목표는 항상 영양 조직이 큰 씨앗을 얻는 것이다. 이는 강건성, 영양가, 여타의 파라미터 외에도 수확량도 관련이 있기 때문이다.

다른 연구원은 현재 품종 개량의 성공 여부는 흔히 트랜스포존transposon의 작용에서 비롯된다고 했다. 트랜스포존은 유전체에서 위치를 이동할 수 있는 유전적 요소를 말한다. 그런 트랜스포존이 유전체에서 다른 위치로 점프하면 유전자와 조절 요소의 위치가 옮겨질 수 있어서 유전자의 활동이 바뀔 수 있다. 이런 트랜스포존의 작용을 이용하면 개량된 유용 식물을 더 빨리 얻을 수 있으므로 연구원들은 트랜스포존을 어떻게 모방할 수 있을지 연구하고 있다.

그 연구원은 눈을 반짝거리며 어떻게 하면 척박한 토양에서 유용 식물의 성장을 최대한 도울 수 있는지 설명했다. 현재 그녀는 식물과 토양균류의 공생을 집중적으로 연구하고 있다. 토양균류는 균근Mycorrhizae, 모든 유배 식물Embryophyta의 뿌리 약 80퍼센트에 서식할 것으로 추정된다. 이런 토양균류는 크기가 작고 작은 나무와 같은 구조를 지니며 식물의 뿌리 세포로 침투해, 특히 인 및 질소 화합물 등의 영양소를 식물로 이동시킨다. 토양균류는 진화가 진행되는 동안에 특정한 유전자와 세포의 기능을 상실했기 때문에 몇몇 지방산을 더는 스스로 생산할 수 없다. 그래서 토양균류는 식물에서 지방산을 얻는다.

식물과 토양균류의 공생은 서로에게 유익하다. 이런 특별한 경우의 공생을 활물기생活物寄生(살아 있는 생물이 다른 동식물에 기생하는 일-옮긴이)이라고 하며 생물의 상호작용이라고도 한다. 이때 균류는 식물을 죽이지 않고 식물을 통해 먹고산다. 이런 상호작용은 심지어 해충에 대한 식물의 저항력을 높이는 데 도움이 된다.

그녀는 점점 더 열정적으로 설명했다. 활물기생 생물의 상호작용은 궁극적으로 미래의 지속 가능한 농업을 위해 활용될 수 있다고 한다. 영양소를 섭취할 때 균류의 도움을 받는 식물들은 비료가 더 조금 필요하기 때문에 양분이 부족한 토양에서도 자랄 수 있다.

그녀의 이야기를 들으며 나는 여기서 한 걸음 더 나아가 자연환경에서 생물은 어떻게 살고 어떻게 발전하는지에 관한 보편적인 질문이 떠올랐다. 이는 다름 아닌 복잡한 생태계를 이해하는 문제이기 때문이다. 그런데 지금까지 생물은 대개 단절된 상태에서 연구되었다. 전 세계 수천 곳의 실험실에서 담배, 초파리, 편충 등이 연구되었다. 이런 연구는 그 자체만으로도 이렇게나 복잡한 생물들을 연구하고 이해하기 위해 반드시 필요한 과정이었다. 이른바 모델 생물은 우리에게 생물의 유전자와 기능에 관한 대량의 데이터를 제공한다. 하지만 실험실의 실험은 생물을 이해하는 데 편견을 심어줄 수 있다.

최근 이런 측면이 점점 뚜렷하게 드러나고 있다. 실험실 실험의 표준화된 조건은 자연의 생활 환경을 충분히 반영하지 못한다. 그래서 자연환경에서는 전혀 필요 없는 특정한 유전자들이 실험실에서 식물의 생장에 영향을 끼칠 위험이 있다. 예외적인 상황이라고 할지라도 이런 황당한 일이 반복적으로 관찰되고 있는데, 이런 관찰을 바탕으로 연구하면 식물과 환경의 상호작용에 대한 이해가 제대로 이뤄지지 않을 것이다.

튀빙겐의 막스플랑크 생물학연구소는 자연환경에서 생물들의 생태학적 상호작용에 관한 연구를 미래의 과제로 삼아왔다. 전 세계가 변화를 겪고 있기에 생태적 지위ecological niche(개개의 생물종이 생태계에서 차지하는 위치 또는 역할-옮긴이)의 관점에서 식물의 생장을 이해하는 게 특히 중요하다. 우리의 고향 숲에서 이미 생태계의 변화가 보인다. 튀빙겐 연구소는 식물의 유전자에서 변화가 매우 빈번하게 나타난다는 사실을 입증했다. 온실뿐만 아니라 밭에서 재배되는 경작물도 마찬가지였다.

반면 생명 유지를 위해 필요한 유전자들, 이른바 필수 유전자들은 다른 유전자들에 비해 돌연변이가 드물게 나타난다. 이런 현상은 돌연변이가 우연히 발생한다는 진화의 원칙에 위배되는 것처럼 보인다. 하지만 이런 돌연변이가 유전체에서 우연히 나타나지 않는 이유는 아직 밝혀지지 않았다. 우리가 그 답을 찾는다면 지구 온난화가 심화되어 사용할 수 있는 물이 점점 부족해질 때 식물이 어떻게 성장할지 더 정확하게 예측할 수 있을 것이다. 우리는 여기서부터 시작해야 한다.

튀빙겐 연구소를 방문했을 때 한 연구원은 학문적으로 진화를 연구할 때도 생태계의 영향이 충분히 고려되지 않았다며 답답함을 호소했다. 생활 공간을 고려해야만 생명체의 발달을 제대로 이해할 수 있다는 것이 이제야 인식되고 있다면서 말이다. 식물이든, 미생물이든, 동물이든 모든 생명체는 자연환경 속에서 발달한다.

진화는 돌연변이 외에 두 번째 근본적인 요인인 도태 혹은 선택을 바탕으로 한다. 어떤 생명체의 수요, 이를테면 특정한 대사 산물을 스스로 생산할 필요성이 생기면 유전자를 근거로 그런 능력을 갖춘 개체가 선택된다. 그런 필요성이 발생하는 경우를 '선택 압력'이라고 한다. 자연환경에서는 다른 곳에서 이런 필요성이 채워지기 때문에 선택 압력이 발생할 때 생명체의 진화는 다른 방식으로 진행된다.

이는 선충nematode의 예에서 확실하게 볼 수 있다. 이 작은 생물은 지구의 거의 모든 지역, 사막, 산맥, 심지어 심해에서도 발견된다. 전 세계 다세포 생물의 약 80센트가 선충에 속한 것으로 추정된다. 이 작은 생물은 몇 밀리미터에 불과하지만 넓은 지역에 분포되어 있어서 많은 생태계에서 중요한 의미를 지닌다. 실제로 지구상에는 수백만 종의 선충이 존재할 것으로 추정된다.

선충의 종은 입의 구조 등 몇 가지 명확한 기준에 따라 구분된다. 연구원들은 입의 구조에 따라 구분되는 종에 속하는 선충들이 다양한 생태적 지위에 적응하면서 다양한 모양의 입을 가지게 되었다는 것을 밝혀냈다. 튀빙겐에서는 유충이나 세균을 먹을 때 각기 다른 형태의 입을 만들 수 있는 종의 선충을 연구하고 있다. 이 선충은 진화 과정을 거치며 두 가지 형태의 입을 만드는 능력이 생겼다. 이런 놀라운 능력이 생긴 것은 동물이나 우연한 돌연변이가 아니라 토양의 먹이 공급 때문이었다.

연구소를 나오면서 나는 생태계의 생명체가 이렇게 다양한 상호작용을 어떻게 할 수 있는지 궁금했다. 생명체는 어떻게 서로 소통하는 것일까? 생태계에서 '접착제' 역할을 하는 것은 무엇일까? 가장 간단하게 말하자면 화학에서 그 답을 찾을 수 있다. 실제로 엄청나게 많은 화학물질이 이런 신호로 작용할 수 있고 동물, 식물, 곤충은 이 물질의 도움을 받아 소통한다. 예나의 막스플랑크 화학생태학연구소MPI für chemische Ökologie는 이런 생명체 간의 신호와 상호작용을 연구하는 곳이다.

예나 연구소의 한 연구원은 생명체들 사이에서 중요한 소통 채널이 후각이라는 점을 강조했다. 실제로 물고기도 냄새를 맡을 수 있다고 한다. 연어와 같은 물고기는 후각을 이용해 자신이 태어났던 장소가 있는 강으로 돌아간다. 동물계에서는 페로몬 같은 화학적 유인 물질 덕분에 짝짓기 상대를 쉽게 찾을 수 있다. 식물도 향기 물질의 도움을 받아 소통을 할 수 있는데, 예를 들면 식물은 수분受粉을 하기 위해 곤충을 유인한다. 우리의 식량도 식물상과 동물상 사이의 이런 화학적 소통 메커니즘으로부터 직접적인 영향을 받지만 잘 알려지지 않은 경우가 많다. 지금은 지구 온난화로 후각 세계에도 변화가 일어나고 있으며 앞으로 식물의 수분이 어려워지면 인류의 식량 공급에 심각한 문제가 발생할 것이다.

그 연구원은 자연이 우리를 위해 창조한 정말 놀라운 소통 체계를 설명해주었다. 성경 시대에 온 나라에 재앙을 가져왔다는 풀무치Locusta migratoria의 한 종인 이동성 메뚜기는 거대한 무리를 짓는다. 이는 이 메뚜기에게 아주 특이한 화학적 조직 체계가 있어서 가능한 일이라고 한다. 그런데 무리가 커지고 서로 간의 간격이 좁아지면 이동성 메뚜기들은 서로 잡아먹기 시작한다.

연구원들은 이런 동족포식cannibalism이 화합물, 즉 이동성 메뚜기가 분비하고 후각 수용체를 이용해 포착되는 페닐아세토나이트릴phenylacetonitrile에 의해 억제될 수 있다는 사실을 협력 연구원들과 공동으로 밝혀냈다. 그래서 이런 작용물질을 생산할 수 없는 이동성 메뚜기들이 동족포식의 희생양으로 내몰리는 것이다.

이렇게 환상적인 소통 경로의 흔적을 생태계에서 포착하려면 먼저 화학적 작용물질을 추출해야 한다. 요즘에는 소량의 신호 물질을 얻기 위해 예전처럼 수고스러운 작업을 거쳐 대량의 생체 재료를 분쇄할 필요가 없다는 연구원의 설명에 나는 몹시 놀랐다. 그에 따르면 극소량의 표본, 심지어 각각의 식물 세포에서 작용물질이 추출된다는 일이 흔하다고 한다. 그다음 단계에서는 작용물질의 화학 구조를 밝힌다. 이제 극소량의 작용물질과 화학식만 있으면 소통의 기반이 되는 메커니즘을 더 쉽게 연구할 수 있다.

화학적 작용물질은 심지어 곤충의 진화에도 관여할 수 있다. 이 연구소의 한 연구팀은 몇몇 곤충들이 생존에 필요한 기본 영양소들을 신진대사를 통해 생산할 수 없기 때문에 별도로 섭취해야만 한다는 사실을 발견했다. 그리고 그 과정에서 이 곤충들이 미생물을 통해 생명유지에 필요한 영양소를 공급받는다는 사실이 확실하게 밝혀졌다.

잎벌레에 서식하는 특정한 세균(박테리아)에 의해 생산되는 아미노산인 티로신이 이런 영양소 중 하나다. 잎벌레는 티로신을 이용해 멜라토닌 같은 색소나 키틴 껍데기를 형성하는 데 필요한 카테콜아민catecholamine같은 중요한 물질을 생산한다. 잎벌레가 미생물과 함께 살아가듯이 세균은 잎벌레와 서로 의존해 살아간다. 발달과정에서 유전자가 계속 없어지기 때문이다.

잎벌레와 세균 사이의 공생은 어떻게 나타날까? 잎벌레의 발달과정에서 박테리아의 유전자는 잎벌레의 유전체로 여러 차례 흡수되었는데, 이 매력적인 메커니즘을 '수평 유전자 전달horizontal gene transfer'이라고 한다. 이처럼 어떤 생물에서 다른 생물로 유전자가 이동하는 현상은 한 종이 다른 종과 긴밀하게 교류하며 진화하는

'공진화共進化, coevolution'를 보여준다. 하지만 진화는 이런 수평 유전자 전달 없이도 진행되는 공동 프로젝트이기도 하다. 이렇게 지구의 생태계에서는 다양한 종이 탄생하고 생명체와 생명체는 서로 의존하며 살아간다.

이런 배경을 살펴보니 현재 세계에서 종이 급속도로 감소하는 현상이 더 위협적으로 느껴졌다. 많은 동식물의 생활 여건이 점점 더 악화되고 있다. 종이 감소하는 원인은 다양하겠지만 대개는 인간의 활동, 즉 환경 오염, 기후변화, 생활 공간의 제한, 벌목, 남획, 밀렵에 이르기까지 다양한 원인에서 비롯된다. 2022년 국제자연보전연맹International Union for Conservation of Nature and Natural Resources, IUCN은 멸종 위기의 동식물종을 정리한 적색 목록을 업데이트했다. 약 15만 종을 수집해 조사한 결과 4만 2,000여 종이 멸종 위기 카테고리에 분류되었다.

이런 전개를 경고로 받아들이고 멸종 위기의 종을 보존하려는 조치가 시작되었다. 노르웨이 스발바르제도의 외딴곳에 가면 지하 창고 하나가 있다. 이곳에 전 세계의 씨앗 진열실이 지어졌는데, 극권에서 한참 떨어진 깊은 산속 창고에 수천 가지 식물의 씨앗들이 잠들어 있다. 이와는 별개로 전 세계 생물학자들이 멸종 위기의 유전자를 수집하고 있다. 이런 종들이 결국에는 멸종한다고 해도, 최대한 많은 종의 유전 정보를 확보함으로써 동식물의 생물학적 설계도만큼은 잃어버리지 않기 위해 곳곳에서 유전자 염기 서열이 열심히 분석되고 있다.

예나에서 돌아오는 길에 나는 수십 년째 종의 보존을 위해 열정적인 싸움을 이어오고 있는 조류학자 페터 베르톨트Peter Berthold와의 만남을 떠올렸다. 콘스탄츠 연구소에서 만난 그는 얼굴 가득 하얀 수염이 뒤덮인 은퇴한 거장의 모습을 하고 있었다. 그는 고령에도 엄청난 열정으로, 다정하게 '귀요미들'이라고 부르며 독일의 재래종 조류를 연구하고 있었다. 그리고 많은 비오톱biotope(인간과 동식물 같은 다양한 생물종의 공동 서식 장소-옮긴이)을 연결함으로써 새로운 생활 공간을 마련할 것을 제안했다.

그의 아이디어를 바탕으로 보덴호와 독일의 다양한 장소에 민간 자본이 지원되어 그가 머릿속으로 그렸던 비오톱들이 생겼다. 그 성과는 빠른 속도로 나타나고 있다. 비오톱 주변에 부화하는 새들의 쌍과 곤충의 종들이 셀 수 없을 만큼 많이 늘어난 것이다. 베르톨트는 여기에 평생 열정을 바친 이유를 한마디로 압축했다. "이들은 우리의 이웃이다!"

멸종과의 싸움에서 그나마 한 줌 희망은 2022년 12월 개최된 당사국총회Conference of the Parties, COP의 결과다. 힘겨운 협상 끝에 약 200개국이 캐나다 몬트리올에서 종의 다양성을 보존하기 위한 생물다양성협약에 동의했다. 이 협약의 핵심 내용은 2030년까지 전 세계 육지 및 해양 면적의 최소 30퍼센트를 보호 구역으로 선포하고 살충제와 비료 사용으로 인한 자연 파괴 위험을 줄이자는 것이다. 후자는 특히 의도적으로 변형시킨 유용 식물에만 가능할 것으로 보인다.

이 책은 우리 지구의 환상적인 생태계 중 소수의 사례만 다루고 있다. 하지만 그 모든 사례는 필연적으로 이런 질문으로 이어진다. 우리는 주변의 자연을 왜 그렇게 다룰까? 우리는 우리가 지금까지 의존하며 살아왔던 자연의 일부가 아닌가? 어떻게 하면 우리는 원래의 상태로 돌아갈 수 있을까? 이런 문제를 다루려면 다시 과거로 돌아가 인류가 어디서 왔고 어떻게 진화했는지 질문에 답해야 한다.

4장

인류와 진화

우리는 어떻게 인간이 되었나

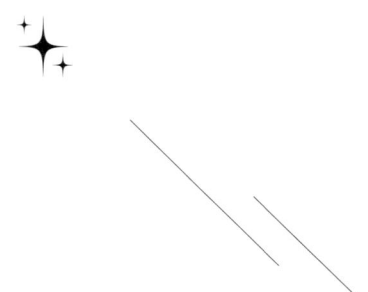

기후든, 토지든, 생태계든 간에 지구는 인간에게 시달리고 있다. 한편으로 인간은 음악, 문학, 학문 등 경이로운 문화를 창조했다. 이렇게 다양하면서도 모순적인 발전을 어떻게 설명할 수 있을까? 우리는 어떻게 현재의 인류가 되었을까? 라이프치히의 막스플랑크 진화인류학연구소MPI für evolutionäre Anthropologie는 이런 질문들을 집중적으로 연구하는 곳이다. 이곳에서는 현생 인류가 어떻게 탄생했고 지구라는 행성 전체를 어떻게 정복할 수 있었는지 이해하기 위해 최첨단 방식으로 인류의 역사를 연구한다.

2022년은 라이프치히 연구소에서 아주 특별한 한 해였다. 창립 멤버이자 연구소장인 스웨덴의 유전학자 스반테 페보Svante Pääbo가 노벨생리의학상을 수상한 것이다. 2022년 11월 베를린에서 막 노벨상을 수상한 그를 만났을 때 연구에 대한 그의 열정이 뜨겁게 불타오르고 있다는 게 느껴졌다. 수십 년 전 스웨덴 출신의 이 겸손한 과학자는 이미 기발한 아이디어를 갖고 있었다. DNA 염기 서열 분석을 이용하면 인류의 역사를 정확하게 통찰할 수 있다는 것이었다. 이렇게 그는 초기 인류의 뼈와 같은 고고학 유물에서 DNA를 추출하는 방법을 개발했다.

이 방법으로 연구원들은 아주 작은 표본으로 실험실의 DNA 구성 요소의 서열을 결정할 수 있었다. 이렇게 해서 네안데르탈인의 유전체를 해독했을 뿐만 아니라 새로운 유형의 초기 인류인 데니소바인을 발견했다. 데니소바인이라는 명칭은 발굴지인 시베리아 알타이산맥의 데니소바 동굴의 이름을 딴 것이다. 아무튼 이런 선구적 연구에서 새로운 연구 분야인 고유전학이 탄생했다.

선사 시대 인류의 DNA 분석은 고전적 인류학의 많은 연구 결과를 입증했지만 새로운 통찰도 제공했다고 한 연구원이 설명했다. 이제 현생 인류(호모 사피엔스)가 중앙아프리카에서 처음 발달하기 시작했다는 것은 논쟁의 여지가 없는 사실이 되었다고 한다. 약 6만 년 전 우리의 조상은 아프리카를 떠나 두 유형의 인간종을 만났다. 유럽의 네안데르탈인과 아시아의 데니소바인이었다. 하지만 이 다른 유형의 인간들이 동시대를 살았던 것은 아니다. 유전체를 비교한 결과 아프리카 외부 지역의 현생 인류는 약 5만 년 전에 네안데르탈인과 함께 자녀를 가졌다. 이는 동남아시아의 현생 인류와 데니소바인도 마찬가지다.

그래서 지금도 우리 중에는 구인류의 유전체에서 아주 작은 부분을 보유하고 사람들이 있다. 이런 유전적 유산은 우리가 누구인지를 결정한다. 예를 들어 몇몇 사람들은 네안데르탈인의 유전자를 보유하고 있어서 코로나바이러스에 감염된 후 병이 중증으로 진행될 수 있다.

이제 과거로의 여행에서 현재로 돌아오자. 나는 염기 서열 분석을 위한 표본을 어떻게 얻는지 연구원에게 물었다. 다른 종의 인간들 사이의 유연관계를 밝혀내려면 전 세계 다양한 지역의 고고학적 뼈 발굴물에서 표본을 채취해야 하는데, 항상 특별 허가를 받아야 한다고 한다. DNA 염기 서열 분석을 통해 얻은 자료를 평가할 때는 생물정보학적 방식이 활용된다. 이 방식 덕분에 유전체의 변화를 아주 신속하게 포착하고 유전체의 유사성을 측정할 수 있다. 하지만 인류의 역사라는 그림을 완성하려면 고유전학의 새로운 데이터와 꾸준히 축적되고 있는 고고학 및 인류학 지식을 조합해야 한다.

예나의 막스플랑크 지구인류학연구소에서도 봤지만, 요즘 고고학자들은 삽과 붓만 가지고 다니지 않는다. 한 고고학자가 신이 나서 나에게 3D 안경을 내밀며 착용해보라고 했다. 안경을 쓰고 보자 모니터 화면에 가상 치아가 회전하고 있었다. 이것은 평범한 치아가 아니라고 한다. 정확하게 말하면 어느 네안데르탈인에게서 채취한 완벽한 상태의 치아의 홀로그램이다. 그녀는 이런 상태의 발굴물을 찾으면 믿어지지 않을 것 같다고 했다. 그러면서 수천 년 전 사람들이 손에 쥐고 있던 것을 발굴해도 같은 기분일 것 같다고 했다.

이 연구소에서 그녀의 동료들은 다른 하이테크 방식을 이용한다. '라이다Light Detection And Ranging, LIDAR'라는 에어스캔 기술을 이용하면 디지털 지형 모델을 작성할 수 있는데, 내게는 마치 미래에서 온 토지측량법처럼 느껴졌다. 연구원들은 측량할 지역들에 레이저빔을 방출하는 드론을 띄운다. 레이저빔 반사를 통해 드론과 지면의 거리가 계산되고 그 지형의 굴곡이 표현된다.

라이다 기술을 이용하면 열대 지방의 정글로 뒤덮인 땅덩어리처럼 접근하기 어려운 지형도 탐색할 수 있다. 유카탄반도에 있는 고대 마야의 가라앉은 거대한 도시들의 지표 굴곡도 현재의 멕시코에서 다시 발견할 수 있다. 또한 푸르고 우거진 숲을 비행할 때 태곳적 거주지나 옛날에 신전이 있었음을 입증하는 구릉의 윤곽 등 인간의 눈으로 인식할 수 없는 것도 눈으로 볼 수 있게 되었다.

아마 나중에는 과거에 열대 지방에서 토지를 어떻게 사용했는지도 알 수 있을 것이다. 고고학은 우리 인류가 과거에 어떻게 살았는지 가르쳐줄 뿐만 아니라 인류가 환경의 변화에 어떻게 대처했는지, 강줄기에 변화가 일어나거나 가뭄으로 온 나라가 인간이 거주할 수 없는 상태가 되었을 때 인류가 어디로 어떻게 이동했는지도 보여준다. 따라서 이런 연구는 기후 위기를 극복하는 데도 중요한 역할을 할 수 있다.

인류는 어떻게 성공의 길을 걷게 되었을까? 우리는 어떻게 도시를 건설하고, 식량을 확보하고, 인류의 세력을 확장하는 기술을 어떻게 창조했을까? 이런 엄청난 발전을 경험한 우리의 뇌에서 이 질문들에 대한 답의 일부를 찾을 수 있다. 이것이 드레스덴의 막스플랑크 분자세포생물학 및 유전학 연구소MPI für molekulare Zellbiologie und Genetik 페보 연구팀의 공동 연구 결과였다. 2022년 학자들은 인간의 유전체에서 아주 작지만 미세한 차이를 발견했다. 이 유전체 덕분에 인간은 네안데르탈인보다 더 우수한 능력을 자랑하는 뇌를 가질 수 있었다. 네안데르탈인과 비교해보니 인간의 배아에서 뇌 형성에 중요한 유전자 중 하나에 돌연변이가 확인되었다. 바로 이 돌연변이 때문에 배아가 발달하는 동안 더 많은 뇌세포가 형성될 수 있었던 것이다.

우수한 성능을 지닌 뇌는 초기 인류 발전의 전제 조건이다. 하지만 현재의 우리가 되기까지는 생물학적 진화만 큰 영향을 끼친 것이 아니다. 이런 생물학적 바탕에 문화적 진화, 즉 수천 년 이상 우리가 꾸준히 수용해온 프로세스가 함께 존재했다. 인간은 문화적 진화를 통해 도구를 만들었고 소통과 지식 전수를 위한 언어를 발전시켰으며 함께 도우며 살아가는 공동생활 체계를 만들었다. 그래서 이를 '사회문화적 진화'라고도 한다.

초기 인류의 사회문화적 진화를 이해하려면 우리와 가장 가까운 유연관계에 있는 동물들을 비교해보면 도움이 된다. 다양한 유인원Hominidae(사람과)들이 초기 인류를 이해하기 위한 모델로 활용되고 있는데, 이런 비교연구법을 통해 초기 인류에 의한 도구와 기술의 발달을 더 쉽게 이해할 수 있다. 실제로 코트디부아르에서 자유롭게 사는 침팬지들을 연구한 결과 유인원들이 땅콩 껍질을 까기 위해 다양한 돌을 도구로 사용했다는 것이 입증되었다. 이는 기니의 침팬지들과는 크게 다른 점으로, 다양한 장소에서 문화적 진화가 독립적으로 시작되었고 다양한 해결 방안이 나타났다는 점을 말해준다. 두 그룹이 서로 인접한 북부 지역의 서아프리카 국가에 서식하고 기본적인 전제 조건이 동일했음에도 말이다.

하지만 우리와 가장 가까운 유연관계에 있는 동물들을 연구하기 위해 반드시 아프리카나 아시아의 정글에 갈 필요는 없다. 유인원 연구는 라이프치히에서도 이뤄지고 있다. 나는 한 연구원을 따라 볼프강쾰러 영장류연구센터Wolfgang-Köhler Primaten Forschungszentrum의 지붕으로 올라갔는데, 지붕 아래로 확 트인 유인원 사육장에서 다채로운 행동들이 펼쳐지는 광경은 굉장했다. 이 센터에는 현재 고릴라, 침팬지, 오랑우탄, 보노보 등 50마리의 유인원들이 지내고 있다. 20여 년 전 이 동물원은 막스플랑크 진화인류학연구소와 협력 관계를 맺었다고 한다.

그 연구원은 계속해서 새로운 광경이 펼쳐지는 확 트인 지붕으로 나를 안내했다. 그는 늦여름의 뜨거운 햇빛 속에서 그가 자식처럼 여기는 유인원들에 대해 열정적으로 설명했다. 그는 모든 동물의 이름을 알았고 특성과 기호를 파악하고 있었다. 유인원들이 그를 알아보자 세대들이 통합된 작은 무리들이 모였다. 이곳 동물들은 자발적으로 연구에 참여하고 보상을 받으며, 연구원들은 동물들의 인지 능력 발달을 일생 동안 추적 연구하기 위해 동물들에게 과제를 제공한다. 연구원의 말에 따르면 여기서는 유인원의 학습 능력뿐만 아니라 집단행동도 연구한다고 했다.

동물원이 자유로운 자연을 대체할 수 없다는 건 사육장이 얼마나 넓고 자연 친화적인지와는 별개의 문제다. 그래서 라이프치히 연구소는 자연환경에서 유인원들을 관찰하기 위해 현장 연구도 병행하고 있다. 우리는 케냐에 있는 한 연구원을 줌으로 만났는데, 그곳에서 그녀는 노랑개코원숭이Papio cynocephalus 무리를 연구하고 있었다. 어떤 동물들이 후손을 많이 낳고 오래 살며 어떤 동물들이 그렇지 못한지 확인하는 게 연구 목표라고 했다.

사회적 접촉은 당연히 중요하다. 그녀의 연구팀은 동아프리카 지역에서 노랑개코원숭이를 8세대째 추적 연구하고 있는데, 연구에 따르면 노랑개코원숭이는 인생의 중대한 사건이 상당한 영향을 끼친다고 했다. 실제로 어린 나이에 엄마를 잃은 트라우마를 경험한 원숭이의 수명은 눈에 띄게 단축되는 것으로 나타났다.

인간은 자연의 다른 존재에 대해 얼마나 오만한 태도를 갖고 있는지! 라이프치히 영장류센터의 지붕에서 새삼 깨달았다. 우리는 이 위에, 유인원들은 저 아래에 있다. 2005년에 이미 인간과 침팬지의 유전체는 99퍼센트가 동일하다는 사실이 밝혀졌다. 그럼에도 인간은 역량 면에서 큰 차이를 보인다. 그 이유는 인간이 여러 단계의 발전을 거치면서 유인원과 구분되어 다른 길로 접어들었기 때문이다.

그 첫 단계는 복잡한 언어를 만들어낸 것이다. 우리 조상들은 언어를 이용해 더 효과적으로 자신을 위험으로부터 보호하고, 함께 수렵하고, 지식을 다음 세대에 전수할 수 있었다. 하지만 언제 인간이 오늘날처럼 언어로 서로 소통하기 시작했는지는 아직 밝혀지지 않았다. 현재 학자들은 10만여 년 전부터 인간이 언어를 사용했을 것이라고 추측한다.

언어가 발달하기 위한 전제 조건은 인두咽頭(구강과 식도 사이에 있는 소화기관-옮긴이)와 구강口腔에 복잡한 근육이 형성되는 것이다. 놀랍게도 연구자들은 언어 근육 발달과 관련이 있는 유전자를 발견했다. 이미 입증되었듯이 FOXP2 유전자('언어 유전자'라고도 하며 말하기와 문법에 중요한 역할을 한다-옮긴이)는 뇌의 발달과 관련이 있다. 인간뿐만 아니라 다른 척추동물들에게도 이 유전자가 발견되지만 인간의 FOXP2 유전자에는 돌연변이가 있다. 이 부분이 더 복잡하기 때문에 언어에 관한 유전적 근거를 밝혀내기 어려운 것이다. 우리 뇌의 발전과 관련이 있는 언어의 형성도 마찬가지다. 생물학적 진화는 유전적 전제 조건을 마련하지만 문화적 진화는 우리가 어떻게 현재에 이르렀는지를 설명해준다.

라이프치히 연구소의 학자들은 연구 프로젝트로 남태평양의 섬나라 바누아투Vanuatu의 언어 발달을 다룬다. 인구가 약 30만 명인 이 나라에서는 무려 100여 개의 언어를 사용한다. 전 세계 어느 곳에도 1인당 사용 언어가 이렇게 많은 지역은 없다. 남태평양의 푸른 섬에서 이주는 특별한 일이라기보다 일상에 가까웠다. 연구자들은 이 섬 주민의 DNA 염기 서열 분석 결과를 바탕으로 그 이유를 확인할 수 있는 큰 유전적 차이를 발견했다. 다년간의 현장 연구를 통해 바누아트 주민들이 많은 언어를 수용하는 것과 관련된 자료를 수집한 결과, 이곳 사람들은 숱하게 많은 변화를 겪는 가운데서도 언어적 일관성을 유지해왔다는 사실이 밝혀졌다.

파푸아뉴기니에서 이주 행렬이 이어졌지만 이 지역에서는 오스트로네시아어족이 살아남았다. 유전적으로 이 지역 주민의 5퍼센트만 오스트로네시아어족 혈통이고, 95퍼센트는 파푸아뉴기니 혈통이다. 태평양권의 다른 지역에서도 오스트로네시아어족이 사용되었는데, 이것이 다양한 혈통의 사람들을 서로 이어주는 역할을 했던 것으로 보인다.

현생 인류가 발전하는 과정에서 중요한 역할을 했던 것이 또 있다. 이상하게 들릴 수도 있지만 우리 몸에는 우리만 사는 게 아니다. 인간도 공생 관계를 맺으며 살아간다. 그것도 미생물과 말이다. 17세기 말 네덜란드의 박물학자 안토니 판 레이우엔훅Antonie van Leeuwenhoek은 직접 제작한 현미경으로 침방울을 관찰했을 때 두 눈을 믿을 수 없었다. 그는 영국 왕립학회에 자신의 입에 '작은 동물'이 살고 있다는 내용의 편지를 보냈다.

이런 미생물을 관찰한 것은 당시에는 매우 놀라운 사건이었다. 지금은 우리 몸에 수조 마리에 이르는 미생물이 살고 있다는 사실이 널리 알려졌지만 말이다. 실제로 인간의 신체를 구성하는 세포의 수와 거의 같은 수의 박테리아가 우리 몸에 있다. 태어나는 순간부터 우리는 우리 몸속, 특히 우리의 장내에 서식하는 박테리아와 다른 미생물들을 모으기 시작한다. 미생물은 다양한 방식으로 우리의 건강에 영향을 끼치고, 암이나 자가면역질환 같은 질병에도 영향을 미친다. 인류의 발전에서 환경의 영향과 미생물과의 공생은 그만큼 중요한 역할을 했고 여전히 그렇다.

2010년 초고속 유전자 염기서열분석high throughput DNA sequencing이 개발되면서 미생물 분야는 급속도로 발전했다. 이후 연구자들은 유전체 분석을 통해 장내에 많은 미생물이 서식하고 있음을 입증했다. 신기술을 적용하면 아무리 복잡한 표본이라고 해도 어떤 박테리아 공동체든 분석할 수 있다. 이런 분석은 이제 수십만 명에게 적용되어, 동일한 종의 박테리아들이 꾸준히 확인되고 있고 사람마다 마이크로바이옴microbiome(특정 환경에 존재하고 있는 미생물들의 총체적 유전 정보를 말하며 '미생물군유전체'라고도 한다-옮긴이)이 다르다는 사실도 밝혀졌다.

우리의 유전적 구성의 기반이 되는 주변 환경과 이웃의 상호작용이 중요하다는 사실이 다시 한번 확인되었다. 이로써 생명체는 홀로 존재하지 않으며 항상 다른 생명체와 함께 존재한다는 것도 입증된 셈이다.

마이크로바이옴은 우리의 신진대사를 돕고 우리보다 훨씬 빨리 진화한다. 그래서 우리의 생활 방식에 나타난 변화에 신속하게 대응할 수 있도록 도와준다. 대표적인 예가 언제 들어도 딱히 놀랍지 않은 존재, 수많은 가정의 냉장고에서 자리를 차지하고 있는 우유다. 인간은 약 1만 년 전부터 목축을 하고 우유를 마셨다. 그런데 원래 인간은 유·소아기에만 우유에 용해된 유당, 즉 락토스lactose를 소화할 수 있다. 생후 몇 년이 지나면 락토스 분해에 관여하는 유전자의 기능이 차단되기 때문이다. 하지만 우리는 유제품을 통해 새로운 장내 세균도 섭취하게 되며 이것이 우유의 소화를 돕는다.

그런데 지난 수천 년 동안 성인이 된 후에도 락토스에 대한 내성을 보인 사람들이 있었다. 이처럼 평생 우유를 소화할 수 있는 체질을 갖게 된 것은 락토스 분해에 관여하는 유전자 조절 영역의 돌연변이 때문이다. 원래 아동기를 지나면 이 유전자의 활동이 차단되는데, 돌연변이가 이것을 막아준다. 그래서 이 유전자는 계속 활동 상태에 있고 성인이 되어서도 계속 유당을 소화할 수 있다. 진화를 통해 유당에 대한 내성이 생긴 것이다. 현재 독일인의 약 80퍼센트는 이런 돌연변이를 지니고 있어서 유당불내증lactose intolerance을 겪지 않는다.

2004년에는 심지어 마이크로바이옴과 비만증adipositas의 상관관계가 밝혀졌다. 튀빙겐의 막스플랑크 생물학연구소에서 한 연구원이 중요한 실험을 했다. 그는 무균 환경에서 살아서 마이크로바이옴이 없는 쥐들에게 다른 일반적인 쥐들의 장내 세균을 이식했다. 그랬더니 흥미롭게도 장내 미생물이 이식된 쥐들의 몸무게가 늘어났다. 그리고 몸무게가 더 많이 나가는 쥐들의 박테리아가 이식되었을 때 쥐들의 몸무게는 더 많이 늘어났다. 이 실험은 마이크로바이옴이 식욕을 조절하고 섭식 행동에 영향을 줄 수 있음을 암시한다. 인간의 경우에도 과체중자와 정상 체중자의 장腸 마이크로바이옴이 다르기 때문에 마이크로바이옴과 체중 사이에 유사한 상관관계가 성립한다.

쥐 실험을 통해 마이크로바이옴에 관해 많은 사실이 밝혀졌다. 이 연구 결과를 인간에게 적용한다면 인간의 마이크로바이옴 나이는 어느 정도 되었을까? 이 질문의 답을 찾기 위해 학자들은 가봉 사람들과 베트남 사람들의 장내미생물군Gut microbiota을 비교했다. 많은 박테리아의 장내미생물군이 동일한 것으로 확인되었는데, 이는 오늘날의 장내미생물군의 일부가 아주 오래전 초기 인류가 아프리카를 떠나기 전부터 이미 발달하기 시작했음을 암시한다.

이로써 인간은 주변 환경에 사는 미생물과 공진화의 산물이라는 게 밝혀진 셈이다. 그러면 이제는 진화하는 동안 어떻게 다양한 형태의 생명체가 탄생할 수 있었고, 어떤 메커니즘이 진화를 재촉했는지에 관한 질문이 생긴다.

나는 진화에 대해 더 많은 것을 알아보기 위해 2022년 12월 이른 아침에 슐레스비히-홀슈타인행 기차에 올랐다. 아직 검푸른 땅에는 눈이 얇게 깔려 있었다. 떠오르는 해가 드넓은 북독일의 풍경을 연노랑 빛으로 물들이고 있었다. 창백한 겨울 해를 바라보며 몇몇 연구자들이 진화를 빛이라고 표현했던 것이 떠올랐다. 고생물학자 피에르 테야르 드 샤르댕Pierre Teilhard de Chardin(프랑스의 가톨릭계 신학자, 철학자, 인류학자로 실증 과학 연구를 통해 통일적인 세계관을 추구하며 과학과 신앙을 조화시키려고 했다-옮긴이)이 1955년 세상을 떠나기 직전에 진화는 '사실을 밝히는 빛'이라고 했다.

기차가 한자 도시 뤼벡과 킬의 중간쯤에서 플뢴에 도착했다. 도시의 변두리에 넓게 펼쳐진 그림 같은 호수 지역의 한가운데에 막스플랑크 진화생물학연구소MPI für Evolutionsbiologie가 있었다. 얼음장처럼 차갑고 맑은 물 위로 눈이 덮인 나무판자 길이 불쑥 솟아올라 있었는데, 길에 발을 디디자 기러기들이 화들짝 놀라서 빽빽 울며 날아갔다. 그 순간 진화에 관한 근본적인 질문들이 떠올랐다. 어떤 단계들을 거쳐야 생명이 없는 물질에서 다양성을 지닌 생명체가 되는 것일까? 진화는 장내 세균과 개코원숭이 같은 다양한 생명체를 어떻게 만들어낸 것일까? 살아 있는 모든 것은 서로 어떤 관계일까?

다른 학문과 비교했을 때 생물학만의 큰 장점이 있다. 바로 생물학의 모든 영역을 아우르는 보편적이고 유일한 이론, 바로 진화론이 있다는 것이다. 종의 발달은 생명의 구성 요소, 이른바 세포에서 생명의 프로세스를 만들어내는 핵산과 단백질의 생성과 마찬가지로 진화론을 따른다. 모든 형태의 생명체는 진화의 틀 안에서 분류될 수 있다.

현재 우리가 알고 있는 지식에 따르면 모든 생명체에겐 원시 조상, 즉 모든 생명의 공통 조상Last Universal Common Ancestor, LUCA이 있다. 모든 생명체는 LUCA를 통해 서로 연결되어 있으며 동일한 유전자 코드와 같은 기본 원칙을 따른다. 이 코드는 단백질이 어떻게 구성되어야 하는지를 정한다. 해파리든, 에델바이스든, 도마뱀붙이든 간에 모든 생명체가 동일한 코드를 사용해 생명체의 발달과 유지에 필요한 유전자에 정보를 저장한다는 건 놀라운 일이다.

이는 모든 생명의 공통 조상이 있어야만 설명할 수 있는 문제다.

플륀 연구소의 한 연구원이 아주 강력한 이미지를 이용해 진화를 설명했다. 진화의 과정에는 우리가 낱낱이 이해할 순 없지만 중대한 여러 단계의 과도기가 있었다고 한다. 처음에는 생명이 없는 물질에서 자가증식을 할 수 있는 체계로 이행되는 과도기가 있었다. 이렇게 자가복제 체계와 함께 유전 원칙이 생겼다.

학자들은 초기의 자가복제 체계에서는 DNA 대신 RNA가 유전 정보의 전달체로 사용되었다고 가정한다. 그래서 이를 초기의 RNA 세계라고도 표현한다. 그렇다면 그다음에 또 한 번의 중대한 과도기, 이른바 RNA 세계에서 DNA 세계로 이행하는 과도기가 있었을 것이다. 이렇게 해서 DNA는 더 안정적인 유전 정보의 전달체로 자리를 잡았고, 오늘날까지도 모든 살아 있는 세포에서 발견되고 있다.

이후에 DNA에서 단백질 막으로 싸여 있는 버전의 DNA인 염색질chromatin로 이행되는 과도기가 있었다. 이 과도기에는 작은 세포에 더 긴 DNA 가닥, 더 많은 유전자, 훨씬 큰 유전체를 보관할 수 있도록 유전체를 압축할 수 있게 되었다. 염색질로의 과도기 덕분에 접근만 통제해도 유전자를 조절할 수 있게 되어 유전자 조절도 훨씬 쉬워졌다. 이 모든 것이 유전체의 변화(돌연변이)와 자연선택(선택)이라는 두 가지 진화 요인의 지배를 받는다.

그래서 처음에는 상당히 오랜 기간 단세포 생물 영역에서 돌연변이와 자연선택이 진행되었으리라 추측한다. 단세포 생물은 빠른 속도로 세포 분열을 하기 때문에 상대적으로 빨리 발달할 수 있다. 이 시기에는 대사 경로metabolic pathway(세포 내에서 효소가 매개하는 일련의 생화학 반응-옮긴이)와 같은 많은 기본적인 생명의 프로세스가 나타났다. 마지막 세 번째 중대한 과도기에는 장 박테리아 같은 단세포 생물에서 동식물 같은 다세포 생물로 진화했다.

이런 과도기를 거치며 세포는 전문성을 갖추게 된 것이다. 실제로 인간은 수백 가지 유형의 세포들로 구성되어 있다. 근육 세포든, 신경 세포든, 피부 세포든 간에 생명체의 모든 유형의 세포에는 각기 다른 과제가 주어진다.

단세포 생물에서 다세포 생물로의 과도기는 어떻게 성공적으로 이행될 수 있었을까? 이는 생물학의 중대한 질문 가운데 하나다. 플뢴 연구소의 연구자들은 이 과도기를 설명하기 위해 '환경 지지 구조ecological scaffolding'라는 개념을 발전시켰다. 실험에 따르면 박테리아 세포들은 특정한 환경 조건에 노출되었을 때 협업하고 마치 세포 연합처럼 행동한다. 그리고 이런 박테리아 세포 연합은 다윈이 정립한 일정한 원칙에 따라 발달한다. 이런 환경 지지 구조가 있었기 때문에 세포는 마치 다세포 생물의 일부인 것처럼 진화의 과정에 동참할 수 있었을 것이다. 세포의 집합체는 확실한 분업 체제를 이미 갖추고 있었다.

문득 막스플랑크 생물학연구소의 한 연구원이 단세포 생물에서 다세포 생물로의 이행이 어떻게 진행되었는지 연구하고 있다는 말이 떠올랐다. 그녀는 단순 갈조류를 연구하고 있었다. 바다에 널리 분포하는 이 해양 식물은 최대 60미터까지 성장할 수 있고 심지어 '해저의 숲'을 만들 수도 있다. 하지만 불과 몇 센티미터밖에 자라지 않는 실 모양의 작은 갈조류도 있다. 많은 갈조류가 극소수의 세포 유형들로만 구성되어 있어서, 연구자들은 세포의 유형을 만드는 데 관여하는 유전자를 찾기 쉽다. 갈조류를 이용하면 단세포 동물에서 다세포 동물로 이행하는 중대한 과도기의 기초가 된 유전자들을 더 쉽게 발견할 수 있다. 그래서 갈조류는 매우 활발한 연구가 이뤄지고 있는 분야다.

브레멘에 있는 막스플랑크 해양미생물학연구소MPI für Marine Mikrobiologie에 초대받았을 때 바로 이런 갈조류들을 접할 수 있었다. 2022년 크리스마스에 이곳 연구원들은 세계의 대양에서 갈조류가 (이미 알려진 사실이지만) 막대한 양의 대기 중 이산화탄소를 흡수할 뿐만 아니라 점액의 형태로 결합된 탄소 일부를 분비한다고 발표했다. 즉 광합성과 조류의 점액 분비를 통해 대량의 탄소가 바다에 저장되는 것이다. 갈조류는 매년 최대 5억 5,000만 톤의 이산화탄소를 바다에서 흡수하는데, 이는 독일의 연간 이산화탄소 배출량에 맞먹는 양이다.

생명은 원래 물에서 탄생했다. 이 사실만으로도 해양생물학은 흥미로운 분야다. 연구원이 열정적으로 설명했듯이 해양생물학은 초기의 진화를 이해하는 데도 도움이 된다. 지금도 심해에서는 생명의 기원에 대한 기존의 가설을 시험대에 올려야 할 정도의 예기치 못했던 발견이 이뤄지고 있다. 지금 우리가 모든 생물학 교재에서 '생명의 나무tree of life'를 볼 수 있는 것도 이런 연구 덕분이다. 모든 생명의 공통 조상 LUCA에서 생명의 3역域, 이른바 박테리아Bacteria, 고세균Archaea, 진핵생물Eukaryota이 탄생했고 진핵생물에는 균류와 식물 외에도 우리 인간이 속해 있는 동물이 포함된다.

2015년 스웨덴 웁살라 대학교의 연구팀은 기존 생명의 나무를 통째로 뒤흔드는 발견을 했다. 그린란드 인근의 북극해 중앙 해령에서 시추 작업을 하던 중 약 3,000미터 깊이에서 '로키아케오타Lokiarchaeota'라고 불리는 신종 고세균이 발견된 것이다. 이제껏 알려지지 않았던 이 생명체는 우리가 지금까지 진핵생물을 통해서만 알고 있던 많은 구성 요소를 보여주었다. 이는 지금까지 생각해왔던 것처럼 진핵생물이 공통의 조상이 아니라 고세균에서 진화했음을 암시하는 것이었다.

이제 생명의 나무에는 두 개의 큰 가지만 남을지도 모를 일이다. 이 사례는 칼 포퍼의 반증주의가 얼마나 훌륭한지 입증한 셈이다. 또한 과학은 재생산할 수 있는 데이터를 바탕으로 하며 담론으로 살아가는 것임을 보여준다. 전 세계의 과학 공동체에서 새로운 데이터는 비판적으로 논의되고 이렇게 새로운 지식이 탄생한다. 그리고 이 과학 지식은 다른 분야를 선도하며 나아간다.

하지만 또 한 번의 거대한 과도기에는 진화, 구체적으로 유성생식의 진화도 포함되어 있다. 학자들은 유성 생식을 통해 유전적으로 다양한 후손을 얻을 수 있기 때문에 유성 생식이 생존에 이점을 제공했을 것이라고 가정한다. 그렇게 생물학적인 성sex이 만들어졌고, 각각 난자와 정자를 생산하는 여성과 남성이 탄생했다.

물론 사회적인 성gender은 생물학적 성과 구분되어야 한다. 플뢴의 연구원들은 쥐의 생물학적 성을 연구한 결과, 유전자 활동에 개인차가 많이 나타난다는 사실을 확인했다. 이런 차이가 성과 관련된 호르몬의 생산에 관여하는 유전자에서 비롯된다면 생물학적인 성은 쉽게 설명될 수 있다. 하지만 성의 특성을 나타내는 또 다른 유전자가 있다. 이 유전자가 어떻게 작용하는지는 아직 확실하게 밝혀지지 않았다. 어쩌면 개체에서 다양한 성이 표현되면서 생긴 변종이 진화에서 또 다른 이점으로 작용했을지 모른다.

의심할 여지 없이 진화는 완성된 프로세스가 아니다. 진화는 계속 진행되는 발전 상태를 나타낸다. 현재 우리는 인류가 기계와의 공진화 시기에 어떻게 진입했는지 경험하고 있다. 전 세계 인구의 절반이 사용하고 있는 스마트폰을 살펴보자. 플뢴의 연구자들은 다윈의 자연선택이 단순히 인간에 국한되지 않고 스마트폰과 함께 살아가는 인간에게 적용된다고 가정한다. 다윈이 '적합도fitness'라고 표현했던 개념은 인간이 스마트폰을 사용하면서 표현이 바뀌고 있다.

예를 들어 데이팅 앱을 잘 사용한 사람은 '생식 적합도reproductive fitness'가 상승했다고 볼 수 있다. 쉽게 말해 이런 사람은 자신의 유전 인자를 자손 세대에게 물려주는 것을 선호한다는 것이다. 또한 자녀들은 부모를 통해 얻은 스마트폰의 사전 설정 혜택을 누리고, 이렇게 정해져 있는 것들을 배우게 된다. 그런 영향들은 이미 나타나고 있다.

진화론에 대한 증거가 이렇게 강력하고 다양함에도 불구하고 많은 곳에서 창조론과 같은 비과학적 학설이 다시 인기를 얻고 있다. 창조론 지지자들은 진화론을 부정하고 구약 성경에 쓰여진 것처럼 하나님이 일주일 만에 세상을 창조했다고 주장한다. 미국의 많은 학교에서는 진화론 외에도 이른바 '지적 설계intelligent design'라는 새로운 표현을 사용해 창조론을 가르친다. 진화학자 테오도시우스 도브잔스키Theodosius Dobzhansky는 창조론에 맞서기 위해 1973년 《생물학에서 진화의 관점을 배제하면 아무것도 이해할 수 없다Nothing in biology makes sense except in the light of evolution》라는 에세이를 발표했다.

플뢴에서 괴팅겐으로 가는 기차에서 나는 이런 생각들에 잠겨 있었다. 진화의 과정에서 생명체가 어떻게 발전했는지, 생명체들이 어떻게 서로 의존하며 살아가는지, 인간은 생명의 나무라는 이 거대한 그림에 얼마나 잘 어울리는지…. 이런 질문들에 대해 과학은 훌륭하게 설명해왔다. 대체 생명이란 무엇일까? 이 질문을 파헤치려면 현대 생물학을 더 깊이 들여다보면서 생명체의 기능이 어떻게 작동하는지 살펴봐야 한다. 모든 생명체의 가장 은밀한 곳이자 생명을 유지하는 곳을 알아보기 위해 살아 있는 세포의 나노 세계로 들어가보자.

5장

세포와 생명

생명의 가장 작은 단위, 세포의 신비

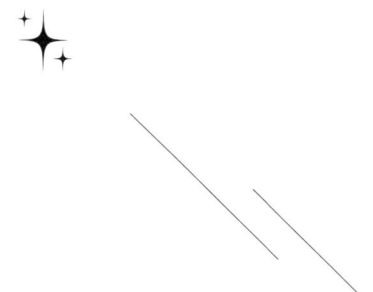

멀미가 날 것 같았다. 끝없는 디지털 그리드 위에 서 있으니 다리가 후들거렸다. 길이가 2미터인 가상의 배胚가 검은 공간을 통과해 내 앞에서 둥둥 떠다녔다. 주홍빛의 담배 모양을 한 구조가 빠른 속도로 변했다. 내 눈앞에서 저속 촬영으로, 실제 길이는 0.5밀리미터에 불과한 곤충의 알에서 초파리Drosophila가 자라기 시작했다. 나는 3D 안경을 착용한 채 머리를 앞으로 숙이고 이 경이로운 생명 탄생의 순간을 꼼꼼히 관찰했다. SF 시리즈 〈스타트렉〉의 '홀로덱Holodeck'이 떠올랐다. 그런 가상 공간, 적어도 아주 유사한 그런 공간이 실제로 존재했다. 이 공간은 벽의 높이가 약 5미터인 검은 방으로, 드레스덴의 막스플랑크 분자세포생물학 및 유전학 연구소의 옆에 있는 시스템생물학센터에 있었다.

이 가상현실 소프트웨어는 한 젊은 학자가 개발한 것이다. 그는 이런 유형의 프로그램 중 최초로 오픈소스로 제공된다며 자랑스럽게 말했다. 이 정사각형 공간에서는 생물학의 다양한 대상을 3D

안경으로 관찰할 수 있다. 안경에는 센서가 부착되어 있어서 사용자가 공간의 어디에 있는지 파악할 수 있다. 그래서 관찰자의 관점에서 관찰 대상을 빠르게 구현할 수 있다.

이 기술은 생물학적 프로세스를 파악하는 데만 사용되는 게 아니다. 현미경 이미지를 공간에 직접 투사하면 실시간으로 실험을 추적할 수 있다. 미래에는 데이터 장갑을 끼고 현미경을 조작할 수 있을 것이라고 한다. 그러면 마치 게임을 하듯이 생물학의 미니어처 세계로 들어갈 수 있다.

이곳에 대한 첫인상은 사이언스 픽션 같은 느낌이었다. 하지만 나는 가상의 배를 보며 감탄할 수밖에 없었고 머리속에서 근본적인 질문들이 마구 떠올랐다. 생명체 그리고 생명체를 이루는 다양한 세포와 조직, 기관은 어떻게 발달하는 것일까? 혹시 유전체에 생명의 설계도가 그려져 있는 것일까? 생명체는 어떤 메커니즘을 바탕으로 작동할까?

나는 가상의 공간을 떠나기 전에 먼저 인간의 신경 세포를 살펴봤다. 우리 몸의 세포는 너무 작아서 맨눈으로 보기 어렵다. 직경이 고작 20마이크로미터, 즉 2×10^{-5} 밀리미터인 경우가 태반이다. 세포 내부에는 세포핵이 있고 외부에는 다양한 세포 돌기들이 있어서 세포들을 서로 연결해주고 있다. 이런 이미지들을 보면서 나는 또다시 감탄했다. 그것은 다름 아닌 생명의 기본 단위가 담긴 사진들이었기 때문이다. 둥근 모양, 별 모양, 길게 뻗어 있는 세포들. 이 세포들을 이루고 있는 구성 요소들은 초록, 파랑, 빨강으로 물들여져 있었다. 이 여행을 시작할 때 우주의 모습이 담긴 사진과는 완전히 달랐다.

이 장과 다음 장에서 나는 내가 연구했던 분야에서도 친숙하게 다뤘던 질문들에 대해 논할 것이다. 내가 이런 주제들에 관심이 많다는 사실을 숨기고 싶지도 않고, 다른 학문 분야도 마찬가지겠지만 더 깊은 통찰을 얻는 데 이를 활용할 생각이다. 이런 단계를 거치면서 생명의 구성 요소와 상호작용을 차근차근 짚어볼 것이다. 그러려면 먼저 사고 여행이 필요하다.

인간은 수십억 개의 세포들로 이뤄져 있고, 이 세포들은 수백 가지의 다양한 세포 유형으로 분류된다. 각 세포에는 모든 유전 인자의 총체가 있다. 우리의 유전체에는 2만 개 이상의 유전자가 있는데 한 개의 세포에서는 그중 일부만 활동한다. 더 정확하게 표현하면 다양한 세포 유형의 다양한 유전자들이 있다. 이렇게 세포 유형에 따라 유전자 산물이 다르기 때문에 영양소 활용에서 면역 반응, 기억력까지 다양한 생명의 프로세스를 만들 수 있다.

생명을 이해하려면 세포를 이해해야 한다. 과학자들에게 '이해한다'라는 말은 최대한 많이 '기계론적으로 명확하게 설명한다'라는 뜻이다. 생물학을 물리학과 화학을 이용해 설명하고 이런 설명, 즉 서술적 이해에서 생명의 과정을 이루는 메커니즘으로 파고드는 것이다.

세포 연구자들은 일상의 사례를 이용해 구체적으로 설명하는 접근 방식을 취한다. 가령 자동차가 어떻게 작동하는지 이해하려면 자동차가 무슨 색이고, 바퀴가 몇 개고, 핸들로 주행 방향을 변경한다는 사실을 아는 것만으로는 부족하다. 점화 플러그, 방향 지시등, 배기 장치 등 자동차의 부품에 대해 알아야 한다. 그뿐만 아니라 부품들이 어떻게 구성되고 각 부품이 어떻게 작동되는지 알아야 한다. 우리는 자동차의 부품이 서로 어떤 연관 관계에 있고, 배터리가 서치라이트에 어떻게 전기를 공급하고, 가스 분사기가 휘발유와 공기를 어떻게 혼합하는지, 이 혼합물이 엔진에 어떻게 도달하는지, 핸들의 움직임이 앞바퀴의 위치에 어떻게 전달되는지 모두 알아야 한다.

세포도 마찬가지다. 분자생물학자들은 '재고 조사'부터 시작해서 먼저 세포의 구성 요소를 조사해야 한다. 두 번째 단계에서는 세포의 구조와 기능을 밝혀야 한다. 그리고 마지막에는 세포의 구성 요소 간 상호작용을 연구해야 한다. 이 3단계 과정을 통해 세포를 살아 있는 시스템으로서 이해할 수 있게 된다. 즉 세포가 환경에 어떻게 반응하고, 신진대사를 하고, 성장하고, 분열하는지 이해할 수 있다.

세포의 기본 구성 요소는 단백질이다. 단백질은 놀라울 정도로 다양한 천연물(생체분자)이다. 나도 30년째 단백질을 연구하고 있는데 한 번도 지루했던 적이 없다. 단백질은 세포보다 수천 배 정도, 아니 그보다 훨씬 작다. 일반적으로 단백질의 직경은 고작 몇 나노미터다. 이렇게 작아도 연구는 훌륭하게 진행되고 있고 여러 곳의 막스플랑크 연구소에서 단백질 연구에 몰두하고 있다. 단백질은 세포의 도구이기 때문에 연구 대상으로서 단백질에 관심을 두는 것이 그리 놀랄 일은 아니다. 또한 많은 질병이 세포의 단백질 구성에 나타난 변화와 관련이 있다. 따라서 단백질 연구는 의학적으로도 중요하다.

바이에른 연방주의 수도 남서부에 있는 연구 캠퍼스에서도 많은 것이 단백질을 중심으로 돌아간다. 내가 뮌헨에 있을 때부터 알고 있던 마르틴스리트에도 막스플랑크 생화학연구소MPI für Biochemie가 있다. 이 연구소는 수천 가지 다양한 단백질을 밝혀낼 방법인 단백질체학에서 선두를 달리고 있다.

이곳 연구원들은 단백질을 분석하기 위해 미세한 침으로 세포 추출물을 질량분석기에 주입한다. 이 하이테크 장치는 단백질을 풀어헤치고 단편들로 분해한 다음, 아주 작은 단백질 단편의 질량을 정확하게 측정한다. 이렇게 해서 단백질의 정체가 밝혀진다. 이 프로세스는 이미 자동화되어 있다. 컴퓨터가 신속하게 결과를 출력하면 모니터에 단백질의 이름들이 한 무더기로 뜬다. 그중에는 신호 수용체, 소화 효소, 항체도 있다.

단백질은 어떻게 그렇게 많은 기능을 수용하는 걸까? 이런 엄청난 다양성은 대체 어디서 오는 걸까? 이 질문은 지금까지도 나를 사로잡고 있다. 답은 구조적 다양성에서 찾을 수 있다. 단백질은 21개의 다양한 구성단위, 이른바 각기 다른 방식으로 배열될 수 있는 아미노산이 이어진 긴 사슬로 구성된다. 사슬 모양의 단백질 분자들은 접히고 독특한 3차원 구조를 취하는데, 바로 이 구조가 단백질의 기능을 결정한다. 예컨대 망치, 스크루드라이버, 톱은 철이나 나무 등 동일한 물질로 구성되지만 기능이 완전히 다르다. 도구의 형태, 즉 구조가 다르기 때문이다. 세포의 도구인 단백질도 마찬가지다. 단백질 분자의 구조가 기능을 결정한다.

20세기 중반부터 연구자들은 고된 작업을 통해 수많은 단백질의 3차원 구조를 결정했다. 이런 각각의 단백질 구조를 밝혀내려면 수백 개 혹은 수천 개의 아미노산이 공간에 배열되어야 한다. 쉽게 말해 단백질 분자로 구성되는 수만 개 원자의 위치가 정확하게 결정되어야 한다. 얼마나 대담한 시도인가! 이런 어려움에도 불구하고 2022년 말까지 연구자들이 국제 데이터 뱅크, 이른바 단백질 자료 은행Protein Data Bank, PDB에 수집해놓은 단백질 구조의 수는 20만 개를 훌쩍 넘는다.

마르틴스리드의 연구소에서도 많은 단백질 구조를 규명했다. 그중에는 식물의 광합성, 즉 광합성 반응 중심photosynthetic reaction center에서 중요한 단백질 구조도 있다. 이를 밝혀낸 공로로, 지금은 은퇴한 막스플랑크 연구소장이자 독일의 화학자 로베르트 후버Robert Huber는 독일의 화학자 요한 다이젠호퍼Johann Deisenhofer, 수십 년 동안 프랑크푸르트 막스플랑크 생물물리학연구소MPI für Biophysik에서 연구하고 있는 독일의 생화학자 하르트무트 미헬Hartmut Michel과 공동으로 1988년 노벨화학상을 수상했다.

1990년대 중반 처음 후버의 연구소를 방문했을 때가 떠오른다. 그는 3D 안경을 쓰고 컴퓨터로 원자를 하나씩 조립해 새로운 단백질 구조를 만들고 있었다. 지금은 연구소에서 이 분야만 전문적으로 연구하는 연구원들이 여럿 있기 때문에 끊임없이 새로운 통찰이 나오고 있다.

고된 수작업은 구조생물학자들의 전통적인 연구 방식이다. 처음에는 몇 밀리그램에 불과한 단백질을 세척하는 일로만 며칠을 보내야 한다. 한마디로 생물학적 환경과 완전히 차단시키는 것이다. 연구자들은 종종 단백질에 손상이 가지 않도록 이상적인 조건인 섭씨 4도의 냉장실에서 이런 실험을 진행한다. 그리고 세척된 단백질로부터 농축 용액을 준비하고 그중 몇 개의 드롭렛(소립小粒)을 염류 용액에 떨어뜨린다. 이렇게 하면 용액의 드롭렛이 줄어들고 단백질 농축액의 농도는 점점 진해진다. 운이 좋으면 과포화 용액에서 단백질 결정이 생기는데, 심지어 몇백 마이크로미터로 길어질 수도 있다. 요즘에는 다양한 로봇들이 이런 작업을 처리하고 있지만 기본 원칙에는 변함이 없다.

단백질 결정은 핀, 육각기둥, 작은 정육면체와 같은 아름다운 대칭 구조를 형성하고 있다. 연구자들은 먼저 이런 결정들을 현미경으로 세심하게 관찰하고, 이 귀중한 물체를 액체 질소에 담그기 전에 이 액체에서 작은 나일론 고리를 찾아낸다. 그다음에 이 결정은 질소 특유의 연기를 내며 섭씨 영하 196도에서 급속 냉각된다.

이후 연구자들은 단백질 결정 시료를 함부르크, 스위스의 빌리겐, 프랑스의 그르노블에 있는 것과 같은 입자가속기로 이동시킨다. 이런 원형의 초대형 장치는 '싱크로트론synchrotron'이라고도 불리는데, 이 안에서 작은 입자들은 수 킬로미터에 이르는 궤도를 이루며 거의 광속으로 가속화된다. 궤도의 가장자리에서는 구조생물학자들이 사용하는 초강력 X선이 방출된다. 단백질 결정이 광학 거리optical path(빛이 지나가는 길. 굴절률과 거리의 곱으로 나타낸다-옮긴이)를 유지하면 결정 격자에서 X선이 여러 방향으로 굴절된다. 이렇게 해서 아주 멋진 회절 패턴이 생성되고 감지기에 포착된다.

이 패턴에서 단백질의 3차원 형태가 예측되고 원자 구조 모델이 형성된다. 이런 복잡한 프로세스를 X선 결정법X-ray crystallography이라고 한다. X선 결정법을 이용하면 많은 단백질로 구성된 거대 복합체를 원자 단위로 밝혀낼 수 있고, 생명의 프로세스를 통해 '분자 영화'를 만들 수 있다.

연구자들은 무엇 때문에 이런 수고를 감내할까? 그렇게 해서 생명의 메커니즘을 자세히 살펴봄으로써 얻을 수 있는 게 너무나도 많기 때문이다. 단백질의 멋진 스냅숏을 얻을 수 있을 뿐만 아니라 생명 활동에 대한 한 편의 영화를 제작할 수 있다. 플립 북처럼 다양한 상황에서 단백질에 대한 다양한 스냅숏을 나란히 배열할 수도 있고, 이를 통해 단백질 도구의 역학을 가시적으로 나타낼 수도 있다. 집게가 어떻게 벌어지고 오므려지는지 봐야 집게가 무엇인지 알 수 있듯이, 연구자들도 이런 방식으로 단백질을 관찰해야 이해할 수 있다.

연구자들은 결과가 나오면 3D 안경을 착용하고 모니터 앞에 모여 그들이 해결해야 할 일이 무엇인지 함께 살펴본다. 나도 이런 경험을 수차례 해봤다. 이는 단백질의 기능이 어떻게 돌아가고 생명의 프로세스가 어떻게 진행되는지 처음으로 관찰하는 사람에게 주어지는 특권이다. 또한 연구자의 삶에서 전율을 느낄 수 있는 순간이기도 하다. 이럴 때마다 머리를 스치고 지나가는 생각이 있었다. '이 모든 게 세포가 하는 일이라니, 정말 대단해!'

지금도 단백질 구조를 규정하기 위한 결정들이 배양되고 있다. 그사이에 거대한 분자 복합체를 구조적으로 규명할 수 있는 두 번째 방법, 극저온 투과전자현미경 분석법cryogenic electron microscopy이 개발되었다. 음극선陰極線으로 단백질을 촬영하는 이 분석법을 이용하면 단백질을 직접 볼 수 있다. 이렇게 하면 다양한 방향에서 볼 수 있는 수백만 개의 단백질에 대한 이미지를 얻을 수 있는데, 이런 이미지들은 선명하지 않아서 단백질의 윤곽만 겨우 알아볼 수 있을 정도다. 하지만 모든 상황이 잘 맞아떨어지면 컴퓨터로 이 개별 이미지들을 짜맞춰 3차원으로 재구성할 수 있고, 원자 단위로 분해될 수도 있다.

단백질 사슬을 구성하는 나선, 매듭, 끈 등 단백질의 복잡한 구조를 직접 보면 이렇게 독특한 모양이 어떻게 생기는지 궁금증이 생길 수밖에 없다. 연구자들은 수십 년째 단백질 접힘에 얽힌 수수께끼를 밝히기 위해 노력하고 있지만, 단백질 사슬의 구성 요소인 수많은 아미노산이 아주 특정한 방식으로만 공간에 배열되는 이유는 아직 정확하게 밝혀지지 않았다.

그리고 수십 년 이상 과학자들이 골머리를 앓았던 문제가 있었는데, 2020년 인공지능이 이를 해결했다. 머신러닝 덕분에 단백질 사슬의 아미노산 서열(시퀀스)에서 단백질의 3차원 구조를 예측할 수 있게 되어 단백질 접힘에 관한 오랜 궁금증을 해소할 수 있었던 것이다. 구글의 자회사 딥마인드DeepMind는 단백질 자료 은행에 수집된 많은 구조를 이용해 단백질 접힘에 관한 규칙을 습득하는 데 성공했다. 역사적 돌파구를 마련한 이 기술 덕분에 서열의 구조를 예측할 수 있게 되었다.

그런데 세포에서 단백질 사슬들이 저절로 접히지 않을 때가 종종 있다. 단백질 사슬들은 3D 구조 수용을 돕는 다른 단백질, 즉 샤페론chaperone(영어로 '동반자'라는 뜻. 큰 단백질이나 거대 분자 단백질 복합체의 구조적 접힘이나 풀림을 돕는 단백질-옮긴이)이 필요하다. 마르틴스리트의 막스플랑크 생화학 연구소는 이런 샤페론을 연구하고 있다. 최근에는 세포의 단백질 접힘으로 인한 중간 생성물인 다크 프로테옴dark proteome의 특성까지 밝혀졌다. 이제 이 문제는 마지막 수수께끼가 아니다.

이제 분자생물학 여행은 어디를 향할까? 마르틴스리트 연구소는 도르트문트, 괴팅겐, 프랑크푸르트 연구소와 마찬가지로 미래의 구조생물학 연구를 위해 새로운 방법을 개발하고 있다. 수백 개 요소로 이뤄진 거대한 세포 구성 요소들의 3차원 구조는 이미 규명되었다.

2022년 프랑크푸르트의 막스플랑크 생물물리학연구소에서는 핵공nuclear pore(핵막을 가로지르는 거대한 단백질 복합체-옮긴이)의 3차원 구조를 결정하는 데 성공했다. 세포의 구성 요소들은 끊임없이 세포 내에서 운반되어야 하므로 정지 상태가 없어서, 핵공이 세포에서 운반 문제를 일으킨다. 모든 단백질에는 주소가 있는데 아미노산 서열의 짧은 단편에서 암호화된다. 예를 들어 단백질이 세포핵에 속해 있음을 보여줌으로써 자신의 기능을 인지하는 것이다. 하지만 단백질은 세포질cytoplasm(세포 내부를 채우고 있는 균일하고 투명한 점액 형태의 물질-옮긴이)의 핵 외부에서 생산되기 때문에 이런 단백질은 핵공을 통해 세포핵으로 이동한다.

핵공은 거대한 대문이나 마찬가지다. 이 문은 단백질이 유전체가 있는 세포핵으로의 출입을 허용하거나 막는 역할을 한다. 하지만 세포핵에서 핵공이 만들어진 후에는 유전자의 산물을 세포질로 내보낼 수 있다. 이것은 단순한 필터나 밸브가 아니기 때문에 훨씬 더 복잡하다.

거대한 핵공의 구조를 풀기 위해 프랑크프루트의 막스플랑크 연구소에서는 여러 가지 방법을 조합했다. 여기서 핵심은 극저온 투과전자현미경 분석법이었는데, 이를 기존의 전자현미경과 혼동해서는 안 된다. 이 방법은 마르틴스리트 연구소에서 개발된 것으로 3단계로 진행된다. 먼저 세포를 급속 냉동한다. 그다음에 급속 냉동된 세포를 슈베리온Schwerion(질량이 아주 큰 이온을 일컫는다-옮긴이)의 아주 가느다란 빔을 이용해 두께가 불과 100나노미터인 아주 얇은 실로 절단한다. 마지막 단계에서는 세포의 가는 실과 같은 내부 구조를 전자현미경으로 여러 면을 촬영하고(한 층, 한 층 촬영하므로 단층 촬영과 다를 바 없다) 이렇게 해서 세포의 한 부분에 대한 3D 이미지가 작성된다.

이 방법으로 세포핵 주변의 핵공도 눈으로 볼 수 있는데, 이 경우에도 이미지는 뚜렷하지 않다. 그다음에 결정적인 트릭이 있다. 핵공의 흐릿한 3D 이미지가 수백 개의 고해상도의 단백질 구조들로 채워지고 모든 핵공에 대한 분자 모델이 생성된다. 이렇게 해서 과학자들은 복잡한 3차원의 퍼즐(핵공)을 잘 알려진 퍼즐 조각들(단백질)로 끼워 맞춘다. 이런 퍼즐 조각들은 X선 결정법을 통해 나온 결과이거나 인공지능의 도움을 받아 예측된 것이다.

미래에는 세포에서 더 큰 부분들의 원자 구조, 즉 세포소기관細胞小器官, organelle도 규명될 것이다. 세포소기관은 인체로 보면 장기에 해당한다. 쉽게 말해 세포의 발전소인 미토콘드리아와 같은 기능적인 하부 구조다. 앞서 엄청난 분자 퍼즐들이 맞춰졌지만 세포소기관을 역학적 측면에서 이해하려는 다음 도전 과제가 이미 지평선에 떠오르고 있다. 어떤 구조가 한 가지 상태에서 다른 상태로 어떻게 도달하는지 이해하려면 컴퓨터 시뮬레이션이 중요한 역할을 할 것이다.

예를 들어 핵공의 경우 이동된 단백질의 정확한 경로가 추적되어야 한다. 기존의 막스플랑크 실험의학 및 생물물리화학 연구소MPI für experimentelle Medizin und für biophysikalische Chemie에서 2022년 새롭게 출범한 괴팅겐의 막스플랑크 다학제적 자연과학 연구소MPI für Multidisziplinäre Naturwissenschaften의 연구자들은 특히 핵공을 통한 단백질 이동에 관한 기반을 마련했다. 핵공 내부에는 이동하는 단백질 사슬들로 이뤄진 일종의 젤이 형성되는데, 이것은 세포핵의 목적지에 도달할 때까지 때때로 세포의 운반물을 수용하고 핵공을 통해 통과할 수 있다.

세포의 구성 요소를 냉동한 상태에서 관찰하는 구조생물학의 연구 결과도 매우 인상적이다. 생물학을 깊이 파헤치려면 살아 있는 세포에서 진행되는 생명의 프로세스를 연구해야 한다. 이 작업에는 광학현미경이 필요한데, 얼마 전까지만 해도 이 현미경의 해상도는 지극히 제한적이었다. 하지만 괴팅겐 연구소의 루마니아계 독일인 물리학자 슈테판 헬Stefan Hell이 광학현미경의 해상도 한계를 극적으로 개선하는 데 성공했고, 연구 업적을 인정받아 2014년 노벨화학상을 수상했다.

광학현미경의 해상도는 어떻게 이 정도 수준으로 개선될 수 있었을까? 무려 100년 이상 해상도의 한계는 현미경의 감도와 동일어처럼 여겨졌다. 쉽게 말해 이것은 파장의 절반에 해당하는 거리에 있는 물체를 나타낼 수 있는 최대 해상도를 의미한다. 예를 들어 파장이 600나노미터인 붉은 빛을 사용하면 최대 해상도는 300나노미터다. 그런데 헬의 연구 덕분에 이런 한계를 극복할 수 있었다. 그의 기술을 바탕으로 STEDStimulated Emission Depletion(유도방출제어) 현미경이 탄생했다. STED 현미경은 나노미터보다 작은 영역까지 표시할 수 있는 해상도를 갖추고 있어서, 세포의 세부적인 것들을 훨씬 많이 표현할 수 있다.

이 연구의 장기적인 목표는 생명의 프로세스를 세포에서 직접, 나아가 분자 영역에서 추적하는 것이다. 최근 연구 결과는 광학현미경과 전자현미경의 해상도 차이를 완전히 메울 가능성이 있음을 암시한다. 그리고 광학현미경의 해상도가 또 한번 개선되었는데 MINFLUXminimal fluorescence photon fluxes microscopy(최소 광자 플럭스를 사용한 나노스코피) 방식 덕분에 세포에서 각 분자의 위치와 배열을 아주 정확하게 결정할 수 있게 되었다.

이것은 마치 우주 공간에서 지구를 보는 것과 같은데, 주말 시장에서 장을 보는 사람들을 일일이 추적할 수 있을 만큼 강력한 성능의 굴절망원경이다. 이와 유사한 방식을 이용해 연구자들은 세포에서 움직이는 단백질들을 일일이 추적할 수 있다.

단백질은 현미경에 형광 탐침을 장착해야 보인다. 내가 이런 기능의 원리를 알게 된 것은 막스플랑크 의학연구소MPI für medizinische 에서였다. 하이델베르크의 네카어 다리에는 문화재로 지정되어 보호를 받는 1930년대 바우하우스 건물이 있는데, 이 건물이 바로 막스플랑크 의학연구소다. 오랜 전통을 자랑하는 이 연구소는 무려 다섯 명의 노벨상 수상자를 배출했다.

한 연구원이 살아 있는 세포에 있는 거의 모든 임의의 단백질을 눈으로 볼 수 있는 방법을 설명해주었다. 유전자가 변형된 이 단백질에는 일종의 접착제와 같은 돌기가 있다. 이 단백질이 세포에 주입되면 유전자가 변형된(엔지니어링된) 단백질이 생산 활동을 한다. 이어서 단백질 돌기가 붙어 있는 화학 탐침을 통해 세포들이 처리된다. 이것이 유전자를 변형시킨 의미와 목적이었다. 이런 특수하고 안정적인 단백질 표지와 함께 단백질은 고해상도의 형광현미경을 통해, 심지어 세포 전체에서 추적된다.

사람들은 이런 새로운 방식을 이용하면 단백질의 기능에 관한 모든 질문의 답을 찾을 수 있으리라 생각한다. 하지만 그렇지 않다. 유전과 세포 분열과 같은 생명의 프로세스가 어떻게 진행되는지 화학의 수준에서 이해한다고 할지라도 여전히 해결되지 않은 질문들이 있다. 분자들의 움직임에서 이 프로세스는 어떻게 생성되는 걸까? 단백질은 어떻게 생기는 걸까? 단백질은 어떻게 나란히 놓이는 걸까? 이런 단백질들은 서로 어떻게 행동하는 걸까? 답은 단순하면서도 복잡하다. 근본적인 생명의 프로세스는 단백질의 자기조직화에서 출발하는데, 이는 종종 다른 분자들을 통해 조절될 수 있다.

드레스덴의 막스플랑크 분자세포생물학 및 유전학연구소에서는 바로 이 자기조직화에 관한 문제를 다룬다. 이곳에서 나는 가상의 배胚를 보고 놀랐다. 이 연구소는 세포에서 어떻게 단백질이 즉흥적으로 모이고 '응축물'을 형성하는지를 연구한다. 이런 응축물은 전형적인 세포소기관들과 달리 외피로 둘러싸여 있지 않은 아주 작은 드롭렛과 유사하다. 이런 응축물에서는 외부에선 불가능에 가까운 생화학적 반응이 진행될 수 있다. 응축물은 극도로 역동적이어서 불과 몇 초 만에 형성될 수도 있고 바로 분해될 수도 있다.

단백질의 드롭렛은 생명력이 짧은데, 이 연구를 통해 생명의 기본 원리가 뚜렷하게 드러난다. 이는 살아 있는 세포에서 구조의 생성과 소멸도 마찬가지다. 물론 연구원들은 현미경의 현상뿐만 아니라 드롭렛이 어떻게 형성되고 분해되는지 밝혀내려고 한다. 이 연구는 드레스덴의 또 다른 연구소인 막스플랑크 복잡계물리학연구소MPI für Physik komplexer Systeme의 연구원들과 협업으로 진행되고 있다.

이곳에서 이론물리학자들은 생물학 시스템에 대한 수학적 모델을 정립하기 위해 애쓰고 있다. 이를 통해 세포와 조직에서 시스템의 역동성이 공간과 시간에서 묘사된다. 이렇게 연구원들은 역동적인 세포의 프로세스를 물리적·화학적으로 이해하기 위해 한 걸음 더 나아가고 있다. 한 가지 확실한 사실은 세포에서 역동성은 물질대사 후에 나타난다는 것이다.

연구원들은 생명의 반응을 확실하게 이해하기 위해 자기조직화 시스템 모형을 제작하는데, 이런 시스템은 살아 있는 세포 없이 시험관에서 합성해 제작되어야 한다. 합성생물학이라는 미래의 학문 분야는 이렇게 탄생했으며 마르틴스리트 연구소가 이 분야를 선도하고 있다. 이 연구소는 세포 외부에서 역동적으로 진동하는 생체분자 패턴을 생성해냈다. 이것은 아주 적은 성분을 이용하는데, 사실상 무에서 유를 창조하는 것이나 다름없다. 그만큼 분자의 운동과 변화를 눈으로 볼 수 있다는 건 황홀한 일이다.

그렇다면 이제 우리는 생명이 없는 물질에서 생명이 있는 물질을 만들어내는 첫 단계에 도달한 걸까? 아직은 그렇다고 말하기 어렵다. 하지만 이는 살아 있는 세포의 외부에서도, 물질이 스스로 조직화하고 역동적인 패턴을 만들 수 있다는 증거다.

다음 단계에서 연구원들은 합성 시스템을 제어할 수 있도록 만들려고 한다. 이런 시스템은 살아 있는 세포처럼 한정된 반응 공간을 만들기 위해, 현미경으로만 확인할 수 있을 정도로 작은 주머니에 둘러싸여 있어야 한다. 이와 동시에 연구원들은 살아 있는 세포에서 수백만 년 동안 진화를 통해 나타난 것과 같은 프로세스를 생성하기 위해 최소한으로 필요한 게 무엇인지 알아내고자 한다. 그런데 사실 이 연구는 위대한 물리학자 리처드 파인만Richard Feynman의 주장을 따른 것이다. 파인만은 자신이 직접 만들(합성할) 수 있는 것만 실제로 이해할 수 있다고 주장했다.

지금부터는 정말로 복잡한 주제를 살펴보려고 한다. 지금까지 우리는 단백질이 어떤 형태고, 어떤 기능을 갖고, 어떻게 자기조직화를 하는지만 다루었다. 그런데 특정한 세포 유형에서만 특정한 단백질이 존재하는 이유는 무엇일까? 세포의 단백질 구성은 어떻게 조절될 수 있을까? 세포에서 단백질은 어떻게 생산되는 걸까? 간략하게 말하자면 물질만으로는 이런 모든 과정을 감당하기에 충분하지 않으며 정보와 에너지도 필요하다. 그러니까 생명은 물질, 정보, 에너지가 상호작용을 해야 탄생할 수 있다. 이를 이해하기 위해 두 번째 짧은 여행을 떠나보자.

궁극적으로 생명에 필요한 모든 정보는 유전체에 이미 담겨 있다. 하지만 유전체 그 자체만으로는 소리를 내지 못하기 때문에 먼저 언어가 부여되어야 한다. 이는 유전자의 정보가 전환되고, 이 정보를 이용해 원래 존재하던 구성 요소들로부터 단백질을 구성하면서 일어난다. 세포의 유전체에는 수천 개의 단백질의 설계도를 제공하는 유전자만 잠들어 있는 게 아니다. 이 유전체에는 어떤 단백질이 언제 생성되어야 할지 조절하는 데 필요한 모든 스위치가 있다.

제2형 중증급성호흡기증후군 코로나바이러스SARS-CoV-2 감염을 생각해보자. 코로나바이러스를 흡입하면 세포에 면역 반응이 유발되어, 건강한 상태에서는 활동하지 않는 특정한 유전자의 스위치가 신속하게 켜진다. 그 결과 우리의 면역 세포는 바이러스 방어에 중요한 단백질, 즉 항체를 생산한다. 면역 반응과 같은 프로세스에 대한 정보는 유전체에 있기 때문에 항상 존재한다. 하지만 유전자 정보는 필요할 때만 사용된다. 이는 유전자의 기능을 켜고 끄는 역할을 하는 분자 스위치가 있기 때문에 가능한 일이다.

괴팅겐 연구소는 유전자가 어떻게 조절되고 단백질 생성에 관여하는지 집중적으로 연구한다. 이곳 연구원들은 일종의 '세포 기본법', 즉 분자생물학의 핵심 원리인 '센트럴 도그마'에 매달린다. DNA를 구성하는 유전자는 RNA 복제본을 생성하기 위해 템플릿을 구성하고 특정한 단백질의 설치 매뉴얼 역할을 한다. 유전자의 1차 생성물은 단백질이 아닌 RNA 사슬로, 유전자가 복제될 때(전사될 때) 생성된다. RNA 생성물은 세포핵에서 핵공을 통해 세포질로 이동한다. 여기서 단백질 합성을 조절할 수 있다. 이때 이른바

'전령' RNAmessenger-RNA(줄여서 mRNA)가 어떤 단백질이 얼마나 생성되어야 하는지 정한다.

세포에서 mRNA는 기능을 정하고 근육 세포인지, 간세포인지, 신경 세포인지 결정한다. 전사 과정에서 이런 RNA 합성이 어떻게 진행되는지는 물론이고 완전한 기능을 얻기 위해 RNA 분자가 어떻게 성숙해지는지 밝혀내는 것이 괴팅겐 연구소의 목표다. 이곳에서는 RNA의 운명, 즉 세포핵에서 세포질로 이동하고, 세포의 단백질 공장인 리보솜의 도움을 받아 단백질로 전환되는 과정도 연구한다. RNA의 생명력이 짧기 때문에 마르틴스리트 연구소는 RNA가 어떻게 다시 분해되는지도 연구하고 있다.

이 흥미진진한 과정을 전부 소개하려면 이 책의 범위를 넘어야 하므로 오래전부터 나도 연구해왔던 유전자 전사轉寫만 다루도록 하겠다. 전사가 시작되려면 먼저 유전체에서 유전자의 시작점(시발체)이 발견되고 접근이 가능해져야 한다. 일부 단백질은 전사의 시작점을 노출시키고 표시할 수 있다. 그다음에는 유전자 정보를 지닌 가닥을 읽어내기 위해 DNA의 이중 나선 구조가 풀어헤쳐져야 한다. 그리고 동시에 다른 수십 개 단백질이 DNA에 도킹되고 한곳으로 모인다. 이런 단백질 중 하나인 RNA 중합효소polymerase(핵산의 중합 반응을 돕는 물질-옮긴이)가 DNA를 끼운다.

이 과정이 모두 끝나면 이제 복제 과정이 진행된다. 중합효소는 두 개의 DNA 가닥을 매트리스처럼 사용해 주형鑄型으로 삼아 정확한 유전자 복제를 마친다. 이것이 바로 mRNA 분자다. 구성 요소들은 아주 빠른 속도로 차례차례 RNA 사슬에 1초에 30개씩 달라붙고 다른 많은 단백질 도구들이 이 과정을 돕는다. 그중에는 제설기처럼 길의 장애물을 제거하는 것들도 있다. 인간은 유전자가 너무 길어서 이렇게 해도 한 시간이 걸려 유전자 전사 과정이 끝나는 경우도 있다.

영화를 통해 유전자의 복제 과정에 동행하고, 복제 장치인 중합효소가 DNA에서 전이 반응을 하는 것을 보고, RNA 사슬이 탄생하는 장면을 추적하는 건 그야말로 환상적인 경험이다. 하지만 이렇게 분자 영화에서 설명하듯이 실제로 우리의 세포에서 전사가 일어나고 있다는 것을 어떻게 확신할 수 있을까? 중합효소와 같은 단백질과 세포에서 직접 RNA 사슬이 합성되는 것을 추적할 수 있는 기술이 개발되었다. 기능 유전체학적functional genomics 방법을 이용하면 세포가 마치 도킹한 바이러스처럼 어떻게 신호에 반응하고, 유전자 기능이 어떻게 켜지고 꺼지는지, 특정 유전자의 RNA 복제물이 대략 어떻게 형성되는지 관찰할 수 있다.

세포의 활동에 관한 세부적인 사실들이 속속들이 밝혀지고 있다. 이제는 내가 드레스덴 연구소를 방문하면서 궁금해했던 질문에 더 정확하게 답할 수 있게 되었다. 이 질문으로 다시 돌아가자. 생명체는 유전자, RNA, 단백질의 작용을 통해 어떻게 탄생하는 것일까? 수많은 연구를 통해 성장 유전자의 기능이 스위치처럼 켜지고 꺼질 수 있고, 이를 통해 생명체의 발달이 가능하다는 사실이 밝혀졌다.

이 분야의 선구자는 튀빙겐의 막스플랑크 생물학연구소 출신이자 노벨생리의학상을 수상한 독일의 생물화학자 크리스티아네 뉘슬라인-폴하르트Christiane Nüsslein-Volhard다. 그녀는 초파리에서 배의 발달이 어떻게 조절되는지 연구했고, 특히 초파리의 알에서 유전자가 신체의 발달 계획을 만드는 데 기여했음을 입증했다.

이 내용을 좀 더 자세히 살펴보자. 전사를 활성화하면 특정 단백질에 농도 차이가 생겨 유전자의 기능이 커지는데, 초기 발달 단계에서는 이런 농도 차이가 배에서 발생한다. '기울기'라고도 불리는 이 차이를 이용해 타깃 유전자는 배의 특정한 위치에서 기능을 켤 수 있게 되고, 그 결과 신체의 구조가 형성된다. 배에서 더 많은 부분을 표현하기 위해 조절 단계는 점점 정교해진다.

이 원칙은 성장 단백질이 타깃 유전자를 활성화하는 데 종종 적용된다. 그 결과로 새로운 mRNA가 생기고, 이것은 다시 새로운 단백질을 구성하는 데 사용되며 다른 유전자들을 다시 활성화한다. 발달 단계에 있는 배는 일종의 자기조직화 시스템이라고 볼 수 있다.

초파리를 비롯한 관련 연구는 척추동물의 발달에 대한 이해를 돕는다. 유사한 유전자들도 동일한 방식으로 인간의 배가 형성되도록 도와주기 때문이다. 정신 나간 소리처럼 들릴지 모르지만 이 프로세스에서는 곤충과 인간의 유사점뿐만 아니라 앞서 3장에서 설명했던 식물의 잎의 발달과도 유사점이 발견된다. 깃모양잎을 가진 식물의 RCO 유전자는 저 유명한 호메오박스 유전자homeobox(혹스 유전자)에 속하는데, 이것은 식물, 곤충, 척추동물의 발달에 영향을 끼친다. 이런 발달 유전자는 특히 분자의 스위치 역할을 하는 단백질, 즉 전사 인자를 만든다. 인간의 유전체에는 그런 유전자가 1,600개 정도 있고 유전자를 조절하는 역할을 한다.

이렇게 해서 전사 인자는 세포의 정체성을 결정한다. 전사 인자는 줄기세포가 피부 세포가 될지, 간세포가 될지 '결정한다.' 여기서 또다시 자기조직화 원칙이 등장한다. 우리의 유전체는 세포에서 자신이 만든 생성물의 지배를 받는다.

여기서 누가, 아니 무엇이 결정적인 역할을 할까? 자기조직화의 수수께끼는 어떻게 풀릴 수 있을까? 이렇게 복잡한 발생생물학 시스템을 어떻게 이해할 수 있을까? 이런 질문들을 다루기 위해 드레스덴 연구소의 연구원들은 생물학 실험을, 공간과 시간의 프로세스를 서술하는 물리학 모델과 조합한다. 이들은 수정된 난세포에서 배로 넘어가는 과도기의 중요한 프로세스를 모델링하기 위해 액토미오신 복합체actomyosin complex를 만드는 데 성공했다.

이런 섬유 구조는 세포를 안정화하기 위해 발달이 진행되는 과정에서 형성된다. 또한 앞에서 언급했던 단백질 응축물은 세포의 많은 위치에서 다시 생기고 소멸한다. 배에서 세포를 구성하는 프로세스 대부분은 세포 아래에 있는 영역과 세포 구성 요소인 분자 위의 영역에서 이뤄진다. 이것을 '중간 규모Mesoskala 영역'이라고 한다.

세포생물학은 세포와 세포소기관을 설명하고 분자생물학은 세포의 분자를 연구하지만 두 영역 사이에 있는 차원, 즉 중간 규모 영역에 대해서는 아직 많이 알려지지 않았다. 연구자들은 생물학적 발달 프로세스를 이해하는 과정에서 부족한 부분을 메우고 생물학적 성장 규칙을 정의하기 위해 이런 과정을 수리물리학으로 설명한다. 이 여정에서 나는 생명의 탄생에 관한 오랜 질문에 답을 찾기 위해 학자들의 연구 세계로 더 깊이 들어갔었다.

그런데 이런 세부적인 지식은 어디에 활용될까? 몇 년 전 희귀병 환아를 돌보는 의사들을 만난 적이 있었는데 그때 확실히 깨달았다. 이 아이들은 대부분 유전체 돌연변이를 갖고 있었다. 이런 돌연변이는 전사 인자의 결함 때문으로, 배의 단계에서 이미 기형적 발달이 나타날 수 있다. 이런 돌연변이가 뇌에 나타나면 아이들의 학습 능력에 영향을 미친다. 그런 경우에는 현대 생물학적 방법으로 진단을 내릴 수 있다. 치료 가능성은 희박하지만 대부분 가족은 자녀가 아픈 이유를 알게 된 것만으로도 고마워한다.

세포의 세부적인 것을 이해하면 잘못 조절된 프로세스를 수정하는 개입이 가능한데, 주로 의약품을 통한 개입이다. 의약품을 이용해 특정한 단백질을 도킹하고 세포의 기능에 영향을 주어 증상을 완화하거나 치료하는 것이다. 이처럼 생명의 나노 세계에 관한 연구는 고되지만 보람은 그보다 두 배 더 크다. 이런 연구는 세포의 기능이 어떻게 작동하고 이 학문이 어떻게 현대 의학의 토대가 되는지 보여준다. 이제 이런 지식을 장착하고 미래의 의학 세계로 여행을 떠나보자.

6장

의학의 발달

인간은 어떻게 질병과 싸워왔는가

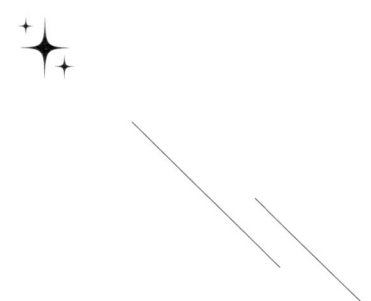

2019년 말 정체를 알 수 없는 폐질환이 중국의 우한에서 퍼졌을 때 학자들은 즉시 반응을 보였다. 그리고 이 폐질환의 원인이 신종 코로나바이러스였다는 것을 금세 밝혀냈다. 2020년 1월 바이러스 유전체의 약 3만 개의 구성 요소가 해독되었고 인터넷에서 정보를 불러올 수 있었다. 이런 정보를 이용해 바이러스에 대한 후속 조치가 마련되었는데, 처음에는 PCR 검사, 나중에는 신속 검사가 개발되었다. 곧 바이러스의 확산을 추적하고 감염 발생을 예측할 수 있게 되었고 그 덕분에 계획적인 예방 조치를 할 수 있었다. 전 세계 학자들이 코로나바이러스에 관심을 기울였다. 불과 3년 만에 30만 편이 넘는 관련 논문이 발표되었다.

코로나 팬데믹은 연구가 의학에 어떤 변혁을 일으킬 수 있는지 명확하게 보여준 사례였다. 가장 큰 성과는 아주 효과적이고 안전한 백신을 신속하게 개발한 것이었다. 수십 년에 걸친 연구를 바탕으로 백신을 개발하기 시작한 지 1년도 채 안 되어 첫 번째 백신이 승인을 받았다. 그리고 2022년 여름까지 48억 명, 세계 인구의 62퍼센트가 코로나 예방 접종을 완료했다! 이 백신 덕분에 약 2,000만 명이 목숨을 구할 수 있었다고 추산된다.

의학이 어느 정도로 발전했고 새로운 지식이 의사들에게 어떤 행동 가능성을 제공하는지 더 정확하게 이해하려면 잠시 과거로 돌아가야 한다. 그래서 여기서는 전 세계에서 백신 관련 연구가 어떻게 진행되었는지 간략하게 설명하려고 한다.

신종 백신은 mRNA로 구성되는데, 바로 이 mRNA가 '스파이크'라는 이름의 코로나바이러스의 막 단백질의 설계 매뉴얼을 제공한다. mRNA는 인체 세포에 도달하면 바이러스의 스파이크 단백질을 생산하는 데 사용된다. 면역 체계에서 스파이크 단백질은 낯선 것으로 인식되므로 면역 반응을 일으키고 항체를 형성한다. 그러면 바이러스는 항체에 막혀서 세포에 침투하는 게 어려워진다. 게다가 감염에 대응하는 다음 프로세스가 계속 일어난다. 이렇게 병이 예방되고 병의 진행이 더뎌진다.

이런 mRNA 백신 제조 지침은 수년 전에 이미 마련되어 있어서 놀라울 정도로 빨리 적용되었다. 사실 mRNA는 1961년에 발견되었지만 의학에 응용할 수 있는 수준으로 구조와 기능을 이해하기까지는 수십 년이 걸렸다. 실 모양 분자의 화학적 구성은 일찍이 밝혀졌다. mRNA에는 네 가지 구성 요소, 즉 뉴클레오타이드nucleotide가 특별한 순서로 배열되어 있다. 특수한 단백질에서 이런 서열이 어떻게 번역되는지에 관한 연구도 필요한데, 1960년대에 이미 mRNA가 단백질로 번역될 때 기반이 되는 유전자 코드가 해독되었다. 그 후로 수십 년 동안 연구자들은 유전자 코드와 번역에 관한 훌륭한 연구 성과를 냈고, 세포에서 대량의 단백질을 생산하는 합성 mRNA를 생산할 수 있었다.

환자를 위해 mRNA를 의학적으로 사용할 수 있다고 생각하기까지 숱한 연구 혁신이 있었다. 이렇게 해서 개발된 것이 mRNA를 대량으로 제조하는 방법인 '시험관 내 전사in vitro transcription'다. 학자들이 여기에 필요한 효소를 발견한 건 순전히 우연이었다. 아이러니하게도 이 효소는 박테리아를 숙주 세포로 삼아 덮치는 박테리오파지에서, 즉 mRNA나 코로나와는 전혀 상관이 없는 바이러스에서 분리되었다. 그리고 mRNA를 막으로 싸서 세포에 침투할 수 있게 해야 하는데, 이것은 mRNA를 보호하고 코팅하는 작은 지방 알갱이인 지질 나노입자로 구현할 수 있었다.

하지만 이 정도로는 충분하지 않았다. 1990년대에 이미 쥐의 mRNA가 면역 반응을 일으킬 수 있다는 것이 입증되었지만 mRNA가 백신으로 개발되기까지는 수십 년이 걸렸다. 많은 위치에서 mRNA 사슬을 극대화해 더 안정적인 상태로 만드는 과정이 필요했기 때문이다. 게다가 mRNA에 자연적인 수식modification, 즉 유사 우리딘pseudouridine을 삽입시켜야 했다.

여기서 하이라이트는 mRNA가 이런 수식을 지니고 있다면 우리의 선천적 면역 체계는 이를 내생적 물질로 여긴다는 점이다. 반면 변형되지 않은 RNA는 낯선 것으로 인식되어 위험한 염증을 일으킬 수 있다. 변형된 mRNA에서는 상황이 완전히 달라서, 원하는 방식으로 면역 반응을 조절할 수 있다. 그 결과 더 많은 항체와 기억 세포가 형성된다.

이 여행의 일환으로 마인츠의 비온테크BioNTech 본사를 처음 방문했을 때 나는 몹시 떨렸다. 안 데어 골드그루베 12An der Goldgrube 12('Goldgrube'를 번역하면 금이 나오는 광산이라는 뜻이다-옮긴이)라는 유명한 주소에 세워진 비온테크는 코로나 팬데믹이 발생했던 첫해에 코미나티Comirnaty라는 백신을 생산했다. 우수의약품제조 및 품질관리기준Good Manufacturing Practices, GMP 구역에 들어가기 전 보호복을 착용할 때 비온테크 소속 선임 연구원이 내게 자기는 평생의 꿈을 이뤘다고 말했다.

우리는 하얀 작업복, 파란 장갑, 안경, 두 겹의 덧신을 착용하고 에어로크를 통과했다. 평소 사람들에게 직접적인 도움을 주고 싶었다고 말하는 그녀의 얼굴은 안도감, 기쁨, 기진맥진, 만족, 경외심으로 환히 빛났다. 2020년에는 전 직원이 연구에 매진했기 때문에 그해에 대한 다른 기억이 거의 없다고 그녀는 말했다.

우리는 두꺼운 유리판 앞에 서 있었다. 그 뒤의 초청정超淸淨 환경에 여러 개의 생물 반응기bioreactor와 피펫팅 로봇pipetting robot이 있었다. 그 안으로 끊임없이 멸균 공기가 펌핑되기 때문에 공기 1제곱미터당 세균이 대략 10개밖에 되지 않는다고 한다. 나는 유리판 안쪽 공간을 들여다봤다. 바로 이 공간에서 13억 병의 백신이 생산되어 전 세계로 유통되었다. 처음 팔뚝에 백신을 맞았을 때

느꼈던 행복감이 절로 떠올랐다. 길고도 길었던 출구가 없는 듯한 상황에서 탈출하는 것 같은 기분이었다.

2021년 말 코로나바이러스의 델타 변이가 오미크론으로 교체되었다. 오미크론은 병의 진행이 약해서 크리스마스 선물이나 다름없었다. 시간이 지날수록 백신의 효과가 떨어지고 예방 효과가 약해져서 유병률도 증가했다. 코로나바이러스는 이미 엔데믹화되어 있었다. 이제 이 바이러스는 국지적으로 발생하며 해당 지역 주민들에게 전파된다.

앞으로 코로나바이러스와 함께 잘 살아가려면 항바이러스제도 도움이 된다. 2022년 유럽연합에서 8개의 치료제가 승인되었다. 그중에 팍스로비드Paxlovid도 있는데, 감염 사례의 90퍼센트에서 병의 진행이 약화되었다. 치료제를 개발하려면 인내심이 필요하다. 팍스로비드의 경우 2003년 사스 팬데믹 직후 치료제 개발이 시작됐다. 코로나바이러스의 후속 연구에도 이처럼 긴 여정이 필요할 것이다.

미래의 의학을 위해 팬데믹 경험으로부터 우리는 무엇을 배울 수 있을까? 첫째, 의학 연구는 아주 오랜 시간이 걸린다는 점이다. 둘째, 의학 발전에 필요한 지식은 종종 호기심에서 시작된 기초 연구에서 출발해, 직접적으로 영향을 끼치리라고는 생각지 못했던 저 모퉁이에서 발견된다는 것이다. 미래는 이미 우리 곁에 있지만 대부분이 불확실하다. 우리는 팬데믹 경험을 통해 기존의 지식을 의학에 적용할 수 있는 인재가 필요하다는 사실을 절실히 깨달았다. 의학 연구는 질병 진단을 위한 신기술, 치료제 혹은 백신 개발과 같은 예방 조치 등 다양하게 활용될 수 있기 때문에 스타트업과 산업계의 역할이 중요하다.

결핵, 말라리아, 후천성면역결핍증AIDS 같은 감염병은 여전히 전 세계인의 목숨을 위협하는 심각한 질병이다. 결핵은 폐에 발생하는 박테리아성 질환으로 매년 150만 명의 사망자를 발생시키는 가장 위험한 감염병 중 하나다. 제때 발견하고 정확하게 항생제를 복용하면 대부분은 완치된다. 하지만 결핵은 주로 우수한 의료 혜택이 제공되지 않는 지역에서 발생한다. 이에 대한 해결책은 해당 국가의 국민이 안전하고 효과적인 백신을 접종받는 것이다.

베를린 중심부에 위치한 막스플랑크 감염생물학연구소MPI für Infektionsbiologie는 이런 상황을 추적 연구하며 결핵 퇴치를 위한 백신을 개발해왔다. 이 연구는 상당히 진척된 상태이며 2022년에 이미 아프리카와 인도의 환자에 관한 연구가 진행되었다.

말라리아도 여전히 위협적인 존재다. 2020년에만 50만 명이 학질모기Anopheles로 전파된 열병에 걸려 목숨을 잃었다. 지금까지 학질모기에 물려 전염병에 걸리지 않게 예방하는 수단이라고는 약물이나 모기장 정도다. 하지만 이제 베를린 미테의 샤리테 병원Charité in Berlin-Mitte에서 알게 되었듯이 학질모기의 지역적 박멸 등 앞으로는 전혀 다른 예방 조치가 취해질 것이다. 예를 들면 유전자 드라이브gene drive 같은 방법으로 말라리아 원충plasmodium이 인간에게 전이되지 못하도록 하는 것이 있다.

연구자들은 학질모기의 개체 수를 대폭 감소시키기 위해 말라리아 원충의 생식 능력을 잃게 해서, 학질모기 떼와 말라리아를 통제하는 방법을 연구하고 있다. 실험실에서 이들은 암컷에게 번식 능력을 상실시키는 유전자를 전달해, 유전자 변형 수컷 모기를 삽입하는 데 성공했다.

이렇게 되면 인간은 유전자 변형 모기를 방출함으로써 생태계에 개입하게 된다. 따라서 이 기술을 노지 환경에 적용하기 전에 먼저 기술적·윤리적·법적 문제가 해결되어야 한다. 이런 계획이 실행 가능하다고 할지라도 모기의 서식 공간은 전 세계에 널리 퍼져 있기 때문에 말라리아 퇴치에만 기여할 수 있을 뿐이다.

감염병을 퇴치하기 위한 가장 좋은 방법은 매개체와 병원균뿐만 아니라 질병의 메커니즘을 파악하는 것이다. 우리의 면역 체계가 병원균에 어떻게 반응하는지 더 정확하게 이해하는 것도 중요하다. 그래서 막스플랑크 연구소에서는 인간의 백혈구도 연구하고 있다. 이런 면역 세포들은 다양한 전략으로 미생물을 퇴치한다. 특히 이런 세포들은 호중구 세포 외 덫Neutrophil Extracellular Traps, NETs을 만들어, 혈구에서 호중구 세포 외 덫이 방출되도록 해서 박테리아와 균류를 막아낸다. 연구원들은 이런 덫이 어떻게 형성되고 왜 다양한 병원균들을 퇴치하는지 원인을 규명하려고 한다. 만일 그렇게 된다면 이는 우리의 면역 체계를 돕는 출발점이 될 것이다.

우수한 면역 방어는 다양한 방어 전력으로 모든 범위의 병원균을 막는 데 필요하다. 도르트문트의 막스플랑크 분자생리학연구소

MPI für molekulare Physiologie에서 감염성 박테리아의 아주 미세한 툴을 현미경으로 봤을 때 나는 감탄하는 동시에 불안감이 밀려왔다. 페스트균이나 살모넬라균과 같은 병원균은 아주 작은 양의 분자 독소를 내뿜는다. 이런 병원균들은 독소를 내뿜음으로써 자신이 감염시킬 생물의 세포에 특정한 단백질, 즉 독소를 전달하고 심각한 손상을 일으킬 수 있다. 이제 연구원들은 극저온 투과전자현미경 분석법 덕분에 이런 미세한 구조를 눈으로 볼 수 있게 되었다.

세균 독소bacterial toxin는 맹독성 물질이다. 예를 들어 보툴리눔 독소botulinum toxin는 식중독을 유발하는 박테리아에 의해 만들어지며 가장 강력한 독이라고 알려져 있다. 이 독소는 0.001밀리그램만 있어도 치명적일 수 있는데, 우리 몸에 신경독Neurotoxin으로 작용해 근육을 마비시키는 등 심각한 결과를 초래할 수 있다. 많은 사람이 (물론 아주 약한 농도로 희석시키지만) 일부러 이런 독소 주사를 얼굴에 맞는다는 게 놀라울 따름이다.

현재 보톨리눔 독소는 보톡스Botox라는 제품명으로 유통되고 있으며 성형 의학에서 주름을 펴는 용도로 사용되고 있다. 2020년 한 해에만 독일에서 약 40만 명이 얼굴 근육을 이완시키기 위해 보톡스 치료를 받고 있다. 그 효과가 고작 몇 달밖에 유지되지 않는데도 말이다. 때로는 연구가 본래의 목적에서 벗어나 위험하게 활용되기도 한다.

초기의 위험성에도 불구하고 감염성 질환은 비교적 단순한 병상病狀을 보인다. 이 경우에는 우리의 건강을 해치는 적이 박테리아, 바이러스, 균류, 기생충이라는 사실이 명확하기 때문이다. 병원균과 감염 메커니즘을 알면 많은 경우에 의학적 개입이 가능하다. 반면 질병이 외부적 요인이 아니라 일부라고 할지라도 내부적 요인으로 인해 발생했다면, 쉽게 말해 체내 프로세스 조절의 결함으로 인한 것이라면 상황은 더 복잡해진다. 특히 암, 자가면역질환, 대사장애가 여기에 해당한다. 이런 질환은 대개 다인성이다. 쉽게 말해서 여러 가지 요인으로 인해 발생한다. 그래서 감염성 질환보다 진단 자체도 훨씬 어렵다.

의료 진단법은 빠른 속도로 발전하고 있다. 이와 더불어 유전체의 역할이 점점 중요해지고 있다. 사람들의 DNA 염기 서열을 분석해보면 대략 1,000번째 위치마다 한 개꼴로 차이가 나타난다. 이처럼 작은 차이가 우리의 개성을 만들어내며 우리를 유전적으로 고유한 존재로 만든다. 이제는 큰돈을 들이지 않아도 짧은 시간 내에 혈액 한 방울에서 한 사람의 유전체 염기 서열을 분석할 수 있다.

이렇게 얻은 유전자 정보를 이용하면 많은 경우 질병의 구체적인 원인을 알아낼 수 있다. 의사들은 유전 정보로 환자들에게서 특정한 질병이 진행될 위험이 있는지 더 정확하게 예측하고, 몇몇 경우 유전자 진단으로 환자가 특정한 약물에 반응하거나 부작용을 겪을 가능성도 예측할 수 있다.

앞으로 유전체 외에도 진단을 목적으로 단백질을 검출하는 사례가 점점 많아질 것이다. 실제로 세포의 단백질 구성에서 신체 기능 이상이 있음을 암시하는 경우가 많다. 요즘은 그런 사례가 많은 데, 각각의 단백질을 따로 추적하지 않는 게 중요하다. 단백질 전체를 분석해서 환자의 특정한 조직에서 일어나는 과정을 객관적인 관점으로 판단해야 한다.

마르틴스리트의 막스플랑크 생화학연구소에서는 단백질 진단과 관련해 새로운 개발이 진행되고 있다. 이곳에서는 환자의 혈장plasma 속에 있는 많은 단백질을 신속하고 저렴한 비용으로 검사받을 수 있다. 많은 질병이 혈장의 단백질 구성 변화와 관련이 있기 때문에 조만간 이 검사를 통해 훨씬 더 빠르고 정확한 진단이 가능해질 것으로 예상된다.

이런 단백질 진단의 복잡한 데이터 세트를 이해하려면 익명의 환자 데이터가 제공되어야 하고 이를 바탕으로 한 폭넓은 지식 기반이 필요하다. 연구원들은 단백질의 총집합인 단백질체를 질병의 경과와 치료 성과를 소급해서 비교한다. 환자의 혈액 샘플이 저장되어 있고 해당 환자의 데이터 사용이 가능한 국가에서는 조만간 이 단백질 진단이 가능해질 것이라고 한다. 다음 단계는 이미 얻은 데이터 세트를 머신러닝을 통해 분석해서 학자들이 정확하게 질병을 예측하고 예방 조치를 마련할 수 있게 하는 것이다.

이 사례를 통해 의학의 여행이 어디로 향할지 짐작할 수 있다. 단백질체 진단학의 목표는 환자의 혈장 단백질체 분석 데이터를 제공하고, 이를 토대로 신뢰할 수 있는 진단을 하고, 치료를 제공하는 의사가 치료에 성공하게 해주는 소프트웨어 개발이다. 수집된 환자 데이터는 나날이 광범위해지고 복잡해지며 생물의학 지식은 엄청나게 빠른 속도로 증가하고 있다. 이런 전문적 시스템은 건강 자문가로서의 특성을 갖추고 있어야 한다. 의사는 환자에 대한 모든 가용 정보, 이를테면 병력, 개인적 상황, 사회적 환경 등 더 많은 것을 고려해야 한다.

분자 진단법은 암 의학도 발전시켰다. 이미 유방암과 같은 특정 암질환의 경우 환자의 감수성, 즉 유전적 소인素因도 찾아낼 수 있는 수준에 이르렀다. 최근 발전 추이에 비춰 보면 조만간 이런 진단법은 암 진단학으로 확장될 것이다. 마르틴스리트 연구소에는 시각적 단백질체 분석 기법이 개발되어 있어서, 다양한 영역의 조직 샘플 단백질 구성을 검사할 수 있다. 이렇게 해서 지금은 흑색종 환자의 다양한 피부층에서 특별한 단백질 구성을 검사할 수 있다.

이 여행에서 우리가 여러 번 마주쳤던 질문을 암 의학에도 던져보게 된다. 우리는 왜 이런 수고를 감수해야 할까? 답은 간단하다. 암이라고 다 같은 암이 아니기 때문이다. 엄청나게 다양한 유형의 암이 존재하고, 세부적인 것들을 살펴보면 암의 발병 상태는 환자마다 차이가 크다. 따라서 많은 다양한 유형의 종양을 치료하는 데 화학 요법 같은 소수의 몇몇 표준 요법만 적용하지 않는 것이 미래 암 의학의 목표다. 이상적인 치료 요법은 각 환자의 상태에 맞춰 개인화하는 것이다.

이를 목표로 하는 암 치료 요법의 선행 조건은 진단법의 개선이다. 새로운 방식의 단백질 분석, 앞서 언급했던 단백질체 진단 프로세스는 이 방향으로 이미 몇 단계 나아갔다. 종양 세포는 종종 단백질 구성에서 변화가 나타나는데 종양마다 차이가 있다. 그래서 종양 증식을 억제하는 표적 치료를 위해서는 특정 환자와 특정 종양에서 단백질 변화가 있는지, 단백질 농도가 다른지 확인할 필요가 있다.

이 연구는 꾸준히 진척되고 있으며 개인화된 암 의학은 이미 전문 클리닉에 도입되었다. 이는 마르틴스리트 막스플랑크 생화학 연구소의 연구원들이 연구했던 두 사례에서도 확인된다. 이제 특수한 유형의 유방암을 앓고 있는 몇몇 여성 환자들은 헤르셉틴Herceptin이라는 상품명의 항체 치료제로 치료를 받을 수 있다.

이 항체는 종양 세포 표피의 증식 인자 수용체를 막아주는데, 이 수용체가 세포에도 존재할 때 작용하며 일부 유형의 유방암에서만 그렇다. 수용체가 없으면 항체는 아무 효과가 없다. 하지만 이 수용체를 차단하는 데 성공하면 주변에서 증식 신호가 암세포로 전달되기 어려워지고 세포 분열과 종양 증식이 제한된다.

특정한 종양의 경우 세포 표피에서 세포핵으로 증식 신호 전달이 제한될 수 있다. 이는 화학물질인 키네이스 억제제kinase inhibitor 덕분에 가능한 일이다. 하지만 이 약물은 키네이스 억제제의 공격점에 종양이 있는 환자에게만 효과가 있다. 즉 특정한 신호 단백질인 키네이스가 암세포에 존재하고 활동할 때 약물로 키네이스가 억제될 수 있다.

따라서 먼저 종양이 증식할 때 어떤 키네이스가 활동하는지 밝혀져야 한다. 그다음에 의사는 이런 키네이스의 활동을 억제하고 종양 증식을 중단시키는 데 어떤 약물이 적합한지 결정해야 한다. 이렇게 개인화된 암 의학은 분자 진단뿐만 아니라 암과 환자의 유형에 맞춘 표적 치료를 포함한다.

보편적으로 이용 가능한 개인화된 암 의학으로 가는 길에는 여전히 장애물이 많다. 암을 유발하거나 암의 발병을 촉진하는 유전자는 아직 완벽하게 밝혀지지 않았다. 2021년 베를린의 막스플랑크 분자유전학연구소MPI für molekulare Genetik의 연구원들은 그때까지 밝혀지지 않은 165개의 암 유전자를 찾을 수 있는 새로운 컴퓨터 알고리즘 개발에 큰 공헌을 했다. 이런 유전자 다수는 개인화된 치료를 제공하는 새로운 작용점이 될 수 있다.

이런 유전자들을 찾으려면 환자의 표본에서 수만 개의 데이터 세트를 분석해야 하는데, 실제로 머신러닝을 통해 새로운 유전자임을 암시하는 특정한 패턴을 찾아냈다. 이제는 이런 유전자들이 어떻게 종양 증식을 촉진하는지 발견할 수 있다. 홍수처럼 밀려드는 환자 데이터는 연구 프로젝트로 이어지기 때문에 (이런 전문 영역에서뿐만 아니라) 연구자들은 계속 연구에 매진한다.

모든 암세포의 공통점은 유전자의 활동이 필요하다는 것이다. 종양 세포의 증식에 중요한 특정한 유전자가 활발하게 활동할 때만 암은 빠른 속도로 증식한다. 암세포는 단백질로 번역되자마자 전사, 즉 유전자 증식을 가능하게 하는 특정한 mRNA 사슬의 합성에 좌우된다. 연구자들은 새로운 암 치료제를 개발할 수 있으리라는 희망을 품고 종양 증식을 억제하기 위해, 전사를 억제하는 화합물을 찾기 위해 안간힘을 쓰고 있다. 이런 화합물은 특정한 단백질, 즉 유전체에 영향을 끼치는 효소를 공격한다.

프라이부르크의 막스플랑크 면역생물학 및 후생유전학 연구소 MPI für Immunbiologie und Epigenetik는 이런 화합물들이 후생유전학적 메커니즘에 끼치는 영향을 연구한다. 이곳에서는 DNA 또는 DNA 주변의 단백질에 수식DNA modification을 삽입해 유전체와 유전자의 활동에 변화를 일으킬 수 있는 효소를 연구한다. 이런 효소 일부를 화학물질을 이용해 차단하는 데 성공하면 유전자의 활동에 영향을 끼치고 종양 증식을 억제하는 효과가 있는 물질을 발견할 수 있을 것이라고 한다.

미래에는 세포핵의 프로세스에 영향을 끼칠 수 있는 약을 더 많이 개발할 수 있다고 할지라도 대부분 약은 세포의 표피에서 직접 작용한다는 점을 알아야 한다. 이런 약물에서 가장 중요한 표적 분자는 세포막에 파묻혀 있거나 세포를 감싸고 있는 막 단백질이다. 프랑크푸르트의 막스플랑크 생물물리학연구소는 이런 막 단백질을 철저히 파헤쳐 향후 의약품 개발의 기반을 마련하려고 한다.

막 단백질은 미토콘드리아에서의 세포 에너지 생성이나 신경의 신호 전달과 같은 기초 프로세스에서 꼭 필요하다. 많은 막 단백질이 주변의 신호를 받아서 세포 내부로 전달하는 수용체다. 이런 수용체를 차단함으로써 기능을 억제하는 분자는 종종 의약품으로 사용되는데 주로 통증이나 염증을 완화하고 정신 장애를 치료한다.

기존의 의약품은 화학 작용물질을 기반으로 한다. 그런데 이런 작용물질은 어디에서 올까? 이런 작용물질은 어디에서 찾을 수 있을까? 작용물질로부터 의약품은 어떻게 만들어질까? 새로운 작용물질 발견에 관한 연구에 강한 도르트문트의 막스플랑크 분자생리학연구소는 로봇 기반 작용물질 탐색 장치를 구축했다.

새로운 작용물질을 찾는 장면을 상상해보자. 모든 것은 표적 구조, 쉽게 말해 탐색된 작용물질의 공격 목표를 확인하는 것에서 시작된다. 일반적으로 목표물은 단백질, 어떤 질병이 발생할 때 중요한 의미를 갖는 단백질의 기능이다. 감염되었을 때의 표적 구조는 박테리아 단백질 혹은 바이러스 단백질인 경우가 많고 이 단백질이 세포에 침입하거나 증식에 필요한 기능을 자극한다. 이미 설명했듯이 암일 경우 표적 구조는 막 단백질, 증식 수용체일 가능성이 있다. 염증이 있을 때 표적 구조는 염증을 촉진하는 유전자의 활동을 조절하는 신체 고유의 신호 단백질이다.

목표물을 확인한 후 다음 단계는 표적 구조를 억제하는, 이른바 기능을 중단시키는 화학물질을 찾는 의약품 개발이다. 도르트문트 연구소에는 '도서관'이라고 불리는 방대한 화학물질 모음이 있는데, 여기에서 연구원들을 새로운 작용물질을 샅샅이 찾아낸다. 로봇이 표적 구조의 잠재적 억제 기능을 찾기 위해 소규모로 진행되는 많은 실험에서는 수만 개의 물질을 테스트한다. 이렇게 발견된 작용물질은 명중했다고 해서 '히트'라고 불린다.

이제 수고스러운 프로세스가 이어지고, 발견된 물질은 화학적으로 극대화된다. 그리고 히트의 작용뿐만 아니라 생물학적 가용능bioavailability(일정량의 약물이 나타내는 생리적인 효과를 일컫는다-옮긴이)과 안정성도 개선된다. 최적화된 물질은 신체에서 너무 빨리 분해되지 않도록 시험관에서 효과를 나타낼 뿐만 아니라 생리적 조건에서도 안정적이어야 한다. 게다가 최적화된 히트는 세포의 표적 구조와 선택적으로 결합해야 한다. 궁극적으로 최적화된 히트로 인해 어떤 위험도 발생해서는 안 되며, 독성을 지니거나 유전체를 손상해도 안 된다. 최적화된 히트가 이런 모든 전제 조건을 충족했을 때 이렇게 개선된 물질을 다른 약물 개발을 위한 선도 물질, 즉 '리드Lead'라고 한다.

이렇게 많은 공을 들여도 신약 승인을 받는 건 좀처럼 쉬운 일이 아니다. 리드를 손에 쥐고 난 후에도 여러 해에 걸쳐 진행해야 할 프로세스가 있다. 먼저 새로운 물질에 대한 동물 실험이 진행돼야 한다. 여기서 희망적인 결과가 나오면 연방 의약품 및 의료기기 연구소Bundesinstitut für Arzneimittel und Medizinprodukte에 임상 실험을 신청해야 한다. 신약 승인을 받으려면 일반적으로 많은 수의 환자를 대상으로 한 3단계의 임상 실험이 필요하다.

결론적으로 의약품 하나를 개발하는 데 걸리는 시간은 평균 10년을 훌쩍 넘는다. 이렇게 오랜 개발 기간과 높은 고비용은 여전히 많은 질병에 대한 치료제가 개발되지 못하고 있는 결정적인 이유다. 또 다른 이유는 많은 병상이 극도의 복잡성을 보인다는 점이다. 한마디로 더 많은 연구가 필요하다.

배경지식에 대한 설명이 끝났으니 다시 처음으로 돌아가자. 코로나 감염 치료에 더 효과적인 의약품을 개발하려면 먼저 표적 구조가 확정되어야 한다. 이와 관련해 연구자들은 몇 년 만에 코로나 바이러스의 모든 단백질의 구조와 기능을 규명해냈다. 이제 세포와 동물에서 바이러스 증식을 막는 새로운 화학 작용물질을 발견하기 위해 특정한 코로나 단백질이 사용될 수 있다. 그리고 이런 항바이러스 물질이 바이러스에 감염된 환자에게 긍정적인 효과를 나타내는지 연구와 검사도 가능하다.

이 장에서 언급했던 감염과 암 영역의 사례가 미래의 의학이 어떻게 탄생할지 이해할 수 있는 계기가 되길 바란다. 생명을 구성하는 나노 세계에 대한 새로운 통찰은 의료 행위에 새로운 선택지를 제공한다. 인체 세포에서 일어나는 프로세스에 대한 지식은 나날이 늘어나고 있고, 이는 의학이 계속 발전할 가능성을 열어주고 있다. 세포의 프로세스가 어떻게 진행되고 병으로 인해 어떻게 변하는지 알 때, 어디에서부터 의학적 개입을 해야 할지 깨닫는 경우가 종종 있다. 이렇게 질병의 예방, 진단, 치료 가능성은 점점 확장되고 있다.

미래의 의약품은 더 다양해질 것이다. 작은 분자들로 구성되는 전통적인 의약품은 물론이고 암 항체와 같은 치료 목적의 단백질, 신종 코로나 백신 같은 RNA 등의 고분자도 점점 중요한 역할을 할 것이다. 현재 이런 단백질 및 RNA 기반 의약품 중 많은 것이 개발되고 있다. 새로운 단백질 및 RNA 의학은 전통적인 의약품을 완전히 뒤바꿔놓는 게 아니라 의약품 레퍼토리를 확장해 가치 있는 선택을 가능하게 해줄 것이다.

RNA 의약품과 관련해 과학은 많은 것을 약속한다. RNA 의약품은 맞춤식으로 제공될 수 있기 때문이다. RNA 기반의 암 백신을 개인화하여 정착시키려는 시도가 이미 이뤄지고 있다. 그 첫 성공이 피부암에서 이뤄졌기 때문에 이는 충분히 가능성이 있다.

분자 진단 덕분에 종양 세포의 표피에 있고 종양의 특성을 나타내는 단백질 일부가 밝혀졌다. 그리고 이런 종양 고유의 표피 단백질의 설계도를 지닌 mRNA가 제조된다. 환자는 이런 mRNA 백신을 접종받고, 이것이 종양 세포에 나타난 단백질 단편에 면역 반응을 보인다. 이렇게 해서 면역 체계는 종양에 저항하게 된다. 이 방법이 특정한 암에 대해서만 효과가 있다고 해도 아직 희망은 있다. 의학의 근본 원칙, 이른바 신체의 자정 능력이 작용할 가능성이 있기 때문이다.

현대 의학은 선진국의 평균 수명을 꾸준히 늘려왔다. 인구가 고령화되고 있어서 그만큼 특정한 질병도 증가하고 있다. 90세 이상 독일인 세 명 중 한 명은 치매와 관련된 신경변성질환인 알츠하이머병을 앓고 있다고 알려져 있다. 고령이 될수록 심혈관질환의 발병 빈도도 높아지고 있다. 왜 그럴까? 장기, 팔다리와 몸통은 재생이 제한되어 있을까? 우리는 왜 늙는 것일까? 이 질문을 다루기 전에 먼저 생명의 핵심, 시간의 유한성으로 여행을 떠나야 한다.

7장

노화와 재생

영원한 젊음을 꿈꾸는 시대

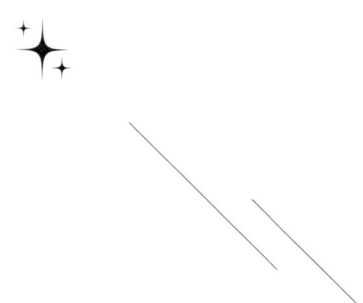

비디오에서 재생되는 영상은 놀랍기 그지없었다. 현미경 아래에서 인간의 난세포가 성숙하는 과정이었다. 공처럼 둥근 전구 세포가 생성되고 그 안에서 염색체가 보랏빛으로 빛난다. 모계 유전체의 운반체인 염색체가 난세포에서 모일 때의 모습은 마치 작은 벌레 같다. 그 위에 실 모양의 초록색 구조가 형성되는데 이것이 바로 방추체spindle apparatus라고 막스플랑크 다학제적 자연과학 연구소의 한 연구원이 알려주었다. 방추체는 세포가 분열하는 동안 염기쌍을 갈라놓는 기관이다.

드디어 때가 되었다. 방추체가 활동하기 시작한다. 그리고 예상치 못했던 일이 벌어진다. 염색체가 딸세포로 분열되어 두 개의 딸세포가 생기지 않고, 한 쌍은 난세포에 남고 다른 한 쌍은 세포에서 방출되어 세포 표피의 작은 구球로 들어간다. 연구원은 이런 극체polar body는 빨리 사멸한다고 무미건조한 말투로 설명했다.

난세포의 성숙은 생명의 상징이다. 수정 능력이 있는 난세포가 생성되려면 그중 일부는 죽어야 한다. 생명은 죽음과 불가분의 관계에 있다. 이렇게 성숙한 난세포는 정자와 결합할 수 있다. 그런 다음 모계 유전체와 부계 유전체가 하나가 되고 새로운 생명이 탄생한다. 수정된 난세포는 여기에서 탄생한 인간이 그렇듯이 고유한 유전자를 지닌다.

생명에서 난세포가 갖는 의미가 이렇게 대단하지만 이런 난세포에도 결함이 발생할 수 있다. 인간의 난세포 중 70퍼센트 이상이 잘못된 염색체 수를 가지고 있다는 사실이 놀라울 따름이라고 연구원은 말했다. 염색체 수가 너무 적거나 너무 많으면 불임과 유산을 초래한다. 가령 한 염색체가 두 배가 되면 그 안에 있는 유전자도 두 배로 늘어나서, 여기에 속한 단백질이 지나치게 많이 형성된다. 그리고 세포의 균형이 깨진다.

여자의 나이가 많을수록 그런 결함이 발생할 확률도 올라간다. 결함이 있는 난세포 대부분은 생존 가능한 배아로 성장할 수 없다. 물론 다운증후군처럼 21번 염색체가 하나 더 생겨서 삼체성을 갖는 예외적인 경우도 일부 있지만 말이다.

염색체가 분열될 때 이런 결함은 어떻게 발생하며, 여자의 나이가 많을수록 이런 결함이 발생할 확률이 올라가는 이유는 무엇일까? 이것을 이해하려면 여자는 난세포의 전구 세포를 가지고 태어난다는 사실을 먼저 알고 있어야 한다. 끊임없이 새롭게 생성되는 남자의 정세포와 달리, 여자는 나이가 들면 난세포도 함께 늙어가며 갱년기에 접어들면 난세포의 수정 능력도 떨어진다.

연구원들이 고해상도로 난세포를 관찰한 결과 여성의 나이가 약 35세일 때부터 염색체는 방추체에서 더 쉽게 떨어져 나갔다. 그러면 염색체 손실이 발생한다. 또한 난세포에 단백질이 없는 경우도 확인되었다. KIFC1Kinesin-like protein(키네신 유사 단백질-옮긴이)이라는 단백질을 아주 얇은 바늘로 인간의 난세포에 주입하면 염색체가 안정화되는데, 이렇게 해서 염색체 손실을 줄일 수 있다고 연구원은 몹시 만족스러운 표정으로 내게 설명해주었다.

이미 연구원들은 노화된 난세포에서 염색체가 떨어져 나가는 현상에 대한 해결 방안을 찾을 준비를 마쳤다. 적어도 쥐의 경우는 그렇다. 이들은 염색체를 서로 결합시켜 해체되는 것을 막는 신종 단백질을 개발하는 데 성공했다. 어쩌면 이런 연구를 통해 인공 수정, 시험관 내 수정in vitro fertilisation(체외 수정)에서 가임 능력을 높이는 길이 열릴 수도 있다.

단백질을 주입해 노화된 난세포의 가임 능력을 되살림으로써 나이가 많은 부부도 아이를 가질 수 있게 한다는 아이디어를 어떻게 떠올렸는지 그저 놀라울 따름이다. 하지만 아직 걸림돌이 남아 있다. 이 아이디어를 과연 인간에게 적용할 수 있을지는 명확하게 밝혀지지 않았기 때문이다. 그릇된 희망을 부추기지 않는 것도 과학의 역할이다.

또한 정자도 결함으로 인한 기능 이상이 생길 수 있다. 나는 베를린의 막스플랑크 분자유전학연구소에서 이와 관련해 더 많은 것을 알게 되었다. 한 연구원은 정자가 난세포를 향해 헤엄치듯 움직이는지에 대해 연구하다 놀라운 사실을 발견했다고 한다. 정자의 운동에서 중요한 역할을 하는 RAC1Ras-related C3 botulinum toxin substrate 1이라는 이름의 단백질이 존재한다는 것이었다.

이 단백질의 활동에 문제가 생기면 불임의 가능성이 있다. 다행히 RAC1 단백질의 활동은 정자가 난세포에 빨리 도달할 수 있게 해주는 유전자 단편을 통해 통제될 수 있다고 한다. 하지만 좋은 것이 너무 많아도 탈이 나는 법이다. 이런 유전자 단편의 복제본을 두 개 가지고 있는 수컷 쥐들은 RAC1 단백질의 활동이 지나쳐서 정자가 거의 움직이지 못해 생식 능력을 잃었다고 한다.

난세포가 수정된 후에야 비로소 가장 환상적인 프로세스, 이른바 생명체의 발달이 시작된다. 세포의 수는 세포 분열을 통해 2배, 4배, 8배, 16배, 32배로 증가한다. 그다음에 바로 세포 분화 프로세스가 시작되고 다양한 세포 유형이 생긴다. 인간의 경우 6주째에 접어들면 각각의 신체 기관이 보이고 10주 후에는 거의 완벽한 상태로 형성된다. 수정된 난세포에서 약 2센티미터 크기의 태아가 탄생하고, 태아가 자라면서 기관은 점점 정교해진다.

9개월이 지나 태아가 출생하면 다시 새로운 전환점을 맞이하면서 이때부터 계속 성장이 촉진된다. 생명이 시작되는 순간부터 시계는 똑딱거린다. 난세포와 마찬가지로 인간의 신체에 있는 다른 세포들도 노화하기 때문에 수명은 제한되어 있다.

나는 쾰른 대학병원Kölner Universitätsklinikum 옆에 있는 막스플랑크 노화생물학연구소MPI für Biologie des Alterns에서 노화에 숨은 메커니즘을 어떻게 밝혀내는지 알게 되었다. 천장이 높은 현관에 들어가자마자 지하로 내려갔다. 연구원은 이곳이 물고기 저장고라고 하면서 무거운 문을 열었다. 문이 열리자 킬리피시Killifish 전용 수족관이 다닥다닥 붙어 있었다. 킬리피시는 길이가 몇 센티미터 안 되고 화려하게 반짝거리는 물고기로, 열대송사리목Eierlegende Zahnkarpfen에 속한다.

한 연구원은 킬리피시는 사실상 나이를 먹지 않는 것이나 다름없기 때문에, 무엇이 한 동물종의 수명을 결정하는지 연구하기에 좋은 대상이라고 설명을 덧붙였다. 그러자 다른 연구원이 여기서 반년 이상 사는 물고기는 '므두셀라(성경에서 가장 오래 살았다고 알려진 인물-옮긴이)'라고 농담을 했다.

이 물고기들은 다시 죽어야 하기 때문에 몇 달 내에 번식해야 한다. 진화의 과정을 거치며 물고기들이 이처럼 수명이 짧아진 이유는 무엇일까? 이렇게 짧은 수명이 진화의 산물이라는 것은 충분히 짐작할 수 있다. 이 물고기들은 서아프리카와 중앙아프리카의 자연환경에 적응해왔다. 이곳에서 매년 건기가 찾아오면 물고기들은 말 그대로 물 한 방울도 없는 곳에 알을 낳아야 했다. 그래서 건기가 오기 전에 물이 조금이라도 모여 있는 환경에서 모든 것을 빨리 해치워야 했다. 이미 알을 낳았다면 다음 해에 다시 비가 올 때까지 버텨야 했다.

킬리피시의 생존을 위해서는 수명이 짧은 게 장점이었다. 이 킬리피시 연구로 학자들은 수명에 영향을 끼치는 염색체 단편을 찾았다. 하지만 이와 관련된 각각의 유전자나 유전체의 돌연변이를 확인하는 일은 여전히 도전 과제로 남아 있다.

무엇이 인간의 수명을 결정하는지는 아직 정확하게 밝혀지지 않았다. 우리는 인간의 수명이 유전자에 의해 어느 정도 정해져 있다는 것만 알고 있을 뿐이다. 그보다는 생활 방식과 환경의 영향이 더 중요하다. 우리가 노화를 겪는 이유는 신체의 많은 부분이 뛰어난 재생 능력을 지녔기 때문이다. 또한 줄기세포는 우리 몸에서 '회춘의 샘'과 같은 역할을 한다. 혈액, 피부, 간을 재생시키기 위해 줄기세포에서는 끊임없이 새로운 혈액 세포, 피부 세포, 간세포가 생성된다. 이론적으로 줄기세포는 무한히 분열할 수 있고 다양한 조직의 재생을 위한 비축 창고를 만들 수 있다.

드레스덴의 막스플랑크 분자세포생물학 및 유전학 연구소에서 나는 줄기세포 연구 현황에 대해서도 알게 되었다. 현대적인 건물에 들어가자 생동감 넘치고 열린 구조가 눈에 띄었다. 곳곳에서 사람들을 마주쳤고, 한 연구원은 살아 있는 세포가 세포 분열과 조직 분화를 통해 어떻게 형성되는지 설명해주었다. 이것은 오가노이드organoid, 즉 장기유사체를 배양한 것으로 실험실의 조직 배양을 통해 만들어진다. 특정한 조건과 정확한 성장 인자가 존재하는 조건에서 플라스틱 샬레 속 줄기세포는 계속 분열해서 완전한 한 개의 세포 덩어리가 생성된다. 그리고 마치 초자연적인 힘처럼 특별한 구조가 형성된다.

이런 오가노이드는 커봤자 몇 밀리미터이고 대부분은 그보다 작다. 오가노이드는 각 신체 기관의 초기 발달 단계에 해당하는데, 현재 간과 폐뿐만 아니라 뇌 등 많은 신체 기관에 대한 오가노이드가 있다.

오가노이드 덕분에 이제는 실험실에서 쥐와 같은 실험용 동물이 없어도 장기의 기능뿐만 아니라 발생생물학적 프로세스를 연구할 수 있게 되었다. 이 연구원은 간을 예로 들어 설명했는데, 인간의 간이 부분적으로는 몇 달 만에 재생될 수 있다는 사실은 오래전부터 알려져 있었다. 실제로 악성 종양 때문에 간 일부를 떼어낸 환자에게서 이런 현상이 관찰되었다고 한다. 현재 연구원들은 이런 프로세스가 어떻게 진행되는지 밝혀내기 위해 오가노이드를 이용해 간 조직의 재생 조건을 모방하고 있다. 이 연구를 통해 어떤 장기는 재생이 잘 되고, 어떤 장기는 재생이 되지 못하는 이유가 밝혀질 날이 올 것이다.

나는 이런 방법으로 의학 조직 대용품이나 이식을 위한 장기를 새로 만들어낼 수 있는지 물었다. 이론적으로 가능하지만 쉽지 않다고 한다. 진짜 간은 다양하고 많은 세포 유형으로 구성된다. 장기를 배양하려면 많은 세포 유형에서 조직을 배양해야 할 뿐만 아니라 정해진 조건의 배에서 장기가 성장해야 한다. 오가노이드를 배양할 때는 이런 맥락(혈관이 서로 연결된 계통-옮긴이)이 없다. 특정한 크기로 성장하게 하려면 조직에 혈액이 공급되어야 하기 때문이다. 이런 문제 때문에 재생의학의 선구자들이 넘어야 할 산은 여전히 높다.

조직의 재생 프로세스는 오가노이드를 활용하는 것뿐만 아니라 다양한 동물을 정확하게 관찰함으로써 이해되어야 한다. 이런 재생 능력은 자연에서 매우 다양하게 표현된다. 많은 동물이 모든 신체 부위를 재생시킬 수 있는 놀라운 특성이 있다. 이런 면에서 편충은 재생의 대가다. 문득 괴팅겐 연구소의 연구원이 플라나리아과科에서 가장 많고 아주 작은 이 동물을 남시베리아의 바이칼 호수에서도 채집했다며 얼마나 열광했었는지 떠올랐다. 플라나리아를 자르면 다시 원상태로 자라나고 튼튼한 상태로 계속 살아간다. 세포의 개수가 5,000개에 불과한 작은 조직 조각에서 세포의 개수가 최대 800만 개에 이르는 한 마리의 벌레가 탄생한다. 생명을 얻는 데 성공한 것이다.

여기서 트릭은 편충이 모든 세포 유형이 생성될 수 있는 유도만능줄기세포로 가득 채워져 있다는 것이다. 그동안 인간은 줄기세포에서 다양한 체세포가 어떻게 생성되는지 점점 더 많은 것을 알게 되었다. 그중 성장 인자, 즉 특정한 세포 유형에서 나타나는 유전자의 기능 스위치를 켤 수 있는 조절 단백질이 있다. 간세포, 피부 세포, 신경 세포에서 활동하는 조절자는 각각 다르다. 줄기세포가 체내의 어디에 존재하고 어떻게 하나의 기관을 형성하는지(이 경우에는 어떻게 선충이 되는지) 자기조직화 현상에 관한 질문은 여전히 흥미진진한 연구 주제다.

재생의학은 아직 초기 단계지만 세포 재생 요법은 1970년대부터 있었다. 골수이식이 대표적인 예로, 이 기술을 통해 백혈병의 일종인 혈액암을 치료할 수 있다. 혈액 세포는 골수에 있는 줄기세포에서 생성되는데, 이런 줄기세포 혹은 줄기세포를 통해 만들어지는 세포에 결함이 있으면 백혈병이 발생한다. 하지만 환자의 내생적 골수 세포가 제거되고 환자의 체질과 잘 맞는 공여자의 건강한 세포가 이식되면 이식된 세포에서 다시 건강한 혈액 세포가 형성될 수 있다. 이렇게 암을 치료할 수 있고, 한 생명이 다른 생명을 구할 수 있다. 요즘에는 공여자의 혈액에서도 줄기세포를 얻을 수 있다.

전 세계에서 이미 이런 세포 요법을 발전시키기 위한 연구를 꾸준히 진행하고 있다. 그 결과 지금까지와는 완전히 새로운 선택지로, 특정한 위치를 표적으로 해서 세포의 유전체를 수정하는 방법이 고안되었다. 유전자 편집Genome Editing은 3장에서 언급한 유전자 가위 크리스퍼-캐스9를 이용한다. 정확하게 정해진 위치에서 유전자 가위로 DNA를 절단하면 표적이 수정된다. 이렇게 접점에서 DNA의 일부 혹은 DNA의 각 구성 요소를 제거할 수 있을 뿐만 아니라 다른 것으로 대체할 수 있다. 실제로 유전자 가위는 세포의 유전체에 생긴 결함도 고칠 수 있기 때문에 단순한 가위가 아니다.

나는 노벨화학상 수상자인 에마뉘엘 샤르팡티에Emmanuelle Charpentier에게 유전자 가위가 어떻게 탄생했는지 물어본 적이 있었다. 2012년 그녀는 동료 연구자인 버클리의 제니퍼 다우드나Jennifer Doudna와 공동으로 이 기술을 개발하는 데 결정적인 역할을 한 논문을 썼다. 샤르팡티에를 만나 대화를 나눈 곳은 베를린 미테의 막스플랑크 병원체 과학연구센터Max-Planck-Forschungsstelle für die Wissenschaft der Pathogene였다. 그녀는 아주 오랫동안 박테리아의 면역 체계에 관심을 가져왔다고 한다.

많은 박테리아가 바이러스 DNA를 분자 가위로 잘라냄으로써 자신을 침입하는 바이러스를 물리친다. 이런 기능이 작동하는 원리는 오랫동안 명확하게 밝혀지지 않고 있었다. 물론 지금은 작은 RNA 분자들이 바이러스 유전체의 특정한 위치에 있는 DNA 가위를 조종하다가 그곳에서 바이러스 유전체 절단 기능을 작동시킨다는 사실이 잘 알려져 있다. 이런 통찰을 바탕으로 한 유전자 가위는 분자유전학의 보편적인 '분자 도구'로서 연구는 물론 개량된 유용 식물 재배와 의학에서도 활용되고 있다.

창밖으로 베를린 샤리테 병원의 유서 깊은 붉은 벽돌 건물의 전면이 보인다. 유전자 가위는 의학의 가능성을 어떻게 확장할 것인가? 연구원이 이 질문에 이미 여러 차례 확실한 답을 주었지만 나는 좀 더 알고 싶었다. 그녀는 겸상 적혈구 빈혈증sickle cell anemia을 예로 들었다. 이 유전병이 있는 사람은 적혈구의 혈색소, 즉 헤모글로빈의 유전적 변화로 적혈구의 기능이 제한된다. 그래서 이 병이 있는 사람은 정기적으로 수혈을 받아야 한다.

지금까지 겸상 적혈구 빈혈증의 유일한 치료법은 골수이식이었다. 하지만 이제는 유전자 가위 덕분에 유전자 결함을 수정할 수 있다. 혈액의 줄기세포를 채취해 실험실에서 유전자 가위로 치료한 후, 편집된 유전자를 다시 환자에게 주입하는 것이다. 첫 번째 사례에서 이 치료를 받은 환자들은 더는 수혈을 받지 않아도 되었다. 장기적인 효과와 관련해 이런 치료 방식에 대한 경험이 부족하다고 해도, 이 경우에는 결함이 있는 혈액 줄기세포가 수정되었기 때문에 병은 치료된 것으로 간주된다.

이런 성공 사례로 미루어 보건대 유전자 가위는 조만간 의학 분야에서 더 많이 활용될 것으로 보인다. 암 환자의 면역 세포를 채취하고, 환자들이 더 쉽게 종양을 극복할 수 있도록 유전자 가위 크리스퍼-캐스9로 프로그램을 재작성하고, 편집된 세포를 다시 환자에게 주입할 수 있다는 점은 주목할 만하다. 환자들 스스로 신체의 자기치유력을 의도적으로 자극하기 때문에 이런 프로세스가 엄청난 잠재력을 지니고 있다는 건 이미 입증되었다.

하지만 모든 새로운 치료법이 그렇듯이 부작용은 시간이 지나야 확인되므로 아주 신중하게 개발되어야 한다. 유전자 가위의 사례를 통해 의학에 얼마나 큰 혁신이 일어날지 다시 한번 확인된 셈이다. 애초에 유전자 가위로 무언가를 계획했던 건 아니었다. 박테리아의 면역 체계가 어떻게 작용하는지에 대한 궁금증과 호기심에서 시작된 개발이었다. 샤르팡티에와 다우드나, 두 사람은 자연이 준 가능성을 알아봤고 미래의 의학을 위한 도구를 만들어냈다.

이제 유전자 가위의 치료 가능성이 확장되는 것은 물론이고 혈액질환에 대한 진단의 정확성도 높아지고 있다. 에를랑겐의 막스플랑크 광물리학연구소MPI für die Physik des Lichts의 한 연구원은 환자에게 도움을 줄 수 있다는 게 굉장한 일이라고 했다. 그의 연구팀은 혈액 검사법을 개발했다. 그는 현미경 아래에서 생기는 일을 담은 환상적인 영상을 내게 보여주었다.

백혈구와 적혈구는 아주 좁은 모세혈관을 통해 1초에 약 1,000개의 세포라는 믿을 수 없을 만큼 빠른 속도로 질주한다. 마치 거대한 물고기 떼가 아주 가느다란 관을 밀치고 들어오는데, 물고기들이 한 마리씩 질서정연하게 움직이는 것처럼 보인다. 우리는 둥근 세포들이 병목 구간을 통과할 때 모양이 어떻게 변형되는지 초고속 카메라로 볼 수 있었는데, 세포들은 길쭉한 모양을 하고 있었다. 연구원은 이 변형 정도를 가지고 혈액 세포가 얼마나 뻣뻣한지 알 수 있다고 즐거워하며 설명했다.

이제 실험실에서 병원으로 이동하자. 한 연구팀은 의학 연구팀과 공동으로 환자의 병든 세포와 건강한 세포는 변형성에서 종종 차이를 보인다는 사실을 확인했다. 이 연구자는 동시에 여러 사례를 언급했다. 적혈구가 기생충에게 감염되어 발생하는 말라리아의 경우 감염된 세포는 건강한 세포보다 뻣뻣했다. 특정한 유형의 백혈병은 세포의 변형성에 변화가 나타나는데, 심지어 화학 요법으로 치료를 받는 중에 세포의 건강 상태가 얼마나 개선되었는지 확인할 수도 있었다.

아주 최근 사례인 롱 코비드Long COVID(코로나 후유증)의 경우에도 적혈구가 더 뻣뻣해졌다. 이를 통해 연구팀은 적혈구가 미세한 가지로 나뉜 혈관에 정체되어 있을 것이라는 추측을 끌어냈다. 어쩌면 이 증상과 연계시켜 롱 코비드의 수수께끼 같은 병상을 밝혀낼 수 있을지 모른다. 롱 코비드 환자들은 피로나 기억력 감퇴 등의 고통을 호소하는데 확실한 의학적 진단을 받지 못해 더욱 절망한다. 아직 초기 단계에 있지만 이 새로운 방식은 다양한 질병을 정확하게 진단하는 중요한 계기가 될 것이다.

혈액 세포는 줄기세포를 통해 끊임없이 교체되는 반면 체내의 많은 다른 세포들은 노화한다. 이를 바탕으로 다양한 효과가 나타나는데, 그중에서도 특히 유전체는 불안정하고 많은 위치에서 결함이 있다. 염색체의 말단은 텔로미어telomere(염색체 말단에 반복적으로 존재하는 특이한 형태의 유전 물질-옮긴이)의 보호를 받지만 나이가 들수록 점점 짧아진다. 게다가 염색체의 화학적 수식modification에 변화가 나타난다. 이런 수식을 연구하는 곳이 프라이부르크의 막스플랑크 면역생물학 및 후생유전학 연구소와 베를린 달렘의 막스플랑크 분자유전학연구소다.

이런 상관관계에서는 DNA 메틸화가 특히 중요하다. 작은 화학작용기인 메틸기CH_3는 특정한 DNA 구성 요소인 사이토신에 달라붙어 있다. 이런 유형의 화학적 수식은 다양한 방식으로 유전자의 활동에 영향을 끼친다. 한 연구원이 내게 설명해주었듯이 이 현상은 인간의 유전자 약 1퍼센트에서 나타난다. 그는 메틸화로 유전자는 멈춤 상태가 될 수 있고 평생 변화할 수도 있다고 했다.

이 외에도 DNA 단편을 제거하거나 삽입하고, 멈춤 상태의 메커니즘을 파악하는 데 유전자 가위가 사용된다. 알려진 바에 따르면 암세포와 건강한 세포는 메틸화 패턴에서 차이가 난다. 메틸화와 메틸화로 함께 일어나는 유전자 활동은 세포가 노화할 때도 변한다. 몸이 병드는 것과 노화하는 것은 같은 의미는 아니지만, 세포 영역에서 특정한 특성의 변화와 관련이 있다.

각각의 세포만 노화하는 게 아니라 체내의 조직, 기관, 다른 구조들도 세월이 흐르면 늙는다. 나이가 들어 침전물이 쌓이고 혈관이 좁아지면 심근경색이나 뇌졸중이 발생할 수 있다. 심근경색과 뇌졸중은 지금도 서양인의 주요 사망 원인이다. 죽상경화증 atherosclerosis(동맥경화증)으로 인한 혈관 수축은 의학에서 중요한 문제지만 바탕을 이루는 메커니즘은 정확히 알려지지 않았다.

바트 나우하임Bad Nauheim의 막스플랑크 심장 및 폐 연구소MPI für Herz und Lungenforschung는 다양한 동맥질환을 연구한다. 이 연구소에 가기 위해 나는 기차역부터 시작해 아름다운 아르누보 양식의 건축물이 앙상블을 이루는 광천 정원Sprudelhof을 산책했다. 정원의 한가운데에는 치유 효과가 있는 오래된 광천이 있다. 이 광천은 1846년 12월 '나우하임의 크리스마스 기적'에서 유래한다. 당시 약한 지진이 발생했는데 이 지진 후에 과거에 깊이 파놓았지만 아무것도 나오지 않았던 깊은 구멍에서 연기가 피어오르며 염천塩泉이 흘러나왔다고 한다. 이렇게 심장 치료에 효과가 있는 '위대한 광천Große Sprudel'이 탄생했다.

연구소의 구축 건물에 들어갔을 때 나는 깜짝 놀랐다. 황금빛의 무거운 문 뒤로 대리석 장식의 웅장한 기념관이 펼쳐졌다. 기념관의 끝에 설립자인 윌리엄 커크호프William Kerckhoff의 흉상이 세워져 있었다. 우리는 기둥 사이를 지나 작은 도서관으로 들어가 묵직한 테이블을 에워싸고 있는 빨간 소파에 앉았다. 한 연구원이 커크호프는 독일 혈통의 유복한 미국인 실업가였다고 말해주었다. 1924년 커크호프는 심장병으로 휴양차 바트 나우하임에 왔는데 이곳에서 지내면서 통증이 완화되었고, 감사의 의미로 거액을 기부했다고 한다. 요즘 이곳을 찾는 사람들은 자연의 치유력과 함께 현대 의료 서비스의 도움을 받는다.

짧은 산책 후 우자Usa 강변을 따라 걷다 보니 휴양 공원 내에 있는 연구소 신축 건물에 도착했다. 이곳에서는 혈관의 특정한 위치에서만 죽상경화증이 발생하는 원인을 연구한다. 이 위치에서는 혈류가 불규칙하다. 그래서 이 위치에 기계 자극을 가하면 세포에 대한 염증 반응이 발생한다는 것도 알려져 있다. 여기서 궁금증이 또 생긴다. 혈류에서 염증 세포는 이런 차이를 어떻게 인식할까? 이런 메커니즘이 더 많이 알려진다면 죽상경화증을 예방하는 데 더 많은 도움이 될 것이다.

궁극적인 목표는 중증 심근경색처럼 뻣뻣하게 굳은 심장 근육 세포를 교체할 방법을 찾는 것이다. 그러려면 먼저 심장 근육 세포를 아직 분열이 가능한 상태의 전구 세포로 교체한 다음 이 세포들이 기관에서 분화되어야 한다. 현재 환자의 피부 표본에서 줄기세포, 즉 유도만능줄기세포induced Pluripotent Stem cell, iPS cell를 얻을 수 있다. 이런 iPS 세포에서 다시 다양한 체세포를 생성시킬 수 있는데 그중에는 심장 근육 세포도 있다. 심장 근육 세포는 시험관에서 일정한 리듬으로 수축하다가 '두근거리기' 시작한다. 하지만 이 방법은 세포의 동일성과 성장을 조절하는 단백질 인자를 이용해 iPS 세포가 생성되며 이것이 특정한 체세포로 분화될 때 세포의 변종이 나타날 위험성이 있다는 점에 유의해야 한다.

그렇다면 새로운 세포에 혈액과 산소를 어떻게 공급할 것인가? 이는 재생의학에서 중요한 질문이기도 하다. 베스트팔렌 지방의 유서 깊은 대학 도시 뮌스터의 막스플랑크 분자생물의학연구소MPI für molekulare Biomedizin는 이 문제를 집중적으로 연구하고 있다. 초록빛 유리로 둘러싸인 이 건물에서 나는 혈관 형성, 즉 혈관 신생Angiogenesis을 자극하기 위한 시도가 어떻게 진행되고 있는지 살펴볼 수 있었다. 이 연구소는 인공 물질 시스템에서 천연 혈관 신생을 모방하는 데 성공했다. 연구원들은 젤을 이용해 주변의 조직으로부터 세포를 이동시킨 후 혈액을 공급하는 얇은 파이프 모양의 관管을 삽입하고, 여기에 천연 피부 세포를 덧입힌다.

당뇨병은 심혈관질환과 함께 전형적인 노인성 질환으로 손꼽힌다. 오늘날 독일 국민의 약 7퍼센트가 당뇨병 진단을 받은 상태로, 그중 대다수는 안 좋은 식습관과 과체중 그리고 운동 부족으로 제2형 당뇨병을 앓고 있다. 쾰른의 막스플랑크 신진대사연구소MPI für Stoffwechselforschung에서는 그 원인을 추적하고 있으며 임상 및 기초 연구와 연계하고 있다.

옥상 테라스의 스낵 코너에서 우리는 건강한 식사에 관한 대화를 나눴다. 이곳에 있는 사람들은 그런 질문들에 대해 빠삭하게 잘 알고 있기 때문이었다. 한 연구원이 자신의 연구팀에서 관찰한 아주 흥미로운 사례를 이야기했다. 그들은 쥐의 뇌에서 지방이 많은 음식 섭취를 자극하는 특정한 유형의 신경 세포를 발견했다. 그래서 이 신경 세포를 활성화했더니 쥐들이 지방이 풍부한 음식을 더 많이 먹었다고 한다. 심지어 지방이 풍부한 음식을 즐기면 특정한 뇌 영역이 더 많이 활성화되었고, 이것이 다시 음식을 섭취하도록 자극했다고 한다. 쉽게 말해 당뇨병과 노화 진행을 가속하는 악순환이 반복되고 있는 셈이다.

그런데 쥐의 뇌처럼 작은 부위를 어떻게 활성화할 수 있을까? 나는 광유전학optogenetics이라고 알려진 환상적인 기술에 대해 처음 들었을 때 정말 감탄했다. 빛 신호가 뇌로 전달되면 여기서 다시 전기 자극을 통해 신경 세포로 전해진다고 한다. 그렇다면 어떻게 빛을 전기 자극으로 바꿀 수 있을까?

이 과정을 쉽게 설명하려고 하면 본말이 전도될 수 있겠지만 한번 시도해보겠다. 이 경우는 단백질이 표적 세포의 이온 통로ion channel(세포막에 존재하면서 세포의 안과 밖으로 이온을 통과시키는 막 단백질-옮긴이) 역할을 하고 도달하는 빛을 통해 하전된 입자에 대한 전도율을 변화시킬 수 있다. 이런 막 단백질이 생성되려면 특정한 유전자 형태의 유발 인자가 필요하고, 이 유전자가 세포로 이동되어야 한다. 이를 위해서는 벡터vector(분자생물학에서 유전 물질의 인위적 운반자로 사용되는 DNA 분자를 말한다-옮긴이)가 필요하다. 이것은 대개 위험하지 않은 바이러스로, 표적 세포에 침투해 유전자를 마치 수하물처럼 함께 데리고 간다.

그러니까 먼저 유전자와 벡터가 필요하고, 그다음 해당 단백질이 생성되고, 마지막으로 빛이 전기 자극으로 변환된다. 이를 통해 특정한 뇌세포가 활성화되는 것이다. 이 얼마나 놀라운 메커니즘인가!

빛을 전기로 변환하는 이 흥미로운 단백질은 어떻게 발견되었을까? 이는 1970년대에 한 젊은 연구자가 초석을 다진 덕분에 가능했다. 나중에 마르틴스리트의 막스플랑크 생화학연구소에서 연구했던 그는 빛으로 조절 가능한 이온 펌프ion pump(활성 수송을 통한 농도 구배gradient를 사용해 생물학적 막을 가로질러 이온을 이동시키는 막 횡단 단백질을 말한다. '이온 수송체ion transporter'라고도 한다-옮긴이)를 이용해 할로박테리아 살리나룸Halobacterium salinarum이라는 고세균을 발견했다.

이 박테리아는 염호鹽湖에 서식하며 호수를 진한 적색으로 물들인다. 여러분은 아마 시칠리아 혹은 카나리아제도의 염전이 종종 장밋빛이나 보랏빛으로 가물가물 빛난다는 것을 알고 있을 것이다. 한 세기가 지나갈 무렵 녹조류에서 빛으로 조절 가능한 또 다른 이온 경로가 발견되었다. 바로 이 단백질이 현재 광유전학에 사용되고 있다.

이 기술의 적용 가능성은 다양해서 어쩌면 난청도 치료할 수 있을지 모른다. 괴팅겐 대학병원 연구자들은 음성 신호를 라이트

임펄스로 변환시켜 청각 신경에 전달하려고 시도하고 있다. 그야말로 획기적인 연구다. 이제 할로박테리아와 녹조류는 과학과 의학의 새로운 선택지가 될 것이다.

청각 및 혈관 세포, 혈액 및 난세포와 마찬가지로 우리의 뇌는 노화에서 벗어날 수 없다. 어떻게 뇌의 신경 세포의 노화를 억제하고 장수를 촉진할 것인지, 쾰른의 막스플랑크 노화생물학연구소 연구원과 나눴던 대화가 떠올랐다. 이 경우에는 신경 세포가 아닌 다른 뇌세포, 이른바 뇌의 면역 세포라고도 불리는 미세아교세포microglia가 중요한 역할을 한다. 뇌의 다양한 세포 유형들이 서로 교류하는 건 분명하지만, 이런 상호작용이 뇌의 노화를 어떻게 막는지는 아직 알려진 게 많지 않다.

알츠하이머병이나 파킨슨병 등의 특정한 질병은 어떻게 나타나는지, 신경변성 메커니즘에 관해 점점 더 많은 것이 밝혀지고 있다. 이 질병의 경우는 단백질 덩어리가 뭉쳐서 신경 세포에 침전물이 생긴다. 이 프로세스를 막기 위해 현재 연구자들이 극복해야 할 큰 과제가 있다. 첫 번째 과제는 수십 년에 걸쳐 쌓인 단백질 침전물을 최대한 빨리 발견해 예방 조치를 하는 것이다. 두 번째 과제는 뇌-혈관-장벽에서 혈액을 통해 신경 세포로 전달되는 약이 많지 않다는 것이다.

막스플랑크 다학제적 자연과학 연구소의 학자들은 다른 기관의 연구자들과 공동으로, 파킨슨병으로 인한 쥐의 뇌세포 손상을 막거나 늦출 수 있는 물질을 개발하는 데 성공했다. 하지만 인간의 신경변성질환에 뛰어난 효과가 있고 일상화된 치료법이 개발되려면 좀 더 기다려야 한다.

노화 프로세스와 질병을 확인할 때 종종 의학 촬영이 필요한데, 의사들은 이를 통해 신체의 내부를 들여다보고 특이 사항을 발견할 수 있다. 그렇기 때문에 신속하게 고해상도의 이미지를 구하는 일도 중요하다. 괴팅겐에서도 이런 프로세스가 개발되었는데, 그중에서도 자기공명영상MRI 같은 기술은 대폭 향상되어 수십 년째 전 세계 병원에서 암에서 뇌출혈, 척추 손상에 이르기까지 각종 질병을 진단하는 데 사용되고 있다.

최근에는 신체의 내부에 대한 이미지뿐만 아니라 영상으로 촬영할 수 있는 기술 수준에 도달했다. 게다가 실시간으로 심장 박동과 관절의 움직임도 추적할 수 있다. 말하고 노래하고 랩을 하는 동안의 목과 인두의 모습을 스캐너로 포착한 최초의 영상은 매우 인상적이다. 이런 신체 부위의 역학에 관한 정보는 각각의 스냅숏만으로는 나타나지 않는 기능 이상을 보여주기 때문에 진단을 내리는 데 큰 도움이 된다.

전 세계 많은 지역이 점점 고령화되어 가고 있다. 그래서 이런 질문이 자연스럽게 떠오른다. 미래에 우리는 어떻게 함께 살아가야 할까? 고령 인구는 사회에 어떻게 참여할 수 있을까? 약자들은 스스로 결정하는 삶을 어떻게 살아갈 수 있을까? 다음 단계의 여행에서 살펴보겠지만 미래의 의학만큼 신기술도 중요한 역할을 할 것이다. 이제 로봇과 인공지능의 세계로 들어가 보자.

8장

로봇과 인공지능

생명과 기계의 경계에서

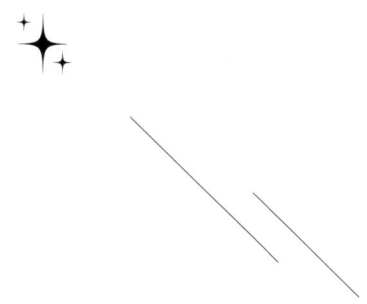

사실 로봇은 전혀 새로운 게 아니다. 로봇은 수십 년 전부터 우리 주변에 있었다. 예전 공장 작업장에서도 로봇은 믿을 만하고 작업 능률이 높은 도우미였다. 하지만 우리의 일상생활에서 로봇은 여전히 능력과 존재감이 부족하다. 로봇은 아직 주방 일을 제대로 해낼 수 있는 수준이 아니며 집안일에 딱히 도움도 되지 않고, (우리가 가장 원하는 사항인) 마치 사람이 하는 것처럼 일하려면 아직 한참 멀었다. 하지만 착각은 금물이다. 머지않아 우리는 집안일을 해주는 부지런한 로봇의 필요성을 깨닫고 이런 장치들에 우리의 마음을 빼앗길지도 모른다.

차세대 로봇은 소프트해야 한다. 이는 슈투트가르트의 막스플랑크 지능형 시스템 연구소MPI für Intelligente Systeme의 신조이기도 하다. 나는 호기심이 생겼다. 여기 연구원들은 정말로 미래에 우리가 로봇과 긴밀한 교류를 하리라고 믿는 걸까? 아니면 로봇의 도움이 필요할 노인들을 염두에 두고 있는 걸까? 아니면 인간과 유사하게 만듦으로써 로봇에 대한 수용도를 높이려는 걸까? 실리콘 밸리뿐만 아니라 내 고향 슈바벤에서도 로봇과 함께하는 미래의 생활을 꿈꾸고 있다.

이 연구소의 한 연구원은 로봇이 인간에게 받아들여지고 미래의 일상에 도입되기 전에 아직 배워야 할 게 많다는 점을 확실히 밝혔다. 그녀가 말하는 첫 번째 능력은 촉각이다. 이는 너무 당연하다고 여겨지기 때문에 우리가 일상에서 별로 신경 쓰지 않는 것이다. 인간의 촉각은 경이롭고 아주 예민하다. 예를 들어 우리가 손가락 끝으로 거친 표면을 마음대로 조정하거나 엄지손가락으로 이 책의 페이지를 넘길 때, 햅틱 자극은 우리의 촉각을 통해 뇌까지 1초에 최대 1,000회까지 도달할 수 있다.

조만간 로봇도 예민한 엄지손가락을 갖고 사물을 더듬어 파악하는 법을 배울 것이라고 한다. 이를 위해 막스플랑크 연구소에서는 인간의 손가락과 유사한 센서를 개발했다. 내부에는 아주 작은 변형까지 녹화하는 카메라가 있고, 머신러닝을 이용해 카메라의 사진들로부터 센서에서 작용해야 할 힘이 결정된다. 그 결과 인공 엄지손가락의 작은 변형도 컴퓨터에 알림 메시지가 가고 햅틱 자극으로 등록된다. 이렇게 기계는 대상에 대해 주의 깊게 배우고 적은 압력으로도 감지한다. 예를 들어 당구공과 라즈베리를 들어 올리는 것은 다르다. 연구원들은 먼저 이것을 로봇에게 가르친다고 한다.

하지만 이보다 더 어려운 일은 포옹이다. 물론 이것도 곧 가능해질 것이다. 이곳에서 개발된 '허기봇HuggieBot'은 움직임이 부드럽고 자신보다 더 작은 사람을 안을 때는 몸을 구부릴 수도 있다. 이렇게 할 수 있으려면 아주 미세한 감각이 필요하다. 사람들이 포옹하는 방법이 얼마나 다양한지 생각해보라. 게다가 사람들이 포옹이 지겹다고 생각할 때 어떤 신호를 보내는지 로봇에게 가르치는 것도 만만한 일이 아니다. 반면에 우리는 포옹을 했다가 언제 팔을 놓아야 할지 직감적으로 안다. 아무튼 대부분은 그렇다.

소프트 로봇 제작에서 극복해야 할 과제는 인공 근육을 생산하는 일이다. 이제 우리는 전동 모터가 생물학적 근육의 과제를 넘겨받을 수 있다고 생각해야 한다. 하지만 유감스럽게도 그렇게 단순한 일이 아니다. 왜 그러냐며 어깨를 으쓱하는 사람도 있을지 모르겠다. 그런데 이렇게 하면 그 사람은 이 질문에 대한 답을 하나 말한 셈이다. 답은 인간의 어깨 관절 때문이다.

인간의 어깨 관절은 매우 유연해서 다양한 방향으로 움직일 수 있고 다양한 힘을 팔에 전달할 수 있다. 로봇공학 기술에는 인간의 어깨 관절에 필적할 만한 게 없다. 이것이 바로 가파른 암벽을 오를 수 있는 로봇이 없는 이유다. 반면 계단을 오르거나 사다리를 타는 것은 상대적으로 덜 어려운 과제다. 이런 동작들은 인간에게는 어깨를 으쓱하는 것만큼 쉬운 일이지만 로봇에게는 어려운 과제다.

따라서 소프트 로봇에게는 다른 해결 방안이 필요하다. 미국 출신의 젊은 연구원이 내게 인공 근육의 기본 요소를 가르쳐주었다. 그 원리는 아주 기발한데, 작은 플라스틱 봉지에 유성 액체가 들어 있다. 이 봉지의 절반에는 전기를 전달하는 두 면의 코팅막이 입혀져 있다. 전기를 흘려보내면 코팅막은 전하를 띠게 되고 잡아 당겨진다. 이렇게 플라스틱 봉지의 액체가 한 면에서 다른 면까지 압박되고, 코팅이 되지 않은 절반이 부풀어 오른다. 로봇의 팔에 힘을 전달하는 데도 이 원리가 적용된다. 그 연구원은 이런 인공 근육 요소가 모터를 대체하고 로봇을 더 부드럽게 만들 수 있다고 한다. 또한 이 원리로 거동에 제한이 있는 사람들의 움직임을 돕는 특수복도 개발될 수 있다.

로봇은 움직임, 만지기, 잡기를 많이 해야 하는 일상생활에서만 우리를 돕는 게 아니다. 돕기를 좋아하는 로봇은 의학 분야에서 훨씬 더 중요한 역할을 할 것이다. 이미 많은 곳에서 정확한 외과 수술을 위해 로봇이 활용되고 있다. 하지만 미래의 로봇의학은 완전히 다른 모습일 것이다. 예를 들어 슈투트가르트의 연구소에서 개발된 미니어처 로봇은 언젠가 의학 분야에서 유용하게 활용될 텐데, 이런 마이크로로봇Microbot은 기존의 외과 수술로 접근하기 어려웠던 신체 부위까지 파고들어 갈 것이다.

의학적 활용은 당연히 어렵겠지만 바탕을 이루는 아이디어는 아주 단순하면서도 유망하다. 고작 1밀리미터밖에 되지 않는 마이크로봇을 자기장으로 끌어들임으로써 형태를 바꾸는 것이다. 이렇게 하면 실제 해파리처럼 액체에서 움직이는 작은 '로봇 해파리'를 만들 수 있다. 외부의 자기장이 켜졌다 꺼졌다 하기를 계속 되풀이해야 마이크로봇이 움직일 수 있는데, 이 동작을 보면 마치 우산을 펴고 접었다 하는 모습이 떠오른다. 그리고 로봇 해파리들은 반동의 원리에 따라 앞으로 움직인다.

마이크로봇은 언젠가 최소 침습 수술을 할 수 있을 것이다. 그 원리는 이미 의술에 적용되고 있는데, 좁아진 혈관을 치료하는 경우가 이에 해당한다. 스텐트, 즉 좁아진 혈관을 넓혀주는 일종의 내관은 오래전부터 의술로 활용되어왔다. 슈투트가르트의 연구소에서 길이가 고작 몇 밀리미터, 너비는 1밀리미터도 채 안 되는 아주 작은 스텐트가 개발되었다. 이 스텐트를 자기장에 두면 저절로 수축해서 얇은 호스를 밀어낼 수 있다. 자기장을 차단하면 이 '미니 스텐트'는 다시 확장되고 그 위치에 머무르면서 내부에서 호스를 지탱해준다. 아직 해결되지 않은 문제들이 많지만 이런 소형 스텐트는 꽉 막힌 작은 혈관을 넓히거나 이미 터진 혈관을 봉합하는 데 사용될 수 있을 것이다.

다른 마이크로봇들도 암을 퇴치하는 데 중요한 역할을 할 날이 올 것이다. 이론적으로는 이미 마이크로봇으로 약을 운반할 수 있다는 것이 입증되었다. 연구자들은 화학 요법의 부작용을 줄이기 위해 항암제를 종양까지 직접 운반해주는 '미니 도우미'를 꿈꾸고 있다. 아직은 실험실에서만 가능하지만 마이크로봇이 액체를 통과할 수 있게 해서 세포를 움직일 수도 있다. 그러면 체내 면역 세포를 바른 위치로 옮겨 종양을 퇴치할 수도 있지 않을까?

그런 마이크로봇이 의술에 도입되려면 아직 많은 연구와 개발

작업이 필요하다. 먼저 연구자들은 이런 시스템들이 기술적으로 신뢰할 수 있는 것인지 유의해야 한다. 그다음에 마이크로봇이 동물 실험에 안전하게 투입될 수 있는지 입증해야 한다. 발생 가능한 위험 요소들이 완전히 제거된 후에 환자에 대한 임상 실험이 승인되어야 한다. 이런 기술이 실질적으로 환자에게 적용될 수 있는 수준에 이르려면 아직 갈 길이 멀다. 하지만 의학의 역사가 입증하듯이 획기적인 치료법을 개발하려면 큰 용기가 필요하다. 달리 표현하면 긴 여정을 이루는 작은 발걸음들은 모두 소중하다.

현실적 관점에서 판단하면 어떤 기적도 기대해서는 안 된다. 크기나 성능과 상관없이 로봇은 기계에 불과하기 때문이다. 로봇은 단지 명령을 수행하고, 프로그램을 따르고, 입력값에 반응한다. 쉽게 말해서 로봇은 똑똑하지 않다. 그러면 이제 이 질문만 남는다. 로봇은 계속 그런 상태일까? 어떻게 하면 로봇을 똑똑하게 만들 수 있을까? 지능은 무엇으로 이뤄지며 어떻게 얻을 수 있을까? 한 가지는 확실하다. 우리가 로봇에게 얼마나 많은 정보를 주는지와 상관없이 로봇의 성능에는 한계가 있다는 것이다. 기계가 학습을 할 수 있지 않은 한 말이다!

학습을 할 수 있는 능력은 지능 형성의 전제 조건이다. 외부의 개입 없이 자율적인 학습이 가능하려면 기계를 인터넷에 연결하는 것만으로는 충분하지 않다. 끊임없이 움직여야 하고 주변 환경을 인식할 수 있어야 한다. 로봇 스스로 주변 환경을 파악하고, 어떤 일을 직접 시도해보고, 실수를 통해 배워야 한다. 이렇게 자율 학습이 가능한 로봇을 개발하는 것은 공학자와 컴퓨터과학자가 극복해야 할 큰 과제다. 하지만 많은 연구자가 이런 도전을 기꺼이 받아들이고 있다. 이들은 지능에는 신체가 필요하다는 사실을 알기에 새로운 기술적 가능성에 열광한다. 나는 이런 기계와 인공지능 연구에 대해 더 많은 것을 알고 싶어서 슈투트가르트에서 유서 깊은 대학 도시 튀빙겐으로 떠났다.

네카어 다리를 지날 때, 튀빙겐의 구시가 앞을 흐르는 초록빛 강에서 학생들이 나무로 된 펀트 배를 타고 가는 모습을 봤다. 물론 튀빙겐의 저 꼭대기에 있는 하이테크 캠퍼스에 도달하자 슈바벤의 낭만도 금세 사라져버렸지만 말이다. 연구소의 신축 건물에서 나는 마치 초대형 거실에 있는 듯한 느낌을 받았다. 라운지 분위기에 맞게 오트 밀크로 만든 카푸치노가 나왔고, 긴 창문으로 어린이집이 보였다. 내 시선은 넓게 펼쳐진 땅에서 슈베비셰 알프Schwäbische Alb의 완만한 산으로 올라갔다.

건물 곳곳에 직원들이 만나 이야기를 나눌 수 있는 장소가 있었다. 창의적인 연구를 위해 대화를 통한 정보 교류가 특히 중요하기 때문이다. 인공지능 분야에서는 최고의 인재를 영입하는 게 특히 어려운 일이므로 근무 조건도 최대한 매력적이어야 한다. 이 연구소는 세계적인 기술 대기업들과 경쟁하고 있다. 이런 기업들은 급여도 많을 뿐만 아니라 세련되고 특별한 연구 환경을 제공하는데, 이는 단지 Y세대만을 위한 것이 아니다.

지하에서 위층으로 올라왔을 때 나는 너무 놀라서 말을 잃었다. 우리는 기계를 위한 일종의 트레이닝 룸에 있었다. 거대한 실험실에 구획이 나뉜 여러 개의 공간이 있고 여기서 다리가 두 개 혹은 네 개인 로봇이 여러 가지 과제를 수행하고 있었다. 한 로봇은 넘어지지 않고 장애물을 넘는 법을 알아내려 하고 있었다. 다른 로봇은 탁구를 하고 있는데 이미 상당한 실력이었다. 또 다른 로봇은 어린아이가 하듯이 물건을 쌓고 있었다.

이곳 로봇들은 카메라를 이용해 무슨 일이 일어나는지 관찰하고, 자신이 했던 실수를 통해 학습한다. 이런 방법으로 로봇은 훈련 초기에는 할 수 없었던 과제를 스스로 처리할 수 있게 된다. 이것은 로봇이 이미 지능을 갖게 되었다는 뜻이 아닐까? 아무튼 기계가 학습을 할 수 있다는 증거인 건 확실하다.

기계도 본보기가 있어야 배울 수 있다. 천장이 높은 두 번째 실험실에는 캡처 랩Capture Lab이 있었다. 이곳에는 엄청나게 많은 비디오카메라가 설치되어 있고 인간의 행동을 초고해상도로 포착한다. 캡처 랩의 공간은 매우 넓어서 사람들이 만나고, 대화하고, 심지어 춤도 출 수 있다. 자세, 움직임, 표정의 아주 세세한 부분까지 잡힌다. 더 선명한 사진을 찍으려면 아주 날카로운 빛이 필요한데, 이 빛은 피실험자들의 눈이 부시지 않도록 거의 인식할 수 없고 아주 짧은 순간에만 비춰야 한다.

이렇게 많은 카메라 앞에 섰을 때 모두가 편안함을 느끼는 건 아니다. 먼저 개방성과 기술에 대한 신뢰가 필요하다. 캡처 랩에서는 대량의 데이터가 생성된다. 이 데이터는 인간에 대해서는 물론 감정 표현까지 컴퓨터에 가르치는 데 사용된다. 컴퓨터가 이런 지식을 갖추고 나면 (더 부드럽게라고 말할 수는 없지만) 우리와 더 쉽게 관계를 맺을 수 있을 것이다.

오늘날의 로봇과 컴퓨터에겐 미안한 말이지만 이들은 똑똑하지 않다. 왜 그럴까? 한 연구원이 씩 웃으면서 컴퓨터가 진짜 지능과 얼마나 동떨어져 있는지 예를 들어 설명해주었다. 컴퓨터는 소의 모습이 담긴 사진을 찾는 법을 쉽게 배울 수 있다. 그런데 그러려면 먼저 인간이 컴퓨터에게 수천 개의 소 사진을 보여주어야 한다. 이런 머신러닝을 이용해 컴퓨터 프로그램은 소와 관련이 있는 견본을 알아볼 수 있다.

하지만 컴퓨터가 자신이 학습하는 데 사용되지 않았던 사진을 알아볼 수 있는 수준이 되려면 아직 멀었다. 컴퓨터는 새로운 사진과 오래된 사진을 구분하지 못한다. 즉 기존에 사용된 사진 속의 소들이 대부분 푸른 풀밭에 있고, 새로운 사진에서 소가 해안가에 있으면 이 소들은 정확하게 인식되지 않는다. 컴퓨터는 훈련용 사진을 통해 표본을 익히지만 근본적으로 소가 무엇인지 알지 못한다.

반면 모든 어린아이는 그림책으로 소 몇 마리를 보여주면 소가 무엇인지 안다. 그리고 실제로 살아 있는 소를 보면 무엇인지 금세 안다. 아이는 소가 무엇인지 정확하게 알고 있기 때문이다. 즉 '소'라는 개념을 익혔기 때문이다. 하지만 인공지능은 이런 걸 이해하지 못한다. 인공지능은 표본만 반복적으로 학습할 수 있을 뿐이다.

이 기계는 우리가 웃을 때 입가가 위로 올라간다는 걸 배울 수는 있지만 그 웃음이 무엇을 의미하는지는 알 수 없다. 어쩌면 지금 이렇게 기계를 두고 지능을 이야기한다고 우습다고 생각하는 사람이 있을지도 모르겠다.

그러나 연구원들이 확인시켜 주었듯이 교만은 오래가지 못하는 법이다. 우리는 아이들과 함께 그림책을 보면서 소는 다리가 네 개인 동물이고, 음매하며 울고, 풀을 먹고, 우유를 준다는 등 아이들에게 아주 많은 정보를 알려준다. 이런 모든 정보는 소가 무엇인지 아이가 이해할 수 있도록 돕는다. 이렇게 개념이 형성되는 것이다. 공평한 관점에서 평가해보자. 이런 아이의 상황과 비교하면 그림 정보만 얻은 컴퓨터는 개념 형성이 훨씬 어렵다. 게다가 아주 많은 정보가 맥락 안에 숨겨져 있는데, 훌륭한 학습 효과를 얻으려면 이런 맥락이 고려되어야 한다.

이런 작업이 이미 진행되고 있다. 기계는 대량의 데이터를 공급받으며 맥락을 익히도록 지시를 받는다. 그렇게 해서 세상에 대한 훨씬 더 생생한 묘사를 배워간다. 또한 모니터링되는 학습, 강화 학습, 모니터링되지 않는 학습에 이르기까지 다양한 형태의 머신러닝이 활용된다. 특히 모니터링되지 않는 학습의 경우 기계가 어떻게 학습하는지 인간은 더 이상 알아채지 못한다.

그 결과 인간과 기계의 차이가 눈에 띄게 줄어들고 있다. 컴퓨터가 아직 이성을 소유하지 못했다고 할지라도 머신러닝 덕분에 현재의 수준에 이르렀다는 것 자체가 놀라울 따름이다. 머신러닝은 인간이 혼자 처리하기에는 양적으로 버거운, 막대한 양의 데이터 세트로부터 정보만 얻을 수 있는 게 아니다. 컴퓨터는 짧은 시간 내에 언어를 인식하고, 다양한 언어로 텍스트를 번역하고, 새로운 텍스트를 아주 훌륭한 수준으로 구상한다. 몇몇 영역에서는 기계가 이미 인간을 앞섰다. 1996년에 이미 전설의 슈퍼컴퓨터 딥블루Deep Blue(IBM이 만든 체스 특화 인공지능 컴퓨터-옮긴이)가 당시 정치인이자 체스 세계 챔피언이었던 가리 카스파로프Gary Kasparov를 이겼다. 머신러닝으로 완벽한 습득이 가능한 영역에서는 더는 기계를 피할 길이 없게 되었다.

또한 경험 부족으로 인간이 감당하기 어려운 문제들을 기계는 해결할 수 있다. 막스플랑크 지능형 시스템 연구소의 연구원들은 머신러닝을 이용해 외계 행성을 발견했는데, 그중 첫 번째 행성에서 물이 확인되었다. 앞서 1장에서 다뤘던 천체물리학은 확실히 머신러닝의 혜택을 입은 분야다. 이곳의 연구원들과 막스플랑크 중력물리학연구소의 연구원들이 협력해 불과 몇 초 만에, 우주의 한 사건에서 단 하나의 블랙홀로 녹아버리는 블랙홀들의 파라미터를 발견했다.

하지만 인공지능에는 위험도 잠재한다. 기계가 인간의 제스처를 인식하고, 표정을 해석하고, 행동 방식을 분류하면 이에 해당하는 표본을 생성하고 심지어 감정도 모방할 수 있다. 이성과 감정을 발전시키지 않아도 기계는 점점 인간처럼 행동할 수 있게 된다. 특히 가상 세계에서는 그런 기계들과 인간을 구분하기 어렵다. 따라서 인공지능 기술이 악용될 수도 있다. 최근 딥페이크Deep Fakes, 즉 인공지능으로 조작되는 미디어 콘텐츠는 실제와 너무 유사해서 전문가들도 조작 여부를 밝혀내기 어려울 정도라고 한다. 그 결과 거짓 뉴스가 신뢰할 수 있는 것으로 유포되어 소비 행위나 선거와 같은 인간의 결정 프로세스에 영향을 끼칠 수 있다.

연구소는 이런 문제점을 인식하고 사회적 영향이라는 영역에서도 지능형 시스템을 연구하고 있다. 한 연구팀은 무엇이 공정한 알고리즘을 만드는지에 관한 문제를 다루고 있다. 2010년에 이미 검색 엔진과 소셜 미디어가 우리에게 영향을 끼치고 우리의 행동을 조작할 수 있다는 것이 밝혀졌다. 이런 것들은 단순히 우리가 어떻게 온라인 쇼핑을 할지 유도하는 게 아니다. 파급 효과는 가상 공간에만 머무르지 않는다. 알고리즘이 정치에 끼치는 영향은 특히 우려할 만한 수준이다. 연구원들은 트위터가 특정 정당의 영향력을 강화할 수 있다는 것을 확인했다. 미국에서 트위터는 특히 공화당의 영향력을, 영국에서는 보수당의 영향력을 강화했다.

이런 의도와 별개로 컴퓨터를 이용해 조작하고 싶어 하는 사람은 어떤 방법을 쓸까? 첫 단계는 아주 쉽다. 먼저 우리에게 어떤 행위를 제안하고 예측하는 알고리즘만 작성하면 된다. 그러면 기계는 피드백 루프를 통해 예측이 얼마나 좋았는지 배우고, 그 결과 우리의 이해관계에 유리한 제안을 점점 더 많이 내놓게 된다. 이렇게 몇 번을 돌고 난 후에 알고리즘은 우리가 '손끝으로 톡톡 치는 대로' 배우게 된다.

바로 이런 일이 네트워크에서 끊임없이 일어나고 있다. 예를 들어 어떤 플랫폼에서 우리에게 뮤직비디오를 제안할 수 있다. 우리가 제안받은 링크를 클릭하고, 이런 제안이 없었더라면 하지 않거나 그렇게 할 가능성이 희박한 결정을 내리면 알고리즘이 이를 리얼리티로 만들어 우리의 구매 결정에 영향을 끼친다. 이런 알고리즘에 관한 연구는 기업이 우리의 사고와 행위에 어떤 영향력을 미치는지에 관한 질문과도 연결된다.

저녁 늦게 튀빙겐 캠퍼스의 이제 막 오픈한 호텔 앞에 서 있는데 머리가 지끈거렸다. 아무리 둘러봐도 인간의 영혼도, 리셉션의 여직원도, 바텐더도 없었다. 나는 굳게 닫힌 유리문을 통해 회색 박스를 뚫어져라 쳐다봤다. 혹시 여기서 인공지능이 나를 시험하고 있는 것일까? 기계에 출입 허락을 받기 위해 휴대폰 메시지로 받은 코드를 문에 입력했다. 그리고 깜빡거리는 두 개의 스캐너가 달린 기계 앞에 섰다. QR 코드가 적혀 있는 이메일을 신속하게 찾고 기계가 판독할 수 있는 신분증을 불러와야 했다. 로봇이 신분증을 인식하는 시간이 영원처럼 느껴지던 순간 마그네틱 카드가 툭 튀어나왔다. 방 번호도 이메일에 적혀 있었다. 복도를 둘러보고 있을 때야 이것이 생각이 났다.

나는 완전히 탈진한 상태로 방에 들어와 문을 잠갔다. 불을 켰더니 벽에 QR 코드가 붙어 있었다. 롤 블라인드 사용법을 안내하는 비디오 링크였다. 웃음이 났다. 이곳에서 기계들이 마치 나에게 말을 거는 것처럼 느껴졌다.

그날 밤 나는 오랫동안 잠을 이루지 못했다. 내 머릿속에는 앞으로 인간과 기계의 관계가 어떻게 될 것인지에 관한 질문만이 맴돌았다. 현재 우리가 완전히 새로운 기계를 창조했다는 사실만큼은 확실하다. 수백 년이 넘도록 기계는 도구에 불과했다. 현대의 용접 로봇, GPS 지원 콤바인, 호텔 입구의 회색 박스도 일반적인 특성으로 보자면 나에게 주먹 도끼와 다를 바가 없다. 물론 현재 연구자들이 개발하고 있는 새로운 기계는 근본적으로 다르다. 로봇공학과 머신러닝을 조합해 어쩌면 인공지능이라고 불릴 자격이 있는 것이 이미 탄생했는지도 모른다.

나는 이 생각을 떨쳐버릴 수 없었다. 자르브뤼켄의 막스플랑크 컴퓨터과학연구소MPI für Informatik에 도착할 때까지 이 생각에 사로잡혀 있었다. 인터넷은 상상할 수 없도록 많은 양의 데이터를 제공하기 때문에 이곳에서는 특히 인공지능의 전제 조건인 인터넷을 연구한다. 한 연구원이 내게 말했듯이 머지않아 인터넷 접근 가능성이 인권이 될 수 있다. 그만큼 우리는 인터넷에 의존하고 있다.

코로나 팬데믹이 발생한 후 불과 며칠 만에 인터넷 트래픽이 30퍼센트 증가했다는 것이 관찰되었다. 이는 일반적으로 1년 만에 관찰되는 증가율이다. 그러니 인터넷은 위험한 인프라로 여겨질 수밖에 없다. '인터넷 기반 내비게이션'이라는 표어 자체가 이런 사고를 강조한다.

일상생활에서 인터넷이 얼마나 중요한 매체가 되었는지 직접 확인해보면, 인터넷이 상대적으로 복잡하게 얽혀 있는 네트워크로 구성된 집합체이며 이 집합체가 다양한 유형의 기업을 구축하고 관리한다는 사실에 놀랄 것이다. 프랑크푸르트에 본사를 두고 있는 독일의 인터넷망 연동 기업 데킥스DE-CIX의 경우처럼 인터넷은 원래 망과 망이 만나는 교차점이다. 여기서 전 세계 100여 개국 운영자들의 네트워크 트래픽이 연결된다. 이런 복잡성을 바탕으로 어떤 변화가 생길 때 인터넷에서 어떻게 반응하는지 이해하는 것은 우리가 극복해야 할 중대한 과제가 되었다(막스플랑크 컴퓨터과학연구소에는 이런 것들을 공부할 수 있는 일종의 시험용 네트워크가 있어서 많은 것을 안전하게 시험해볼 수 있다. 데이터 트래픽의 흐름의 변화나 사이버 공격을 시뮬레이션하고 그로 인한 네트워크의 행동을 관찰할 수 있다).

이런 큰 도전 과제들 가운데 하나가 인터넷 데이터의 급속한 증가다. 그로 인해 점점 더 우수한 검색 엔진이 요구되고 있다. 나는 1999년 실리콘밸리의 스탠퍼드 대학교에 연구원으로 갔을 때의 기억을 잊을 수 없다. 어느 날 아침 미국인 연구원이 한 손에 머핀을 들고 신이 나서 실험실에 들어와 이 소식을 전했다. "안녕 패트릭, 정확한 검색 결과를 빨리 얻고 싶으면 '구글'을 입력해봐. 스펠링에 'O'가 두 번 들어갈 거야." 스탠퍼드를 졸업한 두 청년이 창업한 스타트업은 삽시간에 인터넷 검색의 대명사가 되었다. 이는 내가 캘리포니아에 도착하기 몇 달 전에 일어난 일이었다.

여러분도 알다시피 삶은 되돌아봐야 한다. 자르브뤼켄의 한 연구원이 초창기에 구글이 이렇게 빠른 검색 알고리즘 개발에 어떻게 성공했는지 이야기해주었다. 구글의 성공 비결은 창업자인 래리 페이지Larry Page의 이름을 따서 지어진, 페이지를 분류하는 '페이지랭크PageRank'라는 알고리즘에 있었다. 페이지 랭크를 통해 웹사이트의 링크 수가 산출되고, 사이트에 링크한 횟수가 많을수록 검색 결과의 상위 리스트에 오른다. 빙고! 이렇게 구글은 전 세계 네트워크의 승자로 자리매김했다.

하지만 초창기의 성공 콘셉트는 이제 시대에 뒤떨어진 것이 되었고 검색 엔진들은 클릭 횟수에 초점이 맞춰져 있다고 연구원은 덧붙였다. 이용자가 인터넷의 특정 콘텐츠를 클릭하는 횟수가 많을수록 해당 검색어가 상위 랭크에 오른다. 쉽게 말해 시장의 선도 기업인 구글이 자신의 입지를 계속 확장해나갈 수 있다는 뜻이다. 구글이 사용자를 통해 더 많은 데이터를 수집할수록 더 좋은 검색 결과가 나온다. 우리가 제공된 링크를 새로 클릭할 때마다 우리의 결정에 대한 정보를 회사에 제공해, 향후 검색 질문에 대한 더 정확한 답변이 나올 수 있는 것이다.

인터넷은 본래의 구성 요소에서는 전혀 예상할 수 없었던 새로운 특성도 만들어낼 수 있다. 이런 시급한 현상의 중요한 예가 소셜 미디어다. 2022년 말 페이스북의 사용자는 매달 300만 명에 이르렀다. 트위터, 인스타그램, 틱톡도 인터넷 구축 당시에는 예측이 불가한 것들이었다. 전무후무한 실험이라는 점에서 우리는 기대감에 부풀 수도 있지만 네트워크가 이 모든 것을 만들어낼 수 있다는 것을 인식하고 있어야 한다. 인류의 역사에서 이렇게 많은 사람이 서로 연결되어 있었던 적은 없다.

'이것이 예술일까?' 자르브뤼켄의 한 실험실에서 거대한 공에 올라탔을 때 이런 질문이 내 머리를 스치고 지나갔다. 직경이 약 4미터인 공은 수천 개의 발광 다이오드로 되어 있었으며 사방에서 빛이 났다. 연구원은 발광 다이오드로 이곳에서 모든 유형의 빛을 조절할 수 있다고 열정적으로 설명했다.

그러면 저물어가는 해를 바라보는 사람도 가능할까? 물론이다. 카메라가 얼굴의 자세한 부분까지 색채의 변화를 담아내기 때문이다. 피부와 빛의 상호작용은 매우 복잡하지만, 고해상도 사진으로 표현하면 컴퓨터가 이 사진들에서 빛 전송 모델을 작성할 수 있다. 컴퓨터는 이렇게 다양한 채광 조건에서 인간이 어떻게 보이는지 배우고, 나중에 거의 임의의 채광 조건에서 실제 같은 인물 모델을 작성할 수 있다.

우리도 이미 알고 있는 이 놀라운 기술은 인공적인 인물, 즉 아바타를 만들기 위해 영화 산업에서 사용되고 있다. 이를 위해서는 다양한 각도에서 각각의 측면을 측정해야 한다. 배우의 움직임뿐만 아니라 신체의 기하학적 구조(입체적 특성), 소재의 조명, 물체와의 상호작용 등 모든 것이 각각 표현되어야 한다. 이를 위해 모션 캡처 수트Motion Capture Suit, 즉 배우의 움직임을 포착할 수 있도록 마킹이 된 전신복이 필요하다. 이렇게 수집된 데이터를 컴퓨터에서 수고스럽게 합성한 뒤에야 아바타를 만들 수 있다.

그런데 이곳 연구원들의 접근 방식은 다르다. 한 사람이 아주 평범한 옷을 입고 큰 공간에서 움직인다. 이 공간을 빙 둘러 그린

스크린과 총 120개의 카메라가 설치되어 있어서 데이터가 손상 없이 광케이블을 통해 전달될 수 있다. 여기서 단 한 개의 (아주 풍부한 데이터가 담긴) 필름 시퀀스가 수집되고 모든 파라미터가 산출되며, 이를 이용해 컴퓨터에서 실제 모습이 구현된다. 물론 이 과정에도 도전 과제와 우회로는 있다. 인간은 컴퓨터에서 리깅rigging(3D 컴퓨터 애니메이션에서 캐릭터의 뼈대를 만들어 심거나 뼈대를 할당해 캐릭터가 움직일 수 있는 상태로 만드는 일-옮긴이)을 통해 최소 골격으로 분해되고, 이 골격이 움직임을 핵심적으로 표현하며 아바타를 조절하는 데 사용된다.

연구원은 내게 짓궂으면서도 즐거운 표정으로, 화면에서 춤을 추거나 얼굴을 찡그리고 있는 사람들의 영상을 보여주었다. 그가 이 사람들이 신기술을 이용해 컴퓨터로 창조한 가상 인간이라고 밝혔을 때 나는 너무 놀라서 입을 다물 수 없었다. 가상 복제 인간은 디테일도 충실하고 실제와 너무 똑같아서, 나는 이 애니메이션이 실제 영화라고 생각했다. 게다가 영화배우가 있는 것도 아니었다! 가상 세계에서는 이미 믿을 수 없을 정도로 자연스러운 신체 언어, 완벽에 가까운 표정과 제스처가 가능하다.

그러자 이런 질문이 바로 떠올랐다. 이 기술을 통해 우리에게 어떤 가능성이 열릴까? 어떤 위험이 숨겨져 있을까? 우리는 이 기술을 어떻게 다뤄야 할까? 퍼뜩 이런 생각이 떠올랐다. 인간이 가상 인간과 사랑에 빠질 수도 있겠구나. 챗GPT 같은 언어 모델과 조합해 24시간 내내 가능한 훌륭한 대화 파트너가 탄생할 것이기 때문이다. 이것이 단절을 일으키고 인간관계를 축소할까?

실제로 인간이 매일 컴퓨터와 기계를 다룸으로써 사회에 미치는 영향이 커지고 있다. 이런 영향을 집중적으로 연구하는 곳이 자르브뤼켄과 카이저스라우테른의 막스플랑크 소프트웨어 시스템 연구소MPI für Softwaresysteme다. 컴퓨터과학자들과 사회과학자들은 이곳에서 전공을 초월해 컴퓨터 시스템이 우리의 삶에 어떤 변화를 줄지 연구하고 있다.

디지털 마켓플레이스, 공공장소, 결정 지원이든 간에 컴퓨터과학은 인간에게 도움이 되어야 한다. 그러나 이 시스템은 조작, 심지어 사회 분열을 일으킬 가능성도 풍부하다. 우리는 네트워크상의 불투명성, 편견, 차별을 관찰해왔다. 실제로 과장이나 분열을 조장하도록 조절되는 알고리즘이 있다. 게다가 이런 알고리즘은 정확도도 높고 우리에게 (거부하기 어려운) 특정한 의견, 파트너, 제품을 제안한다. 이런 분석은 우려할 만한 수준이다.

그렇다면 해결책이 있을까? 하나는 네트워크의 위험과 악용을 즉시 밝히고 규제를 하는 것이다. 다른 하나는 상업적 목적으로 사용되지 못하도록 지능형 시스템을 개발하는 것이다. 둘 다 독립적인 학문의 중요한 과제다.

연구자들은 인류의 행복을 위해 새로운 기술을 유용하게 활용하는 데 어떤 기여를 해야 할까? 실제로 기술 연구는 실생활에서 많이 활용되고 있다. 인공지능은 이미 우리 삶의 영역으로 깊이 파고들었다. 따라서 이런 시스템의 개발을 위해 긴밀한 다학제간 협력이 필요하다. 이곳 연구소가 교육자들과 공동으로 개발한 가상 학습 시스템이 있는데, 관심이 있는 학생들은 소프트웨어와 상호 작용을 하며 잠시 자율 학습을 할 수 있다.

의학 영역에서도 새로운 방식으로 활용되고 있다. 코로나 팬데믹 동안 많은 사람이 바이러스에 감염되는 이유를 왜 더 정확하게 알지 못하는지 궁금해했다. 이 질문의 답은 간단하다. 감염 연구에 필요한 데이터가 없거나 부족하기 때문이었다. 우리는 매일 휴대폰을 통해 엄청난 양의 데이터를 수집하지만 이런 정보 대부분은 기업에만 제공되고 연구용으로는 제공되지 않는다. 익명의 데이터를 연구에 더 많이 활용할 수 있다면 일반적으로 얻을 수 없는 의학 지식이 생성될 것이다.

하지만 스마트폰 사용자가 자신의 데이터 일부가 연구 목적으로 사용된다는 것에 동의해야 한다. 또한 특정한 사람들과의 상관관계가 생성되지 않도록 데이터가 안전하게 분석되어야 한다. 이는 출처, 즉 스마트폰에서 데이터를 직접 암호화하는 새로운 소프트웨어를 통해 가능하다. 데이터와 사용자의 상관관계가 절대로 생성되지 않게 하는 한 가지 방법이 암호를 파괴하는 것이다. 이 경우에는 악용이 불가능하다.

보훔의 막스플랑크 보안 및 개인정보보호 연구소MPI für Sicherheit und Privatsphäre에서는 어떻게 하면 우리 자신과 데이터를 더 안전하게 보호할 수 있을 것인지에 관한 질문을 다룬다. 이 연구소를 방문했을 때 직원들은 대학 캠퍼스의 2층짜리 임대 사무실에서 지내고 있었다. 몇 년 후에는 아주 놀라운 신축 건물이 자동차 회사 오펠의 예전 공장 부지에 세워질 것이라고 한다. 이 지역은 대규모의 구조 변혁을 겪었는데 그 과정에서 과학이 핵심적인 역할을 했다. 현재 보훔의 연구원들은 컴퓨터 시스템을 물리적 공격으로부터 어떻게 보호할지 연구하고 있다. 예를 들면 전기장의 변화로 컴퓨터 공격을 먼 거리에서도 감지하는 것이다.

앞으로 어떤 일이 벌어질까? 기계와 함께하는 미래는 어떤 모습일까? 우리는 어떤 희망을 품을 수 있고, 무엇을 대비해야 할까? 한 가지 확실한 사실은 인간이 인지와 움직임으로 구성되는 원을 연결함으로써 학습하는 기계를 창조했다는 것이다. 이제 기계는 환경을 인식하고, 결정을 내리고, 행동을 실행에 옮긴다. 스스로 움직이고 새로운 통찰을 쌓아가며 미래를 예측할 뿐만 아니라 검토도 한다. 쉽게 말해 자신만의 경험을 한다. 이렇게 기계는 생명체처럼 계속 발전할 수 있다. 그 결과 기계는 점점 발달하고 많은 영역에서 대체 불가한 존재가 될 것이다. 그래서 보훔 연구소에서는 디지털 단말기 사용이 우리의 정신 건강에 어떤 영향을 끼치는지 연구하고 있다.

신기술이 항상 그렇듯이 학습할 수 있는 로봇과 인공지능에는 기회와 위험이 공존한다. 이런 면에서 학문이 짊어져야 할 특별한 책임이 있다. 연구자들은 자신의 연구가 끼칠 영향을 끊임없이 생각해야 한다. 무엇이 유용하고, 미래에 무엇이 가능할지 소통해야 한다. 튀빙겐에서는 이미 연구자들과 대중의 대화가 이뤄지고 있다. 기술적으로 유용한 것을 통해 무엇을 원하는지에 대한 사회적 논의가 이미 시작되었다. 궁극적으로는 정치인들이 국민의 행복을 위해 신기술이 사용될 수 있는 법적 토대를 마련해야 한다.

인공지능의 예에서 볼 수 있듯이 기초 연구와 응용 연구는 불가분의 관계에 있다. 다음 장에서 다룰 양자물리학도 마찬가지다. 미래의 컴퓨터는 실용성과 거리가 먼 양자물리학을 통해 탄생할 것이고, 이런 양자컴퓨터가 현재 해결이 불가능하다고 여겨지는 특정한 과제에 대해 초대형 고성능 컴퓨터를 능가할 날이 올 것이다. 이제 이런 물질의 세계로 더 깊이 들어가 보자.

9장

양자와 신소재

물질의 근원에서 새로운 가능성을 발견하다

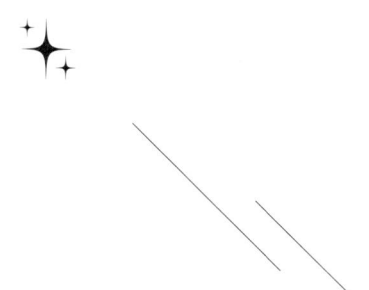

'뭐라고요? 원자의 특성을 파악했다고요?'

순간 이 질문이 머리를 스치고 지나갔다. 믿을 수 없지만 사실이었다. 가르힝의 막스플랑크 양자광학연구소MPI für Quantenoptik의 한 연구원이 공간에서 지정된 위치에 각 원소를 배치하는 데 성공했다고 보고했다. 그는 어떤 예술 작품이라고 해도 그럴 수는 없을 만큼 너무나 자유롭게 이것을 설명했다. 그에 따르면 일단 광 그리드를 생성시켜야 한다. 이를 위해 여러 개의 중첩된 레이저 빔을 이용한다. 그리고 각각의 원소들을 이 레이저 그리드의 지정된 위치에 놓는다. 그는 곧 수만 개의 원소가 광 그리드에 위치가 배정될 것이라고 본다.

가르힝 연구소에서 나온 원자 그리드 구조는 그저 빛나는 학문적 성과에 머무르는 게 아니라 기술적으로 활용될 잠재력이 충분히 있다. 연구원들이 하이테크 장치에서 만드는 것은 최소 스칼라인 양자 영역에서 정보를 저장할 수 있는 시스템이기 때문이다. 이 시스템은 그리드에서 원자의 에너지 상태를 조절할 수 있어서 저장은 물론이고 가공도 가능하다. 연구원들은 이 원칙을 바탕으로 양자컴퓨터를 제작할 수 있기를 바란다.

여기서 가장 중요한 질문이 있다. 이 원칙을 현실에 적용할 수 있을까? 만일 그렇다면 조만간 양자컴퓨터가 탄생할 것이고 우리에게 무한한 가능성이 열릴 것이다. 이곳 가르힝에서는 그런 날이 오리라 믿는다. 그리고 현재 이 연구소는 전 세계의 수많은 인재를 자석처럼 끌어들이고 있다. 젊은 과학자들이 광학 테이블과 레이저 장치를 둘러싸고 미래의 컴퓨터를 발명하기 위해 몰려오고 있다. 양자컴퓨터에 대한 전망은 과학계에 큰 관심을 불러일으키고 있을 뿐만 아니라 정치계와 경제계에서도 완전히 새로운 유형의 컴퓨터를 개발한다는 생각에 들떠 있는 듯하다.

도대체 양자란 무엇일까? 막스 플랑크는 19세기에서 20세기로 넘어가는 격변의 시기에 양자의 세계를 발견하고 고전물리학에 지각 변동을 일으킨 인물이었다. 그는 에너지가 단순히 임의의 값을 수용할 수 없다는 것을 알아냈다. 에너지는 임의의 양으로 사용할 수 있는 게 아니라 지정된 할당량의 형태로, 다시 말해 '아주 작은 에너지 덩어리Energie-Häppchen'로 존재한다는 것이다. 에너지는 '양자화'되어 있다. 즉 쪼갤 수 없는 가장 작은 패킷, 바로 양자로 구성된다. 광자, 즉 빛의 입자뿐만 아니라 전자와 같은 기본 입자도 양자에 해당한다. 플랑크는 이처럼 중대한 통찰에 대한 업적을 인정받아 1918년 노벨물리학상을 수상했다.

양자 자체는 유령 같은 존재다. 양자는 우리 주변의 거시적 세계에 속한 것들과 완전히 다르게 행동한다. 우리가 어떻게 관찰하는지에 따라 양자는 파동으로 나타날 수도 있고 입자로 나타날 수도 있다. 그리고 우리가 양자를 관찰할 때마다 양자는 변한다. 이처럼 수수께끼 같은 양자의 행동은 100여 년 전부터 알려져 있었지만 지금도 우리는 양자의 행동을 상상하는 것조차 어려워한다.

이런 상황이기 때문에 기존의 컴퓨터로 얼마든지 더 쉽게 할 수 있고 원래 명확한 논리를 따라야 하는 연산을 수행한다고 하니, 연구자들이 양자로 연산을 한다고 하면 뭔가 미심쩍었다. 내가 배운 바에 따르면 이렇게 이상하게 여겨지는 특성이 미래의 양자컴퓨터에 엄청난 이점이 될 것이라고 한다.

연구소로 가는 길에 나는 연구원에게 어떻게 양자를 이용해 연산하는지, 심지어 강력한 성능의 컴퓨터를 어떻게 양자로 제작할 수 있는지 물었다. 그러자 그는 기존의 컴퓨터는 비트Bit, 즉 이진수로 연산을 한다는 점을 상기시켰다. 비트는 0이나 1의 값을 수용할 수 있는 컴퓨터의 최소 정보 단위다. 비트를 이용해 정보는 디지털로 저장된다. 여기까지는 잘 알려져 있다. 바로 그때 우리는 실험실을 지나쳐 갔다. 유리 사이로 케이블과 레이저 장치의 진동을 차단하는 무거운 철제 테이블이 보였다.

양자컴퓨터는 비트 대신 양자 비트, 즉 큐비트Qubit를 사용한다. 비트와 마찬가지로 큐비트는 최소 정보 단위다. 하지만 큐비트는 다양한 양자의 상태로 동시에 존재할 수 있으며 정보 읽기가 끝난 후에야 상태를 알 수 있다. 큐비트는 비트처럼 값이 처음부터 정해져 있는 게 아니다. 게다가 큐비트마다 값도 다르다. 양자는 교차되어 있고 양자의 상태는 서로 연결되어 있다. 그렇게 설명을 들었지만 나는 궁금해서 그냥 넘어갈 수 없었다. 이런 형태의 연결이 양자의 세계에서 지극히 정상적이라는 확인이 필요했다.

양자의 특성은 이렇게 뒤죽박죽일지 모르지만 양자컴퓨터가 지닌 엄청난 잠재력은 바로 이해되었다. 연구원은 몇 큐비트만으로도 엄청난 양의 연산을 수행할 수 있고 특정한 연산에 대해서는 기존의 컴퓨터보다 훨씬 우수하다고 설명을 덧붙였다. 아주 작은 큐비트만 있어도 양자컴퓨터 한 대를 충분히 제작할 수 있다. 이론적으로는 300큐비트로 우주에 존재하는 원자보다 많은 양의 정보를 저장할 수 있다고 한다. 나는 상상조차 하기 어려운 큰 숫자를 듣고 믿을 수 없어서 고개를 내저었다. 이것은 0의 개수가 무려 90개인 수, 10^{90}이다. 물리학자들이(그들뿐만이 아니다) 양자컴퓨터의 전망에 흠뻑 빠져 있는 것도 놀랄 일은 아니다.

일상에서 사용할 수 있는 양자컴퓨터를 만나려면 좀 더 기다려야 한다. 이곳 연구원들은 10~20년 정도 걸릴 것이라 예측한다. 이미 여러 차례 언급했지만 이런 기계를 제작하는 일은 만만치 않다. 장기적으로 양자컴퓨터가 어떤 부품들로 구성될지도 아직 명확하지 않다.

기존 컴퓨터의 기초를 이루는 부품은 전기 스위치처럼 작동하는 트랜지스터다. 현대의 컴퓨터 칩에는 수십억 개의 소형 트랜지스터가 들어 있다. 시간이 지날수록 트랜지스터도 점점 작아져서 한 개의 마이크로칩에 들어가는 개수가 점점 더 많아지고 있다. 이렇게 계속 소형화를 추구하다 보면 자연적 한계에 도달할 것이므로 이런 소형화 과정은 머지않아 멈출 것이다. 그러면 트랜지스터가 너무 작아져서 곧 양자의 세계에 근접할 것이다. 2030년이면 회로 개발의 소형화가 끝날 것이라고 연구원들은 예상한다. 그다음에는 기존의 컴퓨터가 성능 한계에 도달해, 소형화를 통해서는 더는 개선될 수 없는 상황에 이를 것이다.

양자컴퓨터에는 기존의 트랜지스터 대신 어떤 것이 등장할까? 가르힝 연구소의 연구자들은 앞에서 언급했던 광 그리드의 원자들을 활용하지만 이온 트랩ion trap을 사용하는 방법도 있다. 이렇게 해야 진공 상태에서 하전된 각각의 입자들이 표면과 접촉하지 않고 저장될 수 있다. 구글은 제3의 방법을 추구하고 있다. 초전도 양자 회로로 이뤄진 양자컴퓨터를 만들겠다는 것이다. 이런 회로에서는 전류가 저항 없이 흐르기 때문에 양자의 특성이 오랫동안 보존될 수 있다. 쉽게 말해 정보가 저장된다. 하지만 초전도 현상은 극저온에서만 일어난다. 절대 0도에 가까워진 후에야 손실 없이 전류가 이동한다. 이 문제 때문에 현실적으로는 이런 회로로 변환하고 대형 시스템을 구축하기 어렵다.

양자컴퓨터 제작과 관련해 해결해야 할 난제들이 있다. 그중 하나는 '양자 결어긋남Quantum decoherence'이다. 쉽게 설명하면 시스템이 커질수록 양자역학적 특성을 더 많이 잃어버린다는 현상이다. 모든 양자 시스템은 저장되어 있는 양자 정보를 파괴하는 결어긋남을 겪는다. 결어긋남으로 인해 오류가 발생할 수 있기 때문에 큐비트를 읽고 제어하는 것이 또 한 가지 난제다. 하지만 그와 동시에 기존의 컴퓨터와 비교해 양자컴퓨터의 실질적인 장점도 간과해서는 안 된다.

양자컴퓨터의 잠재적인 유용성을 알아내기 위해 연구소에서는 양자컴퓨터가 오늘날의 슈퍼컴퓨터로는 실행할 수 없거나 거의 불가능한 연산 중 어떤 것을 수행할 수 있는지 연구하고 있다. 한 연구원이 그동안의 연구 결과를 이렇게 요약했다. 양자컴퓨터는 많은 연산 단계를 동시에 실행할 수 있지만 기존의 컴퓨터는 대개 단계별로 연산을 처리한다. 그러나 (데이터를) 읽을 때 한 가지 결과만 '측정되기' 때문에 장점만 있는 것은 아니다. 병렬성의 장점이 사라지기 때문이다.

그래서 전 세계 연구자들은 이런 장점을 보존할 알고리즘을 찾고 있다. 일정한 수학적 질문에 대해서는 이미 알고리즘을 찾았다. 재료과학이나 양자화학적 측면에서 나온 질문에 대해서는 양자컴퓨터의 장점이 기대된다. 가르힝의 연구자들은 심지어 실험실의 불완전한 양자컴퓨터로도 이미 특수한 과제들을 해결할 수 있다며 열광하고 있다.

아직 극복해야 할 장애물이 많지만 양자컴퓨터를 만들겠다는 학자들의 의지는 확고하다. 이들은 벌써부터 성능을 높이기 위해 양자컴퓨터가 네트워크화되었을 때를 준비하고 있다. 미래에는 양자컴퓨터들로 연결된 인터넷이 가능할까? 아무튼 학자들은 각각의 양자컴퓨터를 대형 구간을 통해 어떻게 연결할 수 있을지도 벌써부터 연구하고 있다.

큐비트는 복사도, 복제도 불가능하기 때문에 절대적으로 안전한 데이터 전송이 이런 네트워크의 장점일 것이다. 하지만 양자 신호는 쉽게 약해지기 때문에 양자 정보는 임의의 긴 구간을 통해 전송될 수 없다. 그래서 전송된 양자 정보를 다시 '리프레시'하기 위한 접합점, 즉 양자 중계기quantum repeater가 필요하다. 이런 기적의 기계를 어떻게 만들 것인지에 대해서도 이미 연구 중이다. 학자들은 기술적 돌파구가 언제 나타날지 지켜보며 달릴 준비를 하고 있다.

양자에 관심이 있는 사람들에게 가르힝 연구소는 최고의 환경이다. 오랜만에 이 연구소 출신의 다정다감한 노벨상 수상자를 만나 식사를 하면서 그런 생각이 들었다. 독일의 물리학자 테오도어 헨슈Theodor Hänsch는 여든이 넘었지만 여전히 질문하길 좋아한다. 언제 어디서나 그는 호기심 어린 눈을 빛내며 어린아이 같은 지식 욕구를 숨기지 않는다.

1998년에 헨슈는 광학 주파수 빗Frequency comb을 개발하는 데 성공했다. 이는 레이저 광선을 사용하는 주파수 빗으로 빛의 주파수, 에너지 혹은 색깔을 고도로 정밀하게 측정할 수 있다. 이로써 주파수 빗은 다양한 활용이 가능해졌는데, 예를 들면 양자컴퓨터에서는 원자 같은 것들이 주파수 빗으로 정확하게 제어될 수 있다.

이 연구소에서 진행되는 연구는 이미 노벨상감이지만 2023년 10월 초 페렌츠 크러우스Ferenc Krausz의 노벨물리학상 수상을 축하하기 위해 다시 이곳을 방문하리라고는 생각지도 못했다. 헝가리계 오스트리아 물리학자인 그는 아토초 물리학Attosekundenphysik이라는 새로운 연구 영역을 창시했다. 그리고 1펨토초Femtosecond보다 작은 아주 짧은 레이저 펄스를 생성시켜 전자의 아주 빠른 운동을 추적하는 데 성공했다. 그는 이것이 조기에 암을 발견하기 위한 새로운 진단법을 개발하는 기술로 발전될 것이라며 아주 열정적으로 설명했다.

이토록 매력적인 양자의 세계에 대해 더 많은 것을 알게 된 건 에를랑겐의 막스플랑크 광물리학연구소에 있는 한 젊은 과학자의 연구실에서였다. 나는 수십 개의 복잡한 수학 공식들이 잔뜩 쓰여 있는 화이트보드 앞에 서 있었다. 그는 화이트보드에 뭔가 쓸 공간을 만들고는 아주 단순한 도식을 이용해 미래에 인공지능과 양자컴퓨터가 어떤 결과를 내고 서로 유익한 관계가 될지 설명하려고 했다. 내가 이해한 바에 따르면 이렇다. 양자컴퓨터의 구조를 머신러닝의 규칙에 맞출 수 있다면 이런 장치들은 놀라운 성능을 갖출 것이다.

화이트보드 옆에는 여러 개의 알록달록한 추상적인 예술 작품들이 걸려 있었다. 내가 이 작품들이 무엇이냐고 묻자 그는 웃으면서 독일의 전자공학자 콘라트 추제Konrad Zuse의 원본이라고 대답했다. 추제가 최초의 컴퓨터를 만들었다는 건 이미 알고 있었다. 놀라서 나는 그림들을 바라봤고, 그중 하나에 눈길이 갔다. 그 그림에는 1965년도의 서명이 있었다. 나는 다시 화이트보드로 시선을 돌렸다. 이 그림들의 붓놀림과 불명료함이 왠지 그가 푹 빠져 있는 양자의 세계를 보여주는 듯했다.

양자물리학자들은 오랜 전통 속에서 양성되어왔다. 가르힝에서 얼마 떨어지지 않은 곳에 있는 영국 정원에는 이 연구소의 모체인 막스플랑크 물리학연구소MPI für Physik가 있다. 나는 건물 앞에 서서 마치 단편 영화와도 같은 양자물리학의 역사를 떠올렸다.

이곳에 연구소가 설립되기 전에 베를린에서 1917~1933년 동안 연구소를 이끌었던 사람은 알베르트 아인슈타인이었다. 막스 플랑크가 아내 마르가Marga와 함께 라이네 강변의 도시로 피난을 간 후, 1948년 괴팅겐에 다시 연구소가 개관되었다. 얼마 후 독일의 화학자 오토 한과 독일의 물리학자 베르너 하이젠베르크Werner Heisenberg가 니더작센의 대학 도시로 왔다. 연합군은 물리학자들이 원자 폭탄 제작에 참여했을 것이라고 여겼기에 종전 후 두 사람은 반년 동안 케임브리지의 팜홀Farm Hall에 억류되어 있었다. 이후 하이젠베르크의 바람대로 물리학연구소는 1955년에 뮌헨으로 이전되었다.

나는 인상적인 옥외 계단을 올라 위층에 있는 위대한 양자물리학자들의 옛 연구실로 갔다. 작은 방은 하이젠베르크가 사용했던 가구들이 그야말로 소박하게 채워져 있었다. 그 모습은 사람들이 으레 위대한 사상가에게 기대하는 것과 같았다. 방 안으로 발을 디디는 순간, 하이젠베르크의 불확정성 원리Heisenbergsche Unschärferelation가 떠올랐다. 이는 쉽게 말하면 입자의 위치와 움직임을 동시에 임의로 정확하게 규정할 수 없다는 것이다. 하지만 이것은 우리의 측정 방식과 아무 관련이 없다. 양자 세계의 불확실성은 근본적인 특성이기 때문이다. 1927년에 이미 하이젠베르크가 입증했듯이 양자 세계의 불확실성은 근본적인 인식의 한계를 보여준다.

과학사에 한 획을 그은 인물들이 활동했던 장소에 오니 가슴이 두근거렸다. 이 연구소에는 다른 유명한 물리학자들도 활동했는데, 그중 한 사람이 카를 프리드리히 폰 바이츠제커Carl Friedrich von Weizsäcker다. 하이젠베르크와 한처럼 그도 영국에 억류되어 있었고, 특히 과학의 정치와 사회적 책임을 다하기 위해 전력을 다했다.

역사는 계속 이어져 2024년 가르힝에 하이젠베르크 연구소 신축 건물이 세워졌다. 이곳에는 같은 소속의 연구소들이 모여 있다. 막스플랑크 물리학연구소에서 시작해 막스플랑크 양자광학연구소, 막스플랑크 플라스마물리학연구소MPI für Plasmaphysik, 막스플랑크 천체물리학연구소와 막스플랑크 외계물리학연구소가 이곳에 설립되었다.

세계적인 물리학자들의 후배들은 어떤 연구를 하고 있을까? 이런 점에서 이 연구소는 지금까지 초심을 잃지 않고 있다. 연구원들은 물질의 기본을 이루는 구성 요소와 상호작용을 꾸준히 연구하고 있다. 입자물리학의 경우 특히 실험과 이론을 결합했을 때 아직 발견되어야 할 게 많다. 이 연구소는 2012년 언론을 통해 '신의 입자'로 알려진 힉스 입자Higgs boson를 밝혀내는 과정에 참여했다. 1960년대에 이미 피터 힉스Peter Higgs는 이런 입자가 존재하리라 예측했는데 약 반세기 만에 사실로 입증되었다.

입자물리학의 표준 모형을 이론적으로 뒷받침하고 완성할 수 있다는 측면에서 힉스 입자의 증명은 중요했다. 쉽게 말해 모든 물질은 원소로 구성되고 이 원소들은 원자핵과 전자껍질을 갖고 있다는 게 물질의 표준 모형Standard Model이다. 원자핵은 양성자와 중성자로 이뤄져 있고, 이것은 각각 세 개의 쿼크Quark(더 작은 입자로 쪼개지지 않고 그 자체로 가장 근본적인 입자-옮긴이)로 구성된다. 쿼크는 다른 입자들, 즉 글루온Gluon을 교환하기 때문에 쪼갤 수 없고 함께 뭉쳐 있다.

표준 모형은 우리가 1장에서 살펴봤던 중력물리학과 잘 맞지 않는 부분이 있다. 그래서 이 연구소에서는 입자물리학과 중력물리학의 다리 역할을 할 끈 이론string theory도 연구하고 있다. 끈 이론은 물리학의 대통일 이론grand unified theory을 탄생시켜 여전히 결론이 나지 않은 물질의 구조와 행동을 규명할 수 있을 것이다. 이렇게 오랫동안 갈망해왔던 대통일 이론을 정립하는 날이 올 때까지는 물질의 표준 모형에 만족해야 한다. 여기서 '만족한다'는 말은 무슨 의미일까? 이 이론은 아주 잘 통하지만 중력은 소우주Mikrokosmos에서 입자의 상호작용을 규명하는 데 필요하지 않기 때문에 고려되지 않을 때가 종종 있다. 왜 그럴까? 우리가 별, 행성,

달의 중력을 통해 알고 있듯이 중력은 큰 물질에서 다룬다.

물론 입자물리학의 표준 모형이 완벽에 가까울지라도 부족한 부분이 있다. 그래서 암흑 물질을 규명할 수 없는 것이다. 우리가 이 여행의 첫 단계에서 만났던 암흑 물질은 여전히 미스터리다. 아직도 우리는 암흑 물질이 어떤 입자로 구성되어 있는지 모른다.

이곳 연구소에서는 그 후보로 아직 아무도 발견하지 못한 가설상의 입자인 액시온axion을 소개했다. 실제로 액시온이 존재한다면 이 액시온의 흔적을 어떻게 찾을 수 있을까? 이를 위해 연구소에서는 특수 탐지기를 제작했는데, 함부르크의 독일 전자 싱크로트론 연구소Deutsches Elektronen-Synchrotron, DESY에서 사용되고 있다고 한다. 이 연구소의 연구원들은 암흑 물질을 분석할 뿐만 아니라 직접 생성시키고자 한다. 이를 위해 이들은 제네바의 100미터 지하에서 양성자를 충돌시켜, 어둠 속에 실낱같은 빛이 되어줄 대형 실험에 참여하고 있다.

수백, 아니 수천 명이 수십 년에 걸쳐 이 연구를 진행하고 있지만 결과물도 확실치 않은 프로젝트를 끌어가려면 엄청난 동기가 부여되어야 한다. 아마도 물리학이 가장 큰 것과 가장 작은 것을 거의 경이에 가깝게 서로 연결한다는 것이 동기가 되는 게 아닐까 싶다. 암흑 물질이 존재한다는 암시는 우주에서 왔고, 물리학자들은 지상의 거대한 실험실에서 암흑 물질을 구성하는 아주 작은 기본 입자를 찾고 있다. 우주가 무엇으로 구성되고 근본을 이루는 물질이 어떻게 생겼는지 알아야 비로소 우주를 이해할 수 있다. 괴테와 대화하기 위해 내면의 세계가 무엇으로 서로 연결되어 있는지 깨달아야 하듯이 말이다.

천체입자물리학은 바로 이런 것을 찾는 학문으로, 하이델베르크 북쪽에 있는 막스플랑크 핵물리학연구소MPI für Kernphysik의 다른 연구 영역들과 함께 연구를 수행한다. 연구소의 로비에 들어갔을 때 축구공처럼 생긴 멋진 분자 모형이 눈에 띄었다. 이 모형은 버크민스터풀러렌Buckminsterfullerene, 줄여서 풀러렌이라고도 하는 특이한 물질의 구조를 나타낸 것으로 60개의 탄소 원자들이 모여 오각형과 육각형으로 이뤄진 공 모양으로 되어 있다.

풀러렌은 아주 잘 알려진 다이아몬드와 흑연과 마찬가지로, 같은 종류의 원소로 이뤄졌으나 다른 형태를 지닌 탄소의 동소체다. 1970년에 이미 풀러렌이 존재하리라고 예측되었으나 1985년이 되어서야 레이저를 이용해 흑연을 기화시켜 생성됨으로써 그 존재가 밝혀졌다. 3년 후 이곳 연구소에서 최초로 그을음에서 풀러렌의 흔적을 입증했고, 이 물질이 자연적으로 탄소가 변형된 형태라는 사실을 보여주었다.

나는 1990년대 초반 하이델베르크의 어느 강의에서 '축구공 분자'를 알게 되었던 때가 떠올라서 웃었다. 갓 대학에 들어온 나는 불과 몇 킬로미터 떨어진 곳에서 이 놀라운 물질이 발견되었다는 사실을 전혀 몰랐다. 우리 삶의 시간은 대부분 그렇게 흘러가는 듯하다. 흔히 우리는 주변에서 일어나는 일들을 당연하게 여긴다. 이런 일들을 세상 밖으로 끄집어낸 최초의 사람 또는 처음 발견하거나 이름을 붙이거나 만든 사람인데도 대부분은 알려지지 않은 채 있다. 학문에서는 그런 일이 훨씬 드물다. 이런 사람들을 통해 항상 존재했지만 알려지지 않았던 것이 종종 발견된다. 학자로서 절대 잊을 수 없는 유레카 모멘트가 올 때까지, 그 순간을 체험할 때까지. 숱한 비밀들 가운데 한 가지 사실을 발견하는 것은 그야말로 경이롭다.

나는 이런 생각에 잠시 잠겨 있었다. 그도 잠시, 한 연구원이 바로 나를 데리러 왔다. 현재 이곳 연구소에서는 성간화학을 다룬다고 했다. 성간화학? 이게 대체 무엇일까? 그는 나를 대형 홀로 안내했고 우리는 철문을 지나 전시관에 도착했다.

실험 공간 아래쪽으로 시선이 갔다. 그곳에는 세계에서 하나뿐인, 매우 인상적인 장치가 있었다. 장치 안에는 은색으로 된 관들이 둘레가 약 35미터인 하나의 정사각형 구조로 연결되어 있었다. 곧 나는 이것이 극저온 저장 링Cryogenic Storage Ring이라는 사실을 알게 되었다. 이 링을 이용해 성간운의 조건에서 시뮬레이션을 할 수 있다고 한다. 성간운의 바깥 부분은 극도로 추울 뿐만 아니라 저 먼 우주에서 사실상 공간은 비어 있다. 그럼에도 성간운을 구성하고 있는 많은 물질이 이미 밝혀졌다고 한다.

우주의 화학물질들이 어떻게 형성되는지는 아직 알려진 게 많지 않다. 이제 연구원들은 저장 링을 이용해 그 비밀을 밝혀내려고 한다. 나는 링의 내부 온도를 절대 0도에 가까운 섭씨 영하 273도로 어떻게 유지할 수 있는지 궁금했다. 그러자 연구원이 웃으면서 비법이 있다고 했다. 실험이 진행되는 차가운 진공 주변에는 또 다른 진공이 생성되어 있다. 진공 상태인 외부의 링이 고립시키는 역할을 할 뿐만 아니라 실험 중에 공기의 습도가 들어오지 못하게 막아주어 얼음이 생성되지 않는다. 이 '쿨한' 비법을 알게 된 나도 웃었다.

연구원은 이 링에 많은 이온, 즉 정상적인 환경에서는 즉시 다른 입자들과 반응을 일으키는 H_3^+나 OH^- 같은 하전된 입자들을 저장할 수 있다고 설명해주었다. 이온이 장치에 포착되면 차분히 이 이온들로 실험하고 특성을 연구할 수 있다. 그러면 연구원들은 우주 공간 밖에서 물이 어떻게 만들어질 수 있는지도 연구할 수 있다.

그제야 나는 이 저장 링을 이용해 물리학자들이 일반적으로 저 먼 우주에서 일어나는 프로세스를 연구할 뿐만 아니라 화학 이해의 폭을 넓히는 데 기여하고 있음을 깨달았다. 이곳 연구원들은 환경에 변화를 주어 화학에 변화를 일으킨다. 그리고 우주 공간을 실험실로 가져와 우주화학을 연구한다.

물리학자들의 야망은 양자와 물질에 관한 연구에만 머무르지 않는다. 이들은 새로운 물질을 창조해 자신의 지식을 응용하려고 한다. 양자 물질을 통해 이들은 물질의 구조에 대한 뜻밖의 통찰을 발견하고 새로운 기술의 가능성을 연다. 그럴 수 있는 이유는 양자 물질이 놀라운 특성을 보이는 경우가 종종 있기 때문이다. 초전도체, 반도체, 자석과 같은 매력적인 물질이 이에 해당한다. 발광 다이오드는 요즘 모든 자동차의 서치라이트에서 볼 수 있고 전구와 비교할 때 막대한 빛 산출량을 지닌다. 양자 물질은 이런 발광 다이오드를 생산할 때만큼이나 태양전지를 제조할 때도 중요한 역할을 한다.

나는 이런 양자 물질에 대해 더 많은 것을 알고 싶어서 함부르크의 독일 전자 싱크트론 연구소로 향했다. 함부르크 바렌펠트의 입자가속기가 있는 이 지역에 올 때마다 새로운 건물, 홀, 공사장을 발견한다. 그중 막스플랑크 물질 구조 및 역학 연구소MPI für Struktur und Dynamik der Materie는 2023년에야 신관에 입주했다.

한 연구원이 새로운 공간들을 안내하면서 양자 물질이 정확하게 무엇이고 여기서 어떤 방식으로 연구하고 있는지 신이 나서 설명했다. 이런 신소재의 특성은 주로 전자껍질에서 양자의 특성으로 나타나는데, 쉽게 표현하면 물질에서 전자들이 연합하는 것이다. 이런 상호작용을 통해 특수한 전기 전도율electrical conductivity 같은 새로운 특성이 발생한다. 미시적인 물질 구조를 지닌 경우 특히 흥미롭다. 독특한 역학을 펼칠 수 있는 기이한 양자 현상이 나타나기 때문이다. 연구원들은 이런 마이크로 구조를 창조하기 위해 집중적인 이온 빔을 사용한다. 분자 메스처럼 물질로 이뤄진 이런 빔은 아주 작은 전기 회로들로 잘라낼 수 있어서 연구를 계속 진행할 수 있다.

양자 물질은 새로운 전기적 특성을 띨 뿐만 아니라 놀라운 자기 현상도 나타낸다. 막스플랑크 복합시스템연구소MPI für Physik komplexer Systeme에 방문했을 때 그중 한 가지 사례를 알게 되었다. 아마 여러분은 학창 시절에 N극과 S극으로 나뉘는 막대자석을 접해봤을 것이다. 막대자석을 톱으로 자르면 N극과 S극이 분리되는 게 아니라 각각 N극과 S극을 지닌 두 개의 자석이 생긴다. 어린 시절 나는 이 현상이 이상하다고 생각했고, 막대자석은 방향을 나타내는 소자석elementary magnet(자성체를 구성하는 기본적인 자기 모멘트, 상자성을 지닌 물질 인자–옮긴이)으로 구성된다고 설명을 들었다. 그래서 막대자석을 잘라도 이런 성질에는 아무런 변화가 없는 것이다.

그런데 이곳 연구소에서는 N극과 S극이 분리되는 물질, 즉 단극單極, monopole을 연구하고 있다. 이때의 Monopol은 첫 번째 모음에 악센트를 주는 반면, 경제에서 말하는 '독점'이라는 의미의 Monopol은 세 번째 모음에 악센트를 준다. 발음 문제와 별개로, 단극은 어떻게 나타날 수 있을까?

이 놀라운 단극이라는 현상에 대해 한 연구원은 이렇게 설명했다. 자석을 자성을 지닌 아주 얇은 실들이 연합해 한 개의 결정체에 들어 있는 것이라고 상상해보라는 것이다. 이 실들은 막대자석처럼 철로 이뤄진 게 아니라 디스프로슘 티탄산Dysprosium titanate이라는 하이테크 물질로 구성되어 있다. 가성 단극은 자성이 분리된 진짜 단극이 아니다. 왜냐하면 이것은 어떤 물질에 대해 서로 분리된 대극들을 지니고 있기 때문이다. 이런 양자 물질에도 가성 단극으로 N극과 S극이 나타난다. 실제로 분리된 단극은 아직 관찰된 적이 없다. 나는 이 말을 듣고 놀랐지만 학창 시절에 배웠던 지식이 아직 적용되는 분야라는 생각이 들어서 안심할 수 있었다.

이 연구소 바로 옆에 막스플랑크 고체화학물리학연구소MPI für Chemische Physik fester Stoffe가 있다. 이곳에서도 신소재들이 창조되고 있다. 나는 연구원들이 이곳의 화학 마술 상자에서 특이한 예를 알려주길 바랐는데, 마침 '$Mg_{29-x}Pt_{4+y}$'라는 독특한 화학식을 갖는 화합물이 내 앞에 던져졌다. 이런 물질의 이름은 발음하기도 어렵다. 그래서 나는 마그네슘과 백금으로 구성되는 이런 이상한 화합물을 만드는 이유를 물어봤다. 그러자 존재한 적이 없는 물질을 창조한다는 자체가 환상적인 일이기 때문이라는 대답이 돌아왔다. 이것이야말로 진짜 화학자들이 추구하는 일이다.

이 새로운 물질이 어떻게 구성되어 있는지 들으면 더 놀랄 수밖에 없다. 연구원들은 원자들이 어떻게 결합하고 이들 사이에 어떤 힘이 작용하는지 알아내려고 한다. 이렇게 해서 발견된 원자들 간의 아주 독특한 결합이 다중심 결합multicenter bond(세 개 이상의 원자 간에 전자쌍이 공유되어 생기는 결합-옮긴이)인데, 아직 알려진 게 많지 않다. 연구원은 아직 배워가는 단계에 머물러 있다는 점을 강조했다.

다음 세대도 화학의 창의력에 열광하고 있다. 나는 세 명의 젊은 여성과 한 명의 남성 그룹 리더를 만났다. 모두가 명문대 출신이며 세 명은 미국에서 왔다. 나는 이 젊은이들이 드레스덴 연구소에 들어오기로 마음먹은 이유를 알고 싶었다. 모두가 일반적으로 실행할 수 없는 신소재에 관한 연구를 할 수 있는 기술 설비에 매력을 느꼈다고 했다. 인적 요인도 중요했는데, 이곳의 연구원들이 자기들의 실력을 높게 평가했고 국제 컨퍼런스에서 한번 둘러보지 않겠냐고 제안했다고 한다. 그래서 이곳을 방문했고 계속 남게 되었다는 것이다.

지금 나는 이 기적의 실험실을 직접 살펴보려고 한다. 한 연구원이 지하 2층에 있는 무거운 철문을 열었는데 꼭 할리우드 블록버스터에 나오는 우주선처럼 느껴졌다. 에어로크의 압력을 받는 이곳은 일종의 안전장치다. 덕분에 화학물질이 누출될 위험이 없다고 한다.

두 번째 철문은 완전히 다른 실험실로 이어지는데, 수많은 실험자용 모자들이 줄지어 배열되어 있었다. 실험자들이 화학물질에 닿지 않도록 대형 상자 안에 검은색의 긴 고무장갑이 있었다. 이 모자는 실험자들을 화학물질로부터 보호해줄 뿐만 아니라 화학물질들이 공기 중 산소와 접촉되지 않게 해준다. 많은 신소재가 산소를 견디지 못하기 때문에 이 상자는 질소로 채워져 있다. 이 실험실을 짓는 데 몇 년이 걸렸지만 그 덕분에 훌륭한 연구 기회가 주어졌다는 확신이 들자 나는 기뻐서 나도 모르게 미소를 지었다.

이곳에서도 화학자들은 매력적인 물질들을 창조해낸다. 특히 나는 델라포사이트 화합물에 끌렸다. 정말 놀라운 물질이다. 이 화합물에서는 특정한 방향으로만 전류가 흐른다. 이런 일이 어떻게 가능할까? 구리판처럼 전류가 사방으로 흐르지 않는 이유는 무엇일까? 그러자 연구원이 웃었다. 답은 아주 간단하다고 한다. 양자

물질의 내부 구조 때문이라는 것이다. 이런 델라포사이트 화합물은 팔라듐과 산화코발트 같은 원소들이 교대로 나타나는 층들로 이뤄져 있다고 한다. 한 층에서 다른 층으로 넘어갈 때 사실상 전류가 흐르지 않지만 이런 층들을 따라서 전기 전도율이 매우 우수하다. 전기는 이런 층들을 따라서 원자의 배열을 통해 정해진 여섯 개의 방향으로만 흐를 수 있다.

이 물질은 양자의 세계에 대한 우리의 이해에 변화를 가져왔다고 한 연구원이 웃으며 말했다. 그러자 양자의 현상들이 아주 작은 것들, 나노미터의 영역에서만 나타난다고 했던 것이 떠올랐다. 나는 완전히 확신하며 고개를 끄덕였었다. 그런데 이 말이 틀리다니!

아무튼 이런 고청정 물질에는 적용되지 않는다고 한다. 델라포사이트 화합물에서는 마이크로미터 스칼라에서 양자 효과를 관찰할 수 있다. 그 안에는 100분의 1밀리미터에 해당하는, 2만 개 이상의 원자층에서 전자파가 중첩된다. 양자의 세계에서 이것은 엄청난 거리다. 이런 새로운 파동 현상들이 앞으로 양자컴퓨터에 적용될 수 있을 거라고 한다. 나도 확실히 깨달았다. 과학에서 자주 일어나는 일이긴 하지만, 양자컴퓨터를 만들겠다는 도전에서 몇몇 돌파구는 대체로 전혀 예상치 못했던 곳에서 찾을 수 있다는 걸 말이다.

할레에 위치한 막스플랑크 마이크로 구조물리학 연구소MPI für Mikrostrukturphysik는 특히 기술 응용을 중점적으로 양자 물질에 대한 세부적인 지식을 확장해나가고 있다. 이곳에서는 데이터 저장

시스템을 개선하려고 한다. 이 아이디어는 기존의 2차원 메모리칩 대신 3차원 시스템을 적용한다는 데서 출발한다. 그야말로 혁명이다. 여기에는 나노 와이어가 사용되며 메모리칩의 표면에 수직으로 세워진다. 연구원들은 이 설계를 통해 데이터 용량이 기존의 메모리보다 훨씬 커지리라 생각한다. 향후 몇 년 동안 낮은 온도에서도 작동하고 더 적은 에너지가 필요한 메모리칩이 계속 개발될 것이라고 한다.

신소재는 에너지 변혁을 위해서도 중요하다. 특히 풍력 및 태양광 에너지를 저장하는 데 성능이 좋은 배터리가 필요하다. 막스플랑크 고체연구소MPI für Festkörperforschung와 막스플랑크 의학연구소는 전기를 저장한 배터리의 성능을 높일 수 있는 박막 금속 섬유를 생산하는 데 성공했다. 현재의 축전지에는 전기 저장을 위한 활물질로 리튬 화합물이 들어 있다. 하지만 학자들이 미세한 메탈 플리스를 개발해, 배터리 활물질의 비중을 60퍼센트에서 90퍼센트로 높였다. 그래서 에너지 밀도가 더 높고 충전 시간이 더 빠르며 작동 시간이 더 긴 배터리가 탄생했다. 앞으로 전기자동차의 매력이 얼마나 더 커질지 쉽게 상상할 수 있는 대목이다.

이처럼 다양한 장소에서 많은 발견과 연구를 접한 후 나는 물리학과 화학의 경계면에서 양자물리학과 재료과학을 통합하는 새로운 영역이 어떻게 탄생하는지 확실히 깨달을 수 있었다. 이렇게 해서 탄생한 양자 물질은 새로운 기술로 발전하고 에너지와 기후위기의 난제를 다루는 데 도움이 된다. 이런 물질과 다른 많은 소재를 생산하는 데는 수많은 화학 제품이 필요하다. 그렇다면 이런 모든 물질은 어디에서 오고, 우리는 어떻게 하면 이런 물질을 지속적으로 생산할 수 있을까? 다음 여정에서 이 문제를 살펴보자.

10장

녹색 화학과 물질 순환

처음부터 다시 설계하는 지속 가능한 미래

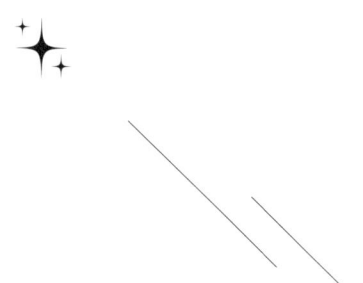

포츠담에 있는 막스플랑크 콜로이드 및 인터페이스 연구소MPI für Kolloid und Grenzflächenforschung에서 한 연구원이 석탄 지대를 위해 할 수 있는 일에 대해 질문했다. 그는 독일의 중부 지역에는 구조 개혁이 장려되어야 하며, 화학의 변혁은 100년 과제라고 했다. 지금 우리에게는 재생 가능한 원료, 자동화된 합성 프로세스, 미래를 내다보는 리사이클링 등 녹색 화학이 필요하다. 일부는 이미 진행 중이다. 그중 한 예로 지원금 신청에 대해 긍정적인 결정이 내려져 현재 중부 독일의 갈탄 산지에 화학의 변혁을 위한 대형 연구센터가 공사 중에 있다.

이 부분을 읽고 있는지와 상관없이 잠시 주위를 둘러보자. 여러분은 화학물질에서 유래한 물건들로 둘러싸여 있다. 옷, 가정용품, 기술 제품을 막론하고 화학 제품이 없으면 제대로 돌아가는 게 아무것도 없다. 일터와 일상생활에서 사용하는 대부분 물건을 제조하려면 화학물질이 필요하다. 농업, 에너지 생산, 의학에서도 화학 제조 물질에 의존한다. 현재 유럽에서만 4만 개 이상의 화학 제품이 생산되고 있다. 스스로를 속이지 말자. 현대인의 생활은 화학을 기반으로 한다.

이 모든 제품은 어디에서 올까? 합성수지, 염료, 화장품은 어떻게 생산될까? 일단 금속이나 시멘트와 같은 무기 소재는 제쳐두자. 기초 유기화학 물질은 일반적으로 석유나 석탄과 같은 화석 원료를 가공한 것이다. 이런 것들은 근본적으로 한계가 있고 계속 사용하다 보면 기후변화에 일조하므로 유기물질 제조는 지속 가능한 생산으로 전환해야 한다. 이런 변혁 프로세스는 화석 연료에서 재활용 가능한 원료에 이르기까지 그야말로 근본적인 것이다.

지속 가능한 녹색 화학이 왜 이렇게 어려운지 이해하려면 오늘날 유기공업화학이 어떤 방식으로 돌아가는지 알아야 한다. 먼저 막대한 양의 화석 원료를 분획fractionation하는 데서 시작되는데, 분획이란 쉽게 말해 석탄이나 석유로 이뤄진 많은 성분을 분리하는 것이다. 이렇게 해서 메탄이나 벤젠과 같은 기초 화학물질을 얻는다. 그리고 이런 기초 화학물질은 다시 가공되고 다양한 화학 반응을 통해 다른 물질로 변형되어 새로운 특성을 지닌 화합물이 탄생한다. 이처럼 화학적 합성은 종종 복잡하고 여러 단계의 프로세스를 거친다. 그 결과 안료, 플라스틱, 약품 생산을 위한 출발 물질을 얻는다.

유감스럽게도 화학 공정은 대체로 지속 가능하지 않은 경우가 많다. 이런 공정은 귀중한 자원과 많은 에너지를 소비하기 때문에 환경에 부정적인 영향을 끼칠 수 있다. 그래서 많은 과학자가 화학의 변혁을 위해 연구하고 있다. 향후 수십 년 동안 화석 연료는 생물학적 쓰레기, 목재, 리사이클링 소재로 이뤄진 바이오매스로 대체될 것이다. 하지만 출발 물질이 바뀌면 분획 공정도 이에 맞춰 조정되어야 한다. 목재를 구성 성분들로 분해하려면 석유를 분획할 때와는 전혀 다른 공정이 필요하다. 그 뒤에 이어지는 합성 경로도 바뀌어야 한다.

포츠담 연구소의 연구원은 지속 가능한 화학 산업에는 현재보다 두 배나 더 많은 에너지가 필요하다며 말을 이어나갔다. 이런 공정은 전환 과정 때문에 훨씬 더 복잡하고 비용도 많이 든다. 게다가 화학 분야에는 훨씬 더 많은 에너지가 필요하다. 석탄 지대에 화학 산업이 집중된 것도 바로 이런 이유이며 이제는 델리치의 새로운 대형 연구센터를 통해 미래가 열릴 것이라고 그는 말했다. 무無의 상태에서는 아무것도 시작할 수 없으며, 일부에 대해서는 이미 의존할 수 있는 전문 기술이 있다. 이 연구소에서 연구원들은 이미 합성을 자동화했고 면역학과 면역 연구를 위한 작용물질 제조도 마찬가지다.

우리에게 얼마나 엄청난 도전 과제가 주어진 건지 좀 더 정확하게 이해하려면 먼저 합성수지Kunststoff(플라스틱)에 대해 살펴봐야 한다. 뮐하임 안 데어 루르의 막스플랑크 석탄연구소MPI für Kohlenforschung에서 독일의 화학자 카를 치글러Karl Ziegler는 1953년부터 기초 화학물질인 에틸렌을 긴 사슬 화합물로 만드는 공정, 즉 중합을 개발했다. 그 결과물이 전 세계에서 가장 흔히 사용되는 열가소성 수지인 폴리에틸렌으로, 숱하게 많은 포장재의 성분이다. 이 연구에 대한 공로로 치글러는 1963년에 이탈리아의 화학자 줄리오 나타Giulio Natta와 공동으로 노벨화학상을 수상했다.

이 발견 후에 쉽게 형태를 바꾸고 가공할 수 있는 다양한 플라스틱이 탄생했다. 플라스틱은 저렴하고 내구성이 뛰어나서 광범위하게 사용될 수 있다. 하지만 이런 내구성도 문제가 될 수 있다. 지구의 구석구석에서 플라스틱 쓰레기가 쌓여가고 있기 때문이다. 바다에도 수백만 톤에 이르는 플라스틱 쓰레기가 있으며 미세 플라스틱은 먹이 사슬에까지 도달했다. 다행히 플라스틱 사용과 리사이클링에 대한 규제는 점점 강화되고 있다.

플라스틱에 대한 정보를 얻기 위해 나는 마인츠의 막스플랑크 폴리머연구소MPI für Polymerforschung에 갔다. 건물 주변의 플라스틱 교육의 길을 걸으며 플라스틱 사용에 관한 지식의 가치뿐만 아니라 분해 가능한 플라스틱과 리사이클링에 대한 최신 연구 현황을 알 수 있었다.

플라스틱 리사이클링의 과제 중에서도 인상적인 예는 승용차였다. 현재 모든 자동차 부품의 약 4분의 1이 플라스틱으로 이뤄져 있다. 편리하고 안전하며 연료를 절약해주는 장점이 있기 때문이다. 일반적으로 자동차 안에는 100여 개의 다양한 플라스틱이 있는데, 이 플라스틱들은 매우 복잡하게 조립되고 연결되어 있다. 이렇게 다양한 플라스틱을 리사이클링하는 것은 어렵고 까다로운 모험이다. 지속 가능한 자동차를 생산하려면 자동차 설계 단계에서 이미 리사이클링을 염두에 두어야 하는 것이다.

연구소에서 저 멀리 펼쳐진 포도밭이 보였다. 한 연구원이 오래된 포도나무라고 하면서 무거운 나무 조각을 내 손에 건네주었다. 나무 조각의 한가운데가 이상하게 변해 있었는데, 에스카Esca라는 이름의 포도 곰팡이병이 퍼져 있기 때문이라고 했다. 지금까지 이 병은 치료하기 어려웠다. 한 연구원이 원칙적인 구제 방안으로 살진균제fungicide가 있는데 약을 치는 일이 까다롭다고 했다.

그녀의 연구팀은 살진균제를 리그닌lignin(목재, 대나무, 짚 등 목화된 식물체 속에 20~30퍼센트 존재하는 방향족 고분자 화합물-옮긴이)으로 된 작은 알갱이, 즉 자연에 존재하는 목재의 구성 성분에서 나타나는 생체 고분자biopolymer(살아 있는 생물체에 의해 생성되는 중합체-옮긴이)를 입히는 데 성공했다. 이런 운반용 알갱이인 마이크로캐리어microcarrier를 소량으로 포도나무에 분사하면 곰팡이병을 막을 수 있다고 한다. 물론 이 연구팀은 살진균제가 열매에 도달하는지도 테스트했다. 다행히 도달하지 않았다. 빙고! 이제 여러 스타트업이 나서서 포도나무를 보호하기 위한 기술을 개발할 것이다.

테이블에 리슬링 와인 한 잔이 놓였다. 그녀는 실험을 위한 포도밭에서 처음 수확한 포도만 선별해 첫 와인을 압착한 것이라며 설명을 이어갔다. 생체 고분자로 이뤄진 캡슐은 포도 재배뿐만 아니라 원칙적으로는 다양한 용도로 활용될 수 있다. 그런데 어느 날 여러 가지 화학 반응을 서로 연결하고 국소 부위에만 흐르게 하는 반응 용기를 만들어보면 어떨까 하는 아이디어가 떠올랐다고 한다. 이런 단계적 연쇄 반응cascade reaction은 녹색 화학에서 중요한 원칙이다. 이 모든 것과 상관없이 언젠가 이와 유사한 생물학적으로 분해 가능한 운반 구슬을 이용해 체내의 다양한 위치로 정확하게 약을 전달할 수 있을지도 모른다.

이 연구소의 한 연구원은 표적 조직에 직접 투약하는 방법에 대한 대안을 찾고 있다. 우리가 작용점, 즉 체내의 특정한 표적 조직에서만 활성화될 수 있도록 약을 합성한다면 어떻게 될까? 이 방안은 굉장한 아이디어인 듯하다. 신체의 다른 부위들이 불필요하게 작용물질로 인한 부담을 겪지 않아도 되고 투약량도 절약할 수 있기 때문이다. 그 연구원은 이것이 이론상으로는 가능하지만 절대 단순하지 않다는 점을 인정했다.

이런 연구 사례를 들으니 희망이 샘솟았다. 이렇게 하면 암세포를 완전히 죽일 수 있다고 한다. 연구팀은 암세포에서 더 긴 나노구조로 합성을 하고 세포 호흡을 제한하도록 화합물을 합성했다. 비법은 많은 암세포가 세포에 치명적인 반응을 일으키는 과산화수소를 생산하는 데 있다. 이 방법이 아직은 실험실에서만 통하지만 틀림없이 반격을 일으킬 날이 올 것이다. 정확한 지점, 이 경우는 암세포에서 약을 활성화함으로써 향후에는 화학 요법의 부작용도 다룰 수 있을 것이라고 한다.

마인츠 연구소뿐만 아니라 포츠담 연구소에서도 지속 가능한 화학을 위해 자연에서 배우고 있다. 이 연구소는 생체 모방 시스템

biomimetics(생물체의 다양한 기능을 인위적으로 모방해 이용하는 기술-옮긴이)에 주안점을 두고 있다. 이곳의 한 연구원은 대안이 되는 화합물을 합성함으로써 기존의 화학 제품을 단계적으로 대체해야 한다고 말했다. 천연 생체 고분자가 생성될 수 있도록 나노 수준의 물질을 살아 있는 생명체처럼 구성하는 것이라고 이해하면 된다.

생체 고분자에 대한 한 가지 예가 식물로 된 작은 막대 모양의 입자인 셀룰로스 나노크리스탈이다. 이것은 두께가 불과 몇 나노미터에 길이는 최대 0.3마이크로미터이고 짙게 염색될 수 있다. 현재 생물학적으로 분해 가능한 대안으로서 이것을 무기 안료로 발전시키는 게 목표다. 셀룰로스는 저항성이 강하고 수분을 끌어들이기 때문에 피부용 크림 성분으로 이미 사용되고 있다. 그래서 크림의 수분 함량이 높고 점성도, 즉 인성toughness(재료의 파괴에 대한 질긴 정도. '터프니스'라고도 한다-옮긴이)에 변화가 나타날 수 있다.

일반적으로 나무는 녹색 화학에서 중요한 지속 가능한 출발 물질이다. 우리가 앞에서 배운 셀룰로스와 리그닌 외에 나무에서 중요한 성분으로 헤미셀룰로스hemicellulose(셀룰로스와 유사하나 가용성이 더욱 크며 분해하기 쉬운 고분자 탄수화물군. 식물 세포벽을 구성하는 성분 중 펙틴질과 셀룰로스를 제외한 다당류다-옮긴이)가 있다. 헤미셀룰로스는 셀룰로스 섬유 주변에 배열되어 있으며 이것은 리그닌에 삽입되어 있다. 나무를 기본으로 한, 생물학적으로 분해 가능한 포장재를 식료품에 적용할 수 있다는 것이다. 지금도 이미 재생 종이 포장재가 많지만 대부분이 플라스틱 코팅이 되어 있다. 연구원들은 이런 플라스틱 코팅층을 분해 가능한 셀룰로스로 대체하려고 한다.

산업계에서도 나무를 사용하고 생물학적으로 분해 가능한 플라스틱을 얻기 위해 노력하고 있다. 바이오리파이너리biorefinery(식물체 등 바이오매스를 원료로 바이오 기술을 이용해 바이오 연료와 화학 원료 등을 만드는 기술과 이를 구현하기 위한 종합적인 플랜트 시스템-옮긴이)에서 나무를 용해해 소스처럼 걸쭉한 혼합물로 만드는데, 이 혼합물을 분리하는 과정이 까다롭다. 이론적으로는 바닐라의 향료인 바닐린vanillin처럼 복잡한 화합물을 나무에서 얻을 수 있지만 이를 위한 새로운 분리 공정이 필요하다고 한다.

심지어 유기물질이 오랫동안 무기물질이 해왔던 기능도 수행할 수 있다. 마인츠의 막스플랑크 화학연구소에서 그중 한 가지 예인 유기 발광 다이오드Organic Light-Emitting Diode, OLED(빛을 내는 층이 전류에 반응해 빛을 발산하는 유기 화합물의 필름으로 이뤄진 박막 발광 다이오드-옮긴이)에 대해 설명해주었는데, OLED는 스마트폰의 고해상도 디스플레이를 통해서도 잘 알려져 있다.

한 연구원은 OLED 기술은 획기적인 돌파구였다고 한다. 이 기술을 이용하면 견뢰도와 광도가 높은 디스플레이를 생산할 수 있다. 게다가 기존의 LED와 달리 아주 얇고 구부러지는 디스플레이도 구현한다. OLED는 쉽게 층이 쌓일 수 있는 고분자 반도체를 기반으로 한다. 고분자 반도체는 현재의 기술 수준에 이르는 데 기여했지만 아직은 안정적인 청색 OLED 개발 등 몇몇 부분에서 기술 향상이 필요하다.

이런 유기물질을 이용해 전기를 빛으로, 빛을 전기로 전환할 수 있다. 그래서 유기 반도체가 새로운 유형의 태양전지 제조의 대안으로 제시되고 있다. 학자들은 유기물질 부분과 무기물질 부분을 동시에 지닌 일종의 하이브리드 물질을 사용한다. 페로브스카이트 perovskite(티탄산 칼슘으로 이뤄진 칼슘 타이타늄 산화 광물-옮긴이)는 성능이 뛰어나고 저렴하며 유연한 태양전지의 토대가 될 수 있지만 아직은 많은 개발 작업이 필요하다.

에너지 변혁, 기술, 건축업을 위해 미래에는 유기물질뿐만 아니라 지속 가능한 무기물질이 필요하다. 게다가 무기물과 유기물은 얻고 가공하는 방법이 완전히 다르다. 무기물질은 대량으로 필요하기 때문에 광산이나 전기자동차에 사용되는 리튬을 소금물에서 얻을 때처럼 생산하려면 자연에 대규모로 개입할 수밖에 없다. 게다가 무기물질에는 광석을 용해할 때처럼 엄청난 에너지가 투입되어야 한다. 그리고 무기물질, 특히 시멘트를 생산할 때 대량의 이산화탄소가 배출된다. 반도체에 사용되는 무기물질 중 규소를 생산할 때도 엄청난 양의 에너지가 소비된다.

따라서 연구의 목적은 지속 가능하게 무기물질을 얻기 위한 새로운 공정을 개발하는 것이다. 나는 이런 동기를 막스플랑크 철연구소MPI für Eisenforschung(2024년부터 막스플랑크 지속 가능한 물질 연구소 MPI für Nachhaltige Materialien로 명칭이 변경되었다-옮긴이)에서도 느꼈다. 이곳에서는 미래의 순환 경제를 위한 물질을 연구하고 있다. 이를테면 금속과 같은 물질을 더 내구성 있게 만들자는 것이다.

현재 선진국에서 생산되는 철의 약 3~4퍼센트가 부식으로 인해 낭비되고 있다고 한다. 금속은 녹이 슬고 거칠거칠하며 파손되기 쉽다. 그 외에도 환경에 따라 쉽게 손상된다. 금속 재료가 노화하는 이유를 밝혀내기 위해 이곳에서는 다양한 방법이 적용되는데, 금속 물질의 아주 미세한 금은 물론 원자 수준까지 볼 수 있다. 나는 전자현미경으로 금속 그리드의 구슬 모양 원자와 그 사이에 부서진 작은 모서리들을 봤다.

금속 물질의 하중은 교각과 철로 건설뿐만 아니라 배터리 생산에서도 극복해야 할 과제다. 이를 위해서는 다양한 금속으로 제조되어야 하고 극도의 응력을 버텨내는 다양한 전극이 필요하다. 이 연구에서도 실험과 이론의 조합이 중요하다. 그래서 연구원들은 양자화학을 이용해 컴퓨터로 약 1만 개의 다양한 조합의 마그네슘 합금을 실험했다. 쉽게 변형될 수 있는 합금을 부서짐 없이 얻으려면 마그네슘과 어떤 다른 금속을 섞어야 하는지 예측하는 게 목적이다. 실제로 이 시도가 성공했다는 기분 좋은 소식이 전해졌다. 실험을 통해 알루미늄과 칼슘이 첨가되어야 한다는 사실이 확인되었다. 처음에는 그다지 대단치 않아 보였을지 모르지만, 예측할 수 없었고 단순히 실험을 통해서는 발견할 수 없었던 것들이었다.

새로운 금속 화합물을 개발할 때 이런 화합물을 나중에 어떻게 리사이클링할지에 대해서도 생각해봐야 한다. 모든 금속 혼합물이 각각의 금속으로 분리되는 게 아니고, 모든 금속이 금속 순환에서 환원이 잘 되는 게 아니기 때문이다. 향후에는 금속 부품이 있는 기계를 설계할 때 처음부터 이런 순환이 가능한지도 고려해야 한다.

이에 대한 좋은 예가 스마트폰이다. 스마트폰에는 약 30가지의 다양한 금속이 들어 있다. 구리, 철, 알루미늄 외에도 백금, 금, 은을 비롯해 네오디뮴과 세륨 등의 희토류 원소가 있다. 그런데 이 중 극히 일부만 재활용되고 있다. 낡은 스마트폰에서 금속 성분을 분리하는 일은 경영의 측면에서 이익이 아니기 때문이다.

새로운 화학 공정은 지속 가능성을 고려해야 할 뿐만 아니라 기술적으로 실현되어야 한다. 마그데부르크의 막스플랑크 복합기술시스템 역학연구소MPI für Dynamik komplexer technischer Systeme는 막스플랑크협회의 유일한 공학연구소로, 공정 엔지니어링 시스템을 연구하고 있다. 나는 지속 가능성에 대한 해결 방안을 종종 공학에서 찾게 된다는 사실을 이곳 연구원들의 설명에서 확인할 수 있었다.

예를 들어 매우 유사한 두 개의 화학물질을 분리해야 한다고 하자. 라세미체racemate는 두 개의 물질인데, 이 물질의 분자들은 마치 상과 거울상처럼 행동하지만 그렇지 않은 경우는 동일하다. 이런 이성질체에 대한 전형적인 예가 D형 및 L형 아스파라긴과 같은 아미노산이다. 일반적으로 두 개의 광학 이성질체optical isomer 중 하나만 작용하기 때문에 라세미체의 분리는 매우 중요하다. 연구원도 이 부분에 동의했다. 두 이성질체 중 한 개만 작용할지라도 라세미체의 형태로만 사용할 수 있는 살충제가 있다고 한다. 그러니까 라세미체의 절반은 낭비되고 있는 셈이다.

이런 화합물을 어떻게 분리할 수 있는지 알아보기 위해 우리는 공업전문학교를 방문했다. 2층까지 넓게 펼쳐져 있는 높은 천장의 실험 홀에는 중간 규모의 화학 시설이 설치되어 있었다. 우크라이나 출신의 직원이 어떻게 라세미체를 이성질체의 각 성분으로 분리하고 결정화를 이용하는지 설명했다. 두 물질은 아주 유사할지라도 둘 중 하나만 정해진 크리스털 그리드에 끼워질 수 있다고 한다. 마치 오른쪽 신발이 왼발에 맞지 않듯이 다른 하나, 즉 거울상 이성질체는 그리드에 맞지 않는다.

매우 유사한 두 아미노산 중에서 한 용액이 두 개의 유리 기둥에서 펌프로 퍼 올려지고 여기서 냉각되다가, 물질의 용해도 한계에 도달한다. 그리고 이제 위에 있는 작은 아정芽晶, germ crystal들이 기둥에 남는다. 왼쪽에는 L형 아스파라긴, 오른쪽에는 D형 아스파라긴이 있다. 이렇게 각 물질의 결정화가 진행되는 반면 다른 물질은 용액에 남아 있다. 이제 남은 용액의 결정만 분리되고, 이렇게 해서 순물질만 남는다.

단순해 보이지만 실제로는 화학 공정의 다양한 파라미터를 극대화하는 수고스러운 작업이 필요하다. 이 작업을 가속하기 위해 연구소에 이론 담당 부서가 있다. 이곳에서는 화학 또는 생명공학 프로세스가 수집되고 수학적으로 묘사된다. 이렇게 해서 복잡성을 줄이고 시스템의 효율과 안정성에 중요한 파라미터의 동일성을 확인하는 프로세스 모델을 간소화할 수 있다.

실험실에서 나는 생명공학 프로세스를 극대화하는 또 다른 예를 확인했다. 바로 광견병이나 독감과 같은 바이러스성 감염을 예방하기 위한 전통적인 백신을 제조하는 것이었다. 일반적으로 이런 백신은 세포 배양을 통해 대량의 바이러스를 생성시키는 방법으로 제조된다. 이런 바이러스는 화학적으로 비활성화된 후에, 세척을 거쳐 감염되지 않은 바이러스가 된다. 그리고 이 바이러스를 백신으로 사용한다. 비활성화된 바이러스는 체내에서 증식할 수 없기 때문에 백신은 바이러스에 대해 면역 반응을 일으켜 접종받은 사람이 병에 걸리지 않게 한다.

광견병 감염처럼 전 세계 수십억 명에게 접종하는 기초 백신의 경우, 필요한 양의 바이러스를 최대한 빨리 생산하기 위해 일반적으로 생물 반응기(생물학적인 활성화 환경을 조성하기 위해 공학적으로 제작 및 설계된 기계 장치-옮긴이)에서 포유동물 세포를 증식시킨다. 이렇게 만들어진 세포 배양물이 바이러스에 감염되면 병원체가 세포에서 증식할 수 있다.

세포 하나당 생성되는 바이러스의 수는 바이러스에 따라 차이가 크다. 독감의 경우 세포 하나당 수십만 개의 바이러스가 생성될 수 있는 반면 황열병은 20개, C형 간염은 평균 한 개 미만의 바이러스가 생성된다. 독감과 황열병은 예방 효과가 뛰어난 백신이 있는 반면 C형 간염은 그렇지 못한 이유다.

한 연구원이 기존에는 약 1,000리터의 세포 배양물이 있어야 얻을 수 있는 양을 불과 10리터의 세포 배양물로 얻을 수 있도록 자신이 이 프로세스를 극대화한 과정을 신이 나서 설명했다. 산출량이 무려 100배나 개선된 것이다. 이런 획기적인 발전이 어떻게 가능했을까?

무엇보다 연구원들이 이 프로세스를 아주 정확하게 추적 연구한 덕분이었다. 세포 배양물의 온도, pH값, 산소 포화도가 모니터링될 뿐만 아니라 약 50개의 파라미터가 기록된다. 그중에는 대사산물 농도의 변화도 있는데. 이로써 세포가 성장하고 바이러스를 생산할 때 세포가 어떻게 행동하는지 정확하게 추적할 수 있다. 이미 1밀리미터당 10^{11}개의 바이러스 농도까지 도달했다고 한다. 이렇게 극대화된 생명공학 공정 덕분에 더 짧은 시간에 더 많은 백신을 더 저렴한 비용으로 생산할 수 있게 되었다.

우연이 때로는 기회가 되기도 한다. 몇 년 전 마그데부르크 연구소는 꾸준한 성장에도 불구하고 세포 배양물에서 진동, 즉 아주 미세한 흔들림이 나타나는 것과 함께 부수적인 현상을 관찰했다. 6년 후 연구원들은 이 이상한 현상이 유전체 일부가 사라진, 불완전한 바이러스가 생성될 때 나타난다는 것을 발견했다. 완전한 바이러스는 불완전한 바이러스가 계속 번식할 수 있도록 도와준다.

약 10년 후 연구원들은 이런 불완전한 바이러스만 별도로 생성시키는 데 성공했다. 여기에는 부족한 바이러스 기능을 대체할 수 있는 특별한 세포가 이용되었다. 이렇게 해서 비활성화된 독감 바이러스를 생산하는 새로운 공정이 가능해졌다. 이제 화학적 비활성화 과정 없이 이 공정을 이용해 백신을 직접 생산할 수 있게 되었다. 불완전한 바이러스는 면역 반응을 일으킬 수 있지만 인간을 감염시킬 수는 없다.

따지고 보면 이런 우연한 발견이 사실 완전히 우연은 아니다. 순수한 요행이라고 보기는 어렵다. 뜻밖의 현상이 일어난 원인을 규명할 수 있는 세심한 관찰자가 필요하다. 많은 연구자가 진동 현상을 관찰했지만 예외적인 경우라고 여겨 무시하고 실험을 변경했다. 그러나 이 예외적인 경우에도 준비된 사람들이 있었다. 이들은 자연에 묻고, 자연이 답을 주리라 생각했다.

답은 우리가 예상했던 것과 전혀 다른 곳에 있을 때가 종종 있다. 그러다 무언가 새로운 것을 배우거나 위대한 발견을 할 기회를 얻는다. 연구자들은 항상 주의를 기울여야 한다. 이런 주의 깊은 태도는 과학에서 '세렌디피티serendipity'라고 알려져 있다. 루이 파스퇴르는 백신 개발의 선구자였을 뿐만 아니라 앞에서 언급했던 화학의 분자의 거울상 이성질체를 발견했다. "La chance ne sourit qu'aux esprits bien préparés." 내 번역이 시적이진 않지만 대략 이런 뜻이다. '행운은 마음속으로 준비된 자의 것이다.'

한 학자는 수수께끼 같은 말을 했다. 이것이 여기 이 안의 공정에 있으면 이것을 만나게 된다는 것이다. 이게 무슨 말인 걸까? '여기 이 안에'는 5리터 용량의 생물 반응기를 말하는 것이었다. 바이러스를 이곳 실험실의 작은 생물 반응기에서 관찰하고 극대화하는 것으로 충분하다는 뜻이었다. 먼저 배양 프로세스의 파라미터가 정확하게 정의되어야 이것을 대형 생물 반응기에(심지어 1,000리터 용량에 이르는) 적용할 수 있고 실제로도 정확하게 프로세스가 진행된다. 이런 확장성scalability이 항상 가능한 것은 아니다. 조건이 정확하게 정의될 때만 프로세스가 실험실 기준에서 대형 설비로 확장될 수 있다.

대형 설비에 적용하려면 화학 공정을 확장하는 데서 끝나면 안 된다. 장시간 진행될 수 있고 최대한 경제적인 공정이 되려면 지속성이 중요하다. 연구원들은 이와 관련된 도전 과제를 완전히 마스터했다. 즉 발효 공정 중인 세포에서 바이러스를 분리하고 계속해서 번식시킬 수 있게 된 것이다. 여기에 사용되는 기공이 있는 물질은 작은 바이러스를 통과시키고 큰 세포에 머무르게 함으로써 바이러스 생산 공장 역할을 한다.

이제 마그데부르크의 몇몇 연구원들은 살아 있는 세포에서 이 공정을 잘 설명해, 시험관의 세포 밖에서 실행할 수 있는지 입증하려고 한다. 이는 '합성생물학'을 가능하게 하는 시도로서 화학 주성chemotaxis(세포가 화학 유인 물질의 농도 기울기를 감지해 이동하는 성질-옮긴이)에 관한 것이다. 학자들은 이미 시스템을 적용했고 머지않아 현실이 될 것이다. 이것을 이용하면 박테리아가 영양 공급원으로 이동할 수 있다. 박테리아는 어디에 영양소가 있는지 감지하고, 일종의 프로펠러 역할을 하는 편모鞭毛를 이용해 움직인다.

"이것을 모방한 시스템을 실제로 만들 수 있을까요?" 나는 놀라서 물었다. 적어도 그 가능성을 입증하는 증거는 많다. 그사이 화학 주성 프로세스에 필요한 단백질이 밝혀졌다. 또한 이 프로펠러가 연료로 사용된다는 것도 알고 있다. 약어로 ATP라고 하는 아데노신삼인산adenosine triphosphate(생체의 인산 대사 및 에너지 대사에서 가장 중요한 역할을 하는 물질-옮긴이)은 세포에서 보편적인 에너지 저장고다.

이런 화학 주성 시스템을 모방하려면 세 가지 요소가 필요하다. 한 연구원이 현미경으로 보여주었듯이, 먼저 아주 작은 지방 알갱이인 소포vesicle(세포 내에 있는 막으로 둘러싸인 자루 모양의 세포소기관-옮긴이)가 생산되어야 한다. 이 작은 알갱이는 평균 10마이크로미터, 즉 100분의 1밀리미터다.

그다음에 연료인 ATP를 생산해 이 작은 알갱이로 전달할 수 있는 생화학 시스템이 삽입되어야 한다. 여기에는 빛을 이용해 ATP를 합성하는 다량의 단백질이 있어야 한다. 이 프로세스는 생각보다 복잡하다. 특히 보조 인자cofactor(촉매로서 효소의 활성에 필요한 비단백질성 유기 화합물 또는 금속 이온-옮긴이)는 항상 리사이클링되어야 한다. 이것은 다음 분자 프로세스에 필요하며 인공 세포에도 삽입되어야 한다.

마지막에는 단백질 구성 요소로 이뤄진 화학 주성 시스템이 인공 세포에서 합성되어야 한다.

아직 극복해야 할 장애물이 있지만 연구자들이 세포 밖에서 생명의 프로세스를 모방하는 것은 이제 시간문제다. 살아 있는 세포와 달리 반응 조건이 임의로 조정될 수 있기 때문에 이런 시스템을 보다 상세히 연구할 가능성이 열린 것이다. 이렇게 미래에는 생물학뿐만 아니라 녹색 화학에서도 중요해질, 프로세스의 자기조직화에 관해 일부나마 확실히 배울 수 있을 것이다.

화학물질을 자연에서 얻든, 합성해서 생산하든 간에 에너지는 항상 필요하다. 이런 대규모 공정과 화학 합성에 필요한 에너지는 대체 어디에서 오는 것일까? 유감스럽지만 대부분은 석탄이나 가스와 같은 화석 에너지원을 연소시켜서 에너지를 얻는다. 아직은 모든 공정이 낯설지라도, 태양과 풍력 등 지속 가능한 에너지원으로 이에 필요한 에너지를 생산하기 위해 녹색 화학이 필요하다. 또한 미래에는 수소가 새로운 에너지원으로 부상할 것이다. 이런 에너지 변혁을 어떻게 성공시킬 수 있을지는 다음 여정에서 살펴보기로 하자.

11장

수소 에너지

에너지 전환의 열쇠를 쥐다

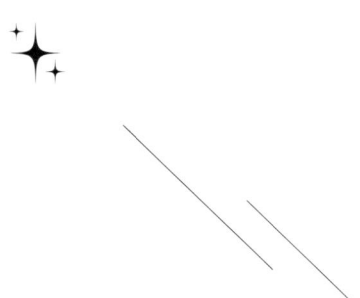

뒤셀도르프의 붉은색 바우하우스 벽돌 건물에 들어서자 철제 동상의 성인이 나를 맞이했다. 그녀는 마치 축복하는 성모 마리아처럼 손을 펼치고 온화한 표정으로 나를 바라봤다. 광부들의 수호성인인 바르바라Barbar(전설적인 가톨릭 성녀-옮긴이)였다.

1917년에 설립된 막스플랑크 철연구소의 주변에 있던 수많은 광산은 이미 오래전에 폐쇄되었는데 바르바라를 보니 지난날이 떠올랐다. 현재 철강 생산에 필요한 석탄과 철광석은 브라질, 오스트레일리아, 남아프리카 등 전 세계에서 루르 지역으로 온다. 전 세계에서 매년 약 20억 톤의 철(고철을 합한 양)을 얻기 위해 약 30억 톤의 철광석이 채굴되고 있고, 굶주린 기술권은 철을 집어삼키고 있다. 그중 절반 이상이 중국에서 생산되며 독일은 2022년 말 기준 전 세계 철강 생산량에서 고작 2.6퍼센트를 차지했다.

연구소의 로비에서 연구원은 10년 혹은 20년 안에 전통적인 제작 방식의 용광로가 전부 폐기될 것이라고 했다. 이런 방식의 철강 생산은 막대한 양의 이산화탄소를 배출하기 때문에 기후 목표를 달성하기에 적합하지 않다. 용광로의 화학 프로세스 때문이다. 용광로 안에서 금속의 산소 화합물인 철광석은 석탄이나 코크스와 혼합되어 반응을 일으킨다. 많은 열이 가해지면 철광석은 여기서 발생하는 일산화탄소에 의해 금속으로 환원되는데, 광석과 결합한 산소는 일산화탄소와 결합해 이산화탄소가 된다. 독일에서는 최신 방식으로 철강 1톤당 약 1.5톤의 이산화탄소를 배출하고 있고 다른 지역에서는 이보다 많다.

1861년부터 이런 용광로에서 철이 생산되었고, 전 세계에서 막대한 생산량을 기록하면서 이 기술은 온실가스의 최대 주범이 되었다. 이런 철강 생산을 지속 가능한 공정으로 최대한 빨리 전환해야 한다는 건 의심의 여지가 없으며, 쉽게 해결하기 어려운 변혁 프로세스이기도 하다.

녹색 철강과 함께하는 미래는 이미 시작되었다. 녹색 철강이란 무엇일까? 온실가스를 배출하지 않고 생산되는 경우라면 녹색 철강이라고 할 수 있다. 코크스 대신 철광석을 철로 변환시킬 수 있는 다른 환원제를 사용하는 것이다.

이런 환원제로 적합한 후보는 수소다. 수소를 이용해 철광석이 환원되면 이산화탄소 대신 위험하지 않은 수증기가 발생한다. 하지만 이렇게 얻은 강철은 여기에 사용된 수소가 녹색 생산, 즉 재생에너지를 이용해 생산되었을 때만 진짜 녹색 원료가 된다. 이 그린 수소green hydrogen(태양광이나 풍력 등 재생에너지에서 나온 전기로 물을 수소와 산소로 분해해 생산하는 수전해 수소-옮긴이)와 그레이 수소grey hydrogen(석유화학 및 철강 산업에서 발생한 부생 수소와 천연가스에서 얻은 추출 수소-옮긴이)는 천연가스 혹은 석탄을 이용해 얻기 때문에 기후 중립적이지 않으므로 잠정적인 해결 방안으로 거론되고 있다. 암모니아 등 그린 수소를 이용해 얻을 수 있는 다른 환원제를 이런 목적으로 사용하는 것은 흥미롭다.

어느덧 우리는 위층의 회의실에 도착했다. 나는 도시의 지붕들을 바라보았다. 이런 겨울날은 모든 것이 잿빛이지만, 함께 있는 연구원은 뜨거운 열정으로 불타올라 중요한 수치들을 정신없이 쏟아내고 있었다. 산업 시설을 녹색 철강으로 전환하는 데 막대한 양의 수소가 소비되기 때문에 수치들은 그야말로 어마어마했다.

그는 이웃 도시 뒤스부르크에 소재한 독일 최대의 철강 기업 티센크루프Tyssenkrupp의 그린 수소 연간 소비량이 2050년까지 72만 톤에 이를 것으로 예상했다. 이렇게 많은 수소가 공급되고 있지만 수소는 용광로에서 풀무질하듯 단순한 방법으로 얻을 수 있는 게 아니므로 전환은 쉬운 일이 아니다. 따라서 수소를 이용해 순조롭게 철광석을 환원할 새로운 방법을 찾아야 한다.

아직 풀어야 할 숙제가 있지만 전문가들은 그린 수소가 미래의 에너지원이라고 생각한다. 그린 수소가 연소할 때 유해한 온실가스가 발생하지 않기 때문만은 아니다. 또 다른 장점으로, 현재 수소를 열이나 에너지로 전환할 수 있는 시설이 이미 마련되어 있다는 점을 꼽을 수 있다. 그래서 주기율표에서 원소 기호 1번인 수소가 산업 현장에 신속하게 투입될 수 있었다고 한다. 수소는 심지어 비행에도 사용될 수 있어서 기후에 해로운 제트 연료의 장기적인 대안으로 활용될 수 있다. 소형 비행기에 수소를 연료로 사용한 첫 시도에서는 프로펠러 엔진의 연료 전지에 있는 수소의 화학 에너지가 전기로 전환되었다.

게다가 아주 오래전부터 알려진 수소 에너지 생산 기술이 있다. 물을 전기 분해해 수소를 얻는 것이다. 일주일 전에 확실히 알았는데, 전기 분해도 결코 기술적으로 단순한 공정은 아니다. 드레스덴의 막스플랑크 고체화학물리학연구소를 방문했을 때 나는 그곳에서 이 공정을 개선하기 위해 어떤 연구가 진행되고 있는지 알게 되었다.

어쩌면 이건 여러분에게도 친숙한 원리일지 모르겠다. 물에 전류를 흘리면 음극에서는 수소가, 양극에서는 산소가 생성된다. 이때 산소는 원자의 형태로 생성되기 때문에 매우 공격적이어서 전류가 흐르는 전극을 부식시킨다. 그래서 무기화학자들은 강한 부하를 견딜 수 있는, 전극 제조에 더 적합한 물질을 찾고 있다.

어느 경우든 간에 전기 분해에는 막대한 양의 전기가 필요하다. 앞서 말했듯이 그린 수소는 재생 가능한 에너지원에서 전기를 통해 얻는데, 독일에서 두 번째로 큰 철강회사인 잘츠기터 주식회사Salzgitter AG는 이런 전기를 생산하기 위해 야심찬 길을 걷고 있다. 독일 북부의 하르츠 일대에 소재한 이 기업은 공장 지대에 풍력 발전 시설을 세워 그린 수소를 생산하고 철광석을 환원에 사용하고 있다. 2020년에는 높이가 200미터를 넘는 풍력 발전용 터빈 일곱 대를 설치했다.

수소를 기반으로 철광석을 철로 환원할 때 '직접 환원 철Direct Reduced Iron, DRI'이 생성되는데, 이것은 지속적인 처리 과정이 필요하다. 뒤셀도르프 연구소에서 나는 직접 환원 철에서 철 함량이 최대 95퍼센트인 고품질의 철이 생성된다는 사실을 알게 되었다. 연구 실험실이라기보다 공장의 작업 홀을 연상시키는 실험 홀에서 한 박사 과정생이 내게 실험 구조물을 보여주었다. 섭씨 수천 도에 이르는 전기 아크 방전electric arc(전극에 전위차가 발생해 전극 사이의 기체에 지속적으로 발생하는 절연 파괴의 일종-옮긴이)을 이용하면 기공이 있는 직접 환원 철, 심지어 광석 자체가 진한 액체 철로 변한다.

연구원은 내게 이 공정의 산출물을 보여주었다. 이상하게 생긴 이 금속 조각은 송년의 밤에 보는 납점을 연상시켰다. 아크 방전으로 얻은 철은 전통적인 용광로에서 흐르는 물질보다 순도가 훨씬 높다. 이를 녹색 철강으로 전환하면 온실가스를 감소시킬 뿐만 아니라 금속 생산물의 특성이 개선된다. 마찬가지로 다른 많은 금속도 생산과 특성이 현저히 개선될 수 있다. 에너지 변혁에 중요한 금속을 얻을 때 여전히 환경이 심하게 훼손되고 있다. 배터리에 사용되는 니켈, 코발트, 리튬, 자석과 전동기에 사용되는 희토류 원소, 전도체 물질인 구리 등이 이에 해당한다.

전환 계획의 전망은 밝다. 하지만 착각해서는 안 된다. 현실적으로 충분한 양의 그린 수소를 신속하게 얻기는 어렵기 때문이다.

이를 위해서는 '오프쇼어 전기 분해' 시설이 대폭 확충되어야 한다. 배경 아이디어는 단순하다. 바다의 풍력 발전소에서 생산된 전력을 운반하는 과정에서 발생하는 손실 없이, 현지에서 대량으로 직접 사용해 그린 수소를 생산하자는 것이다.

마그데부르크의 막스플랑크 복합기술시스템 역학 연구소도 이 프로젝트에 참여하고 있다. 내가 보고받은 바에 따르면 풍력 발전에 의한 오프쇼어 전기 분해뿐만 아니라 현지에서 그린 수소를 이용해 다양한 화학 생산물로 전환하는, 새로운 유형의 공정 시스템을 개발하는 것이 목표라고 한다. 이 연구소는 계획된 시설에 대한 '디지털 트윈digital twin(어떤 사물을 컴퓨터 시스템상에 동일하게 표현해서 가상 모델을 만드는 것-옮긴이)'을 개발했다. 디지털 트윈은 제어 시스템의 프로세스를 조절하는 데 사용된다고 한다.

풍력을 수소로 전환하는 하이테크 시설을 개발하는 데 성공한다고 해도 이것은 개념 증명Proof Of Concept, POC(기존 시장에 없었던 신기술을 도입하기 전에 이를 검증하기 위해 사용하는 것-옮긴이)에 불과하다. 독일은 산업과 교통 분야의 전환에 필요한 그린 수소 전량을 생산할 수 있는 재생 전력을 생산할 여건이 되지 않기 때문이다. 그린 수소는 바다뿐만 아니라 초대형 전기 분해 시설에 필요한 태양 에너지가 풍부한 아프리카나 아랍 국가에서 생산된다.

이 지역의 상당수 국가가 이를 통해 새로운 세계적 에너지 시장이 탄생하리라는 것을 이미 오래전부터 알고 있었다. 사우디아라비아는 북서부 지역에 네옴Neom이라는 대규모 계획도시를 이미 건설했다. 아키바 만과 홍해 근방 사막의 메가 프로젝트의 일부는 초대형 '솔라 파크Solar Park'의 전력으로 생산되는 그린 수소 공장이다.

그린 수소가 어디서 오든지 최대한 많은 양을 수입해야 한다. 한 연구원은 현재 수백만 톤의 천연가스를 수입하고 있다고 했다. 이 막대한 양의 수소를 더 넓은 구간을 통해 어떻게 이동할 수 있을지 궁금해진다. 수소는 아주 가벼운 휘발성 기체이고 높은 압력과 아주 낮은 온도에서만 액체가 되므로, 기술적으로 모든 것은 아주 단순하다. 게다가 수소는 공기와 섞이면 폭발한다. 뒤셀도르프 연구소를 나섰을 때, 내 머릿속엔 현실적으로 유용한 글로벌한 기준의 수소 운반이라는 난제를 어떻게 풀어야 하느냐는 질문이 계속 맴돌았다.

뮐하임 안 데어 루르의 막스플랑크 화학적 에너지 전환 연구소MPI für Chemische Energiekonversion에서도 이 질문에 대해 한참 논의 중이다. 12월의 아침 이 연구소에 도착했을 때 눈발이 세차게 휘날리고 있었다. 직원들이 나와 토론하기 위해 로비의 크리스마스트리 주변에 모여 있었다.

이 연구소는 수소를 생산 현장에서 쉽고 안전하게 운반 가능한 형태로 전환해야 한다는 관점을 취하고 있다. 특히 암모니아는 액화가 쉬워서 운송에 적합하고 가연성이 아니기 때문에 수소의 저장 형태로 고려되고 있다. 또한 암모니아는 대형 유조선으로 안전하게 전 세계로 운송될 수 있다고 한다. 수소 저장 수단으로 디메

틸 에테르dimethyl ether(메탄올을 진한 황산 따위의 산성 촉매로 탈수해서 얻는 에테르-옮긴이)와 같은 물질도 고려되고 있지만, 화학식이 NH_3인 암모니아 가스는 수십 년 전부터 공업적으로 대량생산되고 있다는 이점이 있다. 이는 수소를 질소와 반응시키는 하버-보슈법Haber-Bosch Process 덕분이었다.

베를린 달렘의 막스플랑크협회 프리츠하버 연구소Fritz-Haber-Institut를 방문했을 때는 1918년 노벨화학상을 수상한 독일의 화학자 프리츠 하버Fritz Haber가 나를 맞이했다. 이 연구소는 고목이 있는 공원 같은 경치의 전 카이저빌헬름협회Kaiser-Wilhelm-Gesllschaft의 근거지에 있는 복합 건물 단지에 있다. 한 연구원이 1912년 10월 23일 전신이었던 카이저빌헬름 화학연구소가 개관했을 때 빌헬름 2세가 이 문으로 들어왔다면서, 긴 망토를 걸친 군주의 모습이 담긴 오래된 사진을 가리켰다.

도서관에서 우리는 하버가 살았던 집을 봤다. 전 세계인의 식량 공급에 중요한 역할을 한 질소 비료도 그의 연구 덕분이었다. 하지만 그는 제1차 세계대전 당시 대량살상무기인 독가스 개발과 사용을 주도했다. 정원에는 아내 클라라 임머바르Clarra Immerwahr의 동상이 있었다. 그녀는 독일 최초로 화학 박사 학위를 받은 여성으로서 전쟁이 터진 직후인 1915년 5월 2일에 목숨을 끊었다.

현재 프리츠하버 연구소의 연구는 그런 수소를 중심으로 진행되고 있다. 한 연구원은 촉매의 안정성을 개선하는 게 수소 경제에서 얼마나 중요한지 강조했다. 촉매는 더 긴 수명이 필요한데, 이는 촉매의 표면에서 어떤 일이 벌어지는지 더 많이 이해할 때 가능한 일이라고 한다. 원자들 사이의 간격이 1나노미터 미만인 마이크로 환경, 이른바 화학 작용이 발생하는 영역이 중요하다. 스스로 재생하는 촉매를 개발하는 것도 가능할지 모른다고 한다. 또 다른 연구원은 이런 복잡한 프로세스를 컴퓨터로 시뮬레이션하는 기술이 점점 발전하고 있다고 했다. 지금까지는 대부분 화학 반응만 연구했지만 촉매가 어떻게 반응을 가속화하는지 살펴보기 위해 촉매도 포함시켰다.

암모니아 형태의 수소는 더 쉽게 운반할 수 있다. 목적지에 도착해서 다시 수소를 얻으려면 암모니아는 다시 수소와 질소로 분해되어야 한다. 유감스럽게도 암모니아 분해는 흡열 반응endothermic reaction(화학에서 계가 열을 흡수함으로써 진행되는 반응-옮긴이)을 일으키기 때문에 이 마지막 단계가 여전히 큰 난관이다. 흡열 반응은 추가적인 에너지 소비, 그것도 많은 양을 요구하기 때문이다.

이런 에너지 소비를 적은 수준으로 유지하기 위해 이곳 연구소에서는 암모니아 분해를 쉽게 해주는 새로운 화합물을 찾고 있다. 이미 적합하다고 알려진 촉매들은 고가의 백금, 팔라듐, 루테늄으로 구성되어 있다. 하지만 가격이 더 저렴한 촉매를 찾을 수 있다면 목적지에서 대량의 에너지를 사용하지 않고 수소를 다시 얻을 수 있을 것이다. 이런 촉매 개발이 녹색 에너지원과 유망주들의 세계적 거래를 촉진할 수 있을 거라고 한다.

다시 뮐하임으로 돌아왔다. 점심에는 얼음장처럼 차가운 빗속에 눈발이 날렸다. 나는 서둘러 막스플랑크 화학적 에너지 전환 연구소에서 이웃인 막스플랑크 석탄연구소로 갔다. 역사적인 이름과는 살짝 다른 느낌을 주는지 모르겠지만, 100여 년의 역사를 지닌 세계적으로 유명한 이 연구소는 이제 미래를 연구하고 있다. 새로운 철강 산업과 마찬가지로 수소는 지속 가능한 화학의 에너지원이자 출발 물질로 여겨지고 있다. 오랜 전통을 지닌 이곳에서 1925년에는 피셔-트롭시 공정Fischer-Tropsch Process에 대한 특허가 출원되었다. 이런 대규모 산업 공정에서는 특히 수소를 이용해 휘발유와 같은 합성 연료를 생산한다.

로비에서 '코가신Kogasin'이라는 라벨이 붙여진 노란색 액체가 들어 있는 유리 진열장을 보니 옛 시절이 떠올랐다. 이 합성 연료는 제2차 세계대전 당시 피셔-트롭시 공정으로 생산되었다. 코가신이라는 이름은 코크스-가스-휘발유Koks-Gas-Benzin의 줄임말로, 제조 공정을 일컫는다. 피셔-트롭시 공정에서는 먼저 코크스로부터 수소와 일산화탄소로 이뤄진 합성 가스가 생산된다. 그다음에 촉매를 투입해 섭씨 150~300도의 온도에서 연료를 얻는다.

한 연구원이 구식 공정이 여전히 사용되고 있다는 점을 강조했다. 실제로 사막 국가인 카타르에 대형 피셔-트롭시 공정 시설이 있어서 매년 수백만 톤 규모의 연료를 생산한다고 한다. 하지만 여기에 사용되는 출발 물질은 석탄이 아니라 이 지역에서 대량으로 채굴되는, 특히 메탄으로 이뤄진 천연가스다. 메탄은 수증기를 이용해 합성 가스로 전환될 수 있는데, 이 합성 가스는 피셔-트롭시 공정에서 탄화수소를 구성하는 데 사용한다. 이런 생산물이 교통수단에 사용되면 이산화탄소를 방출한다. 결국에는 천연가스라는 화석 에너지원에서 휘발유라는 또 다른 화석 에너지원으로 전환되는 것뿐이다.

하지만 미래에는 이런 구식 공정을 바탕으로 탄소 중립 연료 CO_2-neutrale Kraftstoffe, E-Fuel도 생산될 수 있다고 한다. 이런 합성 연료는 그린 제트 연료를 통해 지속 가능성을 추구할 수 있는 항공교통 분야에서 중요하다. 녹색 연료 생산 과정은 기본적으로 피셔-트롭시 공정과 동일하다. 바탕을 이루는 아이디어는 공정에 합성가스 대신 그린 수소와 이산화탄소를 사용하는 것이다. 이렇게 하면 적어도 이론적으로는, 원래 생산에 투입될 때와 달리 더 이상 이산화탄소를 방출하지 않는 연료를 생산할 수 있다.

물론 녹색 제트 연료 생산에는 여전히 장애물이 있다. 이산화탄소는 일산화탄소보다 수소와 반응할 때 더 이동하기 어렵기 때문이다. 이산화탄소의 전환은 기본적으로 가능하지만 많은 에너지가 사용되어야 하므로 녹색 제트 연료의 생산 비용이 증가한다.

그러면 어떻게 해야 수소 기반 공정의 효율을 더 높일 수 있을까? 이런 질문에 대한 답을 찾는 과정에서 학자들이 내린 결론은 항상 동일했다. 이 공정에 필요한 에너지 수요를 낮추는 더 우수한 촉매가 필요하다는 것이다. 새로운 촉매는 녹색 연료를 더 경제적으로 생산하는 데 도움이 된다. 그보다 수소 시대의 필수 조건이라고 표현하는 게 정확할 것이다. 지난번 연구소 방문을 통해 확인했듯이 수소는 다양한 공정에 사용될 수 있기 때문이다.

이런 모든 공정에서 결국 중요한 것은 수소가 반응을 일으킬 수 있도록 수소를 분리하는 일이다. 화학식이 H_2인 수소는 두 개의 수소 분자 혹은 양이온을 가진 H^+와 음이온을 가진 H^-로 분해될 수 있다.

최근 뮐하임 연구소에서는 촉매 연구로 특별한 상을 받았다. 2021년 10월 노벨화학상을 갓 수상한 독일의 화학자 베냐민 리스트Benjamin List가 연구소를 방문했는데 마침 나도 그곳에 있었다. 당시 모든 직원이 하얀 가운을 입고 9층짜리 실험실 건물의 발코니에 서 있었고 이제 막 상을 받은 그에게 손을 흔들어 인사했다. 멋진 광경이었다.

리스트는 새로운 수준의 촉매를 발견했다. 일반적으로 전통적인 금속과 금속 화합물이 촉매로 사용되는데, 그는 아미노산과 같은 유기 분자가 화학 반응을 가속할 수 있다는 사실을 입증했다.

그렇다면 이런 촉매는 어떤 역할을 하는 것일까? 촉매 물질은 출발 물질과 산물 사이에 존재하는 에너지 장벽을 낮춤으로써 화학 반응을 가속한다. 그래서 반응을 진행시길 때 더 적은 에너지를 소비한다. 출발 물질과 산물 사이에는 높은 에너지 상태, 즉 과도기 상태가 존재한다. 촉매는 이런 과도기 상태를 안정화함으로써 에너지를 낮추는 것이다. 그 결과 출발 물질과 최종 산물 사이의 장벽이 낮아진다. 그래서 촉매는 반응을 가속할 수 있고, 수많은 화학 공정에서 빼놓을 수 없는 존재가 된다.

하지만 촉매의 원리는 새로운 게 아니다. 촉매는 생명체만큼이나 오래되었고, 자연은 진화의 과정에서 효과가 뛰어난 무수히 많은 촉매를 탄생시켰다. 생체 촉매는 5장에서 한 번 다뤘던 효소다. 자연은 심지어 수소를 분해하거나 생성할 수 있는 효소도 만들어냈다. 이곳 뮐하임 연구소에서는 그중 하나인 질소 고정 효소 nitrogenase(질소를 암모늄 이온과 수소로 환원시키는 효소-옮긴이)를 연구하고 있다.

질소 고정 효소의 흥미로운 점은 동물이나 식물에는 존재하지 않고, 질소 고정 세균diazotroph에만 존재한다는 것이다. 질소 고정 세균은 공기 중의 질소와 결합해 암모니아로 전환할 수 있는 박테리아를 말한다. 질소 고정 효소는 암모니아와 수소를 생성시킴으로써 질소와 물을 반응시킬 수 있다. 학자들은 X선 분광법을 이용해 이런 기능이 정확하게 어떻게 작용하는지 연구하고 있다. 이들은 이런 방법으로 효소 활성 센터인 자연을 연구한다. 흥미롭게도, 질소 고정 효소는 촉매 반응 센터에서 특히 철이나 몰리브덴 같은 금속을 사용한다.

오래전부터 학자들은 이런 원리를 이용해 신촉매 기술을 찾으려는 연구 계획에서 금속 기반의 촉매가 자연 상태에서 생성되었다는 점을 강조해왔다. 전통적인 피셔-트롭시 공정에서는 철이나 코발트를 기반으로 한 촉매를 사용하는데, 사실 촉매 효과를 지닌 다양한 금속과 금속 화합물이 수십 년에 걸쳐 발견되었다. 하지만 공기 중에는 불안정한 촉매들이 많다. 이런 촉매들은 산소나 습도로 인해 비활성화된다. 또한 차폐 가스(일반적으로 여러 용접 공정에 사용되는 불활성 또는 반 비활성 기체-옮긴이)가 있을 때만 사용할 수 있기 때문에 대부분이 대량생산 공정에 적합하지 않다. 이런 물질이 실제로 사용되려면 오랜 기간 자연환경에서 안정적인 상태를 유지할 수 있어야 한다.

새로운 촉매를 개발하기 위해서는 이런 물질들을 합성해야 할 뿐만 아니라 구조와 물질의 특성을 분석해야 한다. 따라서 실험적 방법뿐만 아니라 분광법도 중요하다. 하지만 이런 상관관계에서 이론적 방법, 양자화학적 방법이 점점 더 많이 투입되고 있다. 이 방법을 이용하면 새로운 물질의 특성을 예측할 수 있다. 요즘은 분광법을 통해 얻은 손가락 지문의 특징적인 물질을 종종 예측할 수 있다. 이런 예측과 실제 측정 결과를 비교하면 새로운 물질과의 동일성을 정확하게 확인할 수 있다.

이곳 석탄연구소의 학자들은 이런 양자화학적 분석에서 가장 많이 사용되는 소프트웨어 솔루션 중 하나를 개발했다. 바로 ORCA라는 프로그램으로, 전 세계 사용자 수는 수만 명에 이른다. 사용자 중에는 화학자뿐만 아니라 외계 행성의 대기를 분석하려는 천체물리학자도 있다. 1장에서 살펴봤듯이 저 멀리에 있는 행성의 대기를 분석하는 데 분광법으로 분석된 지문도 사용된다.

대체 이런 발전은 어떻게 가능했을까? 대학 시절 우리는 양자화학적 연산은 엄청난 연산 시간 때문에 실행할 수 없다고 배웠다. 학자들에게 전 세계에서 양자화학적 연산을 사용할 수 있는 슈퍼

컴퓨터로 이 문제를 해결할 수 있는지 물었더니, 그렇지 않다고 한다. 그들에 따르면 이 오래된 문제는 아직 풀리지 않은 상태다. 빠른 컴퓨터가 도움이 될 수는 있으나 새로운 알고리즘을 이용한 돌파구가 있어야 해결할 수 있다. 양자화학적 연산이 더 노련하게 실행되어야 연산 시간을 절약할 수 있다.

여기서 다시 중요한 연구 원칙이 드러난다. 큰 문제는 대개 힘으로 해결할 수 없다는 것이다. 컴퓨터가 얼마나 빠른지와 상관없이 오래된 문제를 풀려면 먼저 새로운 콘셉트가 필요하다.

현재 열리고 있는 가능성들은 너무나도 매혹적이다. 나는 수소를 이용해 이산화탄소에서 이산화탄소를 포함한 화합물을 생성시킬 수 있다는 것이 특히 흥미롭다. 이렇게 해서 이산화탄소를 대기로 방출하지 않고, 이산화탄소가 대량으로 생성되는 곳에서 이산화탄소를 사용할 가능성이 생긴다. 이 공정은 '탄소 포집 및 활용 Carbon Capture and Utilization, CCU'이라고 알려져 있다.

더 많은 이산화탄소를 포집할 수 있는 기술은 새로운 가능성을 열어준다. 이 기술로 우리는 시멘트를 생산하거나 쓰레기 소각 시설에서 발생한 대량의 이산화탄소를 지금까지 화석 물질에서 얻었던 탄화수소를 생산하는 데 사용할 수 있다. 이산화탄소는 수소를 이용해 메탄올로 변환될 수 있다. 메탄올은 가장 단순한 알코올로 다른 많은 물질을 합성하는 데 사용된다. 이런 공정에는 높은 압력과 온도가 필요하다. 이보다 더 훌륭하게 이산화탄소를 화학적으로 사용할 수 있는 공정이 있다면 언제든 환영이다.

나중에 베를린의 프리츠 하버연구소를 방문했을 때 한 연구원을 통해 알게 되었지만 또 다른 공정이 있다. 즉 이산화탄소 전기분해를 이용해 반응을 일으킬 수 있다. 그 연구원의 설명에 따르면 구리로 된 작은 주사위인 나노 큐브를 이용하면 전류를 통해 이산화탄소가 분해되고 다른 화합물로 전환될 수 있다. 특히 에탄올을 비롯해 에틸렌 가스를 얻을 수 있는데, 에틸렌 가스에서 다시 합성수지인 폴리에틸렌을 지속 가능하게 생산할 수 있다고 한다. 나노 큐브는 안정적인 이산화탄소 화합물을 더 쉽게 분해할 수 있는 촉매 역할을 해서 이산화탄소와 수소를 반응시킨다.

하지만 여기에도 공정을 기술적으로 도입하기 전에 해결해야 할 몇 가지 장애물이 있다. 하나는 촉매 나노 큐브가 소모되어 어느 정도 시간이 지나면 작용에 변화가 생겨 산출량이 감소하는 것이다. 따라서 연구자들은 촉매를 리사이클링할 방법을 찾아야 한다. 다른 하나는 원했던 산출물에서 나오는 혼합물 외에 종종 원치 않았던 일산화탄소와 메탄가스가 방출된다는 것이다. 그렇기에 주로 한 가지 산물만 생성되어 쉽게 재처리될 수 있는 조건을 찾아야 한다.

나중에 방문했을 때 알게 된 사실이지만 마르부르크의 막스플랑크 지구미생물학연구소MPI für terrestrische Mikrobiologie는 완전히 다른 방법으로 이산화탄소를 포집한다. 이곳 연구자들은 자연이 막대한 양의 이산화탄소를 끊임없이 대기에서 흡수해서 당을 비롯해 다른 이산화탄소 화합물로 전환한다는 점에 착안했다. 그래서 이들은 이산화탄소 고정에 관한 문제에 대한 생물학적인 해결 방안을 추구하고 있다. 이를 위해 시험관에서 이산화탄소를 결합할 수 있는 인공 대사 경로를 만들었다. 미래에는 이 방법으로 온실가스를 포집하고 지속 가능한 화학을 위한 이산화탄소 공급원이 개발될 것이라고 한다.

이산화탄소 화합물을 처리하는 화학 공정과 마찬가지로 이 경로에도 아직 걸림돌이 많고 갈 길이 멀다. 한 연구원은 일단 이산화탄소를 사용하기 위한 공정이 대량생산에 활용될 수 있다면 뜻밖의 가능성이 열릴 거라고 활짝 웃으며 말했다. 공기 중의 이산화탄소를 직접 사용할 수 있는 길이 열리면 대기의 유해한 온실가스를 피할 수 있고 화학 생산에 사용되는 화석 연료 출발 물질을 절약할 수 있을 것이다.

나는 대기 중에서 이산화탄소를 제거하고 지하에서 처리하는 대안이 덜 매력적이라고 생각한다. 하지만 '탄소 포집 및 저장 Carbon Capture and Storage, CCS'이라고 알려진 방식이 이미 개발되어 있다. 그리고 아이슬란드의 CCS 시설에는 매년 수백만 톤의 이산화탄소를 저장할 수 있다. 2021년 한 해에만 전 세계 이산화탄소 배출량은 370억 톤에 이르렀다. 이 문제를 완전히 해결하려면 엄청나게 많은 시설이 필요할 것이다. 그럼에도 CCS와 CCU는 기후 위기를 막는 데 중대한 공헌을 할 수 있다고 한다.

나는 이산화탄소를 활용하거나 저장하는 기술이 왜 오랫동안 추진되지 않았는지 궁금했다. 이는 더 이상 이산화탄소 배출을 막을 필요가 없다거나, 그 정도의 규모를 유지할 필요가 없다는 잘못된 신호와 관련이 있을지 모른다.

루르 지역을 떠나 괴팅겐으로 돌아가는 길에 머릿속을 정리해 봤다. 우리가 신속하게 산업을 재편하고 화석 에너지원을 즉시 수소로 대체한다면 이산화탄소 배출량을 줄이고 기후 위기를 막을 수 있다고 한다. 재생 전력만 충분히 공급된다면 그린 수소를 이용해 이산화탄소로부터 탄소 기반 연료를 생산할 수도 있다. 따라서 대체 에너지원인 태양과 풍력 발전 시설은 신속하게 확충되어야 한다.

하지만 이것만으로는 산업계 수요를 충당할 수 없다. 그 밖에도 유럽에서 항상 발생하는 잉여 전력이 저장될 수 있어야 한다. 따라서 전 세계적인 수소 경제를 구축해 그린 수소를 수입해야 한다. 이는 양수 발전pumped-storage hydroelectricity을 이용하는 것뿐만 아니라 지하의 수소 저장 시설, 가스 액화나 소금 용해를 통해서도 가능하다.

미래의 도전 과제들은 그야말로 어마어마하다. 재생 가능한 에너지원으로서 그린 수소의 전망은 긍정적이다. 지속 가능한 수소 기반 세계에 대한 희망은 넘치지만 한 가지에만 모든 것을 거는 실수를 저질러서는 안 된다. 인류의 에너지 부족을 해결하려면 다른 기술도 필요하다. 그중 하나가 가장 큰 에너지원인 태양에 초점을 맞추는 것이다. 이 여행의 다음 정류장에서는 어떻게 하면 태양 에너지원을 인류에게 유용하게 사용할 수 있을지 살펴보자.

12장

핵융합과 초전도체

태양과 별들의 에너지를 손에 넣으려면

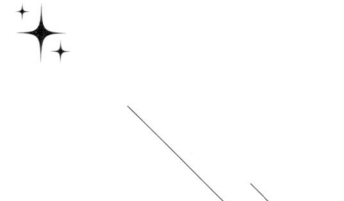

천장이 높은 실험 홀에 들어갔을 때 나는 너무 놀라 할 말을 잃었다. 그런 건 한 번도 본 적이 없었기 때문이었다. 곳곳에 진공실, 은색 파이프, 가지각색의 케이블이 있었다. 스텔라레이터 stellarator(핵융합을 목적으로 고온의 플라스마를 자기장을 이용해 가두기 위해 고안된 장치-옮긴이) 유형의 플라스마 봉입 장치를 설치하자는 제안이 나왔을 때 심사자는 이런 복잡한 기계는 제작할 수 없다는 의견을 냈다고 한다. 하지만 심사자가 한참 잘못 생각한 것이었다. 아이디어가 넘치는 물리학자들과 경험이 많은 엔지니어들이 불가능하다고 하는 것을 해냈기 때문이다. 지금 나는 이 역작을 두 눈으로 직접 보며 놀라움을 금치 못하고 있다.

어떻게 된 일인지 차근차근 설명하도록 하겠다. 핵융합이 미래의 비非화석 에너지로 거론되고 있다는 건 이미 알려져 있다. 이는 핵융합이 태양의 에너지원이자 결국에는 모든 생명의 근원이기 때문에 아주 오래전부터 알려진 사실이다. 핵융합을 할 때 두 개의 수소 원자가 한 개의 헬륨 원자로 융합된다. 이때 엄청나게 많은 에너지가 방출되는데, 전통적인 원자력 발전소에 에너지가 투입될 때처럼 핵의 구성단위당 방출량이 원자핵이 분열할 때보다 훨씬 더 많다.

핵분열과 달리 핵융합을 할 때는 오래 잔류하는 방사성 폐기물이 발생하지 않는다. 대신 핵융합은 섭씨 수백만 도의 극고온에서만 가능하다. 상상을 초월하는 고온에서 물질은 더 이상 우리에게 잘 알려진 세 가지 상태에 있는 게 아니다. 이 물질은 고체도, 액체도, 기체도 아니며 제4의 물질 상태인 플라스마다. 그 안에서 원자핵은 원자 껍질에서 분리되는데 그 상태가 되어야 핵융합이 가능하다.

이 프로세스를 이용해 에너지를 얻으려면 플라스마 상태가 단시간에 생성되어야 할 뿐만 아니라 최대한 길게(최소 몇 시간 동안) 유지되어야 한다. 이는 기술적으로 매우 어려운 과제이며 막스플랑크 플라스마물리학연구소MPI für Plasmaphysik의 핵심 목표이기도 하다. 이곳에서는 미래의 융합 발전소 건설을 위한 기초를 다지기 위해 플라스마를 생산하고 상세히 연구하고 있다. 이 연구소는 몇 년 동안 팀 연구를 통해 전 세계에서 유일하게 두 가지 유형의 플라스마 장치를 구축할 수 있었다. 바로 앞에서 설명했던 스텔라레이터와 토카막tokamak(핵융합에 필요한 중수소Deuterium와 삼중 수소Tritium의 고온 플라스마를 발생시키는 장치-옮긴이)이다.

두 가지 유형의 장치에서 플라스마는 자석으로 된 고리 모양의 새장에 봉입되어 있어야 한다. 하지만 터널처럼 생긴 자기장 새장의 형태는 매우 다양하다. 스텔라레이터가 아주 복잡하고 감겨 있는 형태를 취한다면, 토카막은 단순한 호스 모양의 고리를 새장으로 사용한다. 그래서 나는 먼저 뮌헨 가르힝의 토카막을 봤고, 그 다음에 스텔라레이터를 보기 위해 그라이프스발트Greifswald를 방문했다.

토카막이 있는 홀에 들어섰을 때 연구원은 수십 년 동안 유지해온 열정을 감추지 못했다. 토카막이 가동되면 단시간에 거대한 양의 전류가 흐른다고 한다. 이는 무려 뮌헨의 전력 사용량의 3분의 1에 해당한다. 이렇게 엄청난 전력이 투입된 상태의 망이 붕괴되지 않도록 에너지는 일시적으로 무거운 플라이휠flywheel에 축적된다. 플라이휠은 엄청난 양의 에너지를 방출할 수 있고, 자기장 새장의 플라스마 상태를 유지하기 위해 자석의 자기장을 활성화할 수 있다고 한다.

하지만 토카막의 플라스마 상태를 유지하기 전에 먼저 플라스마가 생성되어야 한다. 나는 플라스마가 어떻게 작용하는지 궁금했다. 연구원은 고리 모양의 플라스마 챔버가 특수한 수소 가스, 즉 중수소(수소의 동위 원소 중 하나이며 이중 수소라고도 한다-옮긴이)로 채워져 있다고 설명해주었다. 이 가스는 전기 에너지와 마이크로파를 이용해 플라스마 상태가 될 때까지 가열된다. 섭씨 1억 도가 될 때까지 플라스마는 뜨거운 상태로 유지되는데, 태양의 내부보다 10배 더 뜨거운 대신 압력은 더 낮고 크기는 더 작게 조절된다.

그녀는 플라스마 챔버까지 닿는 수십 미터 길이의 파이프를 보여 주었다. 이 파이프는 온도계로, 내부에서 나오는 복사선을 분석해 온도를 측정한다고 한다.

이 엄청난 기술적 성과가 이루어낸 것은 무엇일까? 토카막은 현재 남프랑스에 건설 중인 국제 융합 시설인 국제 열핵융합 실험로International Thermonuclear Experimental Reactor, ITER의 플라스마 연구에 돌파구를 마련했다. 저항력이 뛰어난 텅스텐이 플라스마 챔버의 내장재로 적합하다는 사실이 밝혀졌으며 플라스마의 기하학적 구조도 이론적 예측을 바탕으로 조정되어 단열 기능이 대폭 개선되었다.

여기에는 엄청난 노하우가 필요하다. 예를 들어 고리 내부의 플라스마를 안정적으로 유지하려면 원형의 자기장선에 비틀림이 생겨야 하는데, 이는 고리 모양의 전류를 통해 발생한다. 반면 스텔라레이터는 특별한 기하학적 구조의 자기장 코일을 통해서만 자기장선에 비틀림이 발생한다.

나는 전설적인 스텔라레이터를 보기 위해 기차를 타고 베를린에서 우커마르크를 지나 계속해서 북부로 갔다. 기차에서 대학 도시이자 한자 도시로 유명한 그라이프스발트에서 2022년 여름 벤델슈타인 7-XWendelstein 7-X라는 거대한 장치가 가동을 개시했다는 자료를 읽었다. 자료에 집중하다 보니 어느덧 물결 모양의 지붕이 있는 연구소 앞에 도착했다. 특징적인 양식에서 인근 발트해의 분위기가 물씬 풍겼다.

연구소는 내 기대감을 고조시켰고 궁금해서 못 견딜 것 같았다. 한 연구원이 초대형 장치를 제작할 당시의 사진을 바탕으로 이 시설의 구조를 한 층씩 찬찬히 설명했다. 스텔라레이터의 경우 순서가 반대였다. 계획을 할 때 토카막과 달리 기계가 아니라 안정적인 플라스마와 최적의 기하학적 구조에서 출발했다.

원래 안정적인 플라스마는 물리적 특성에 의해 규정된 형태, 즉 고리 모양의 비틀린 밴드의 형태를 취해야 한다. 그리고 두 번째 단계에서 플라스마 밴드가 접촉 없이 공간에서 자유롭게 둥둥 떠다니는 상태를 유지시키려면 자석이 어떻게 생겨야 하는지 계산해야 한다. 그래서 10개의 휘어진 구성 요소로 이뤄진고리를 선택해 그 안에 각각 다르게 감긴 다섯 개의 자기 코일이 들어가게 한다. 이렇게 해서 속이 비어 있는 금속 고리가 만들어지고 그 안에서 플라스마는 50개의 자석으로 둘러싸인다. 그러니까 스텔라레이터는 이론적으로 이상적인 플라스마 주변에서 제작된 것이다.

연구원은 경외심에 가득 차서 플라스마 봉입에 필요한 자기장을 생성하려면 자석을 통해 아주 강력한 전류가 계속 흘러야 한다고 설명했다. 자석 코일을 초전도 상태로 만드는 데 강력한 전류가 필요하기 때문이다. 이에 대한 배경 아이디어는 9장 새로운 유형의 물질에서 이미 접했듯이, 전류가 한 번만 유입되어야 코일을 통해 손실 없이 흐를 수 있다는 것이다. 실제로 코일은 영구 자석으로 변한다. 하지만 자석을 3켈빈, 섭씨 약 −270도로 급속 냉각하면 초전도 상태에 도달한다.

연구원은 수 톤에 이르는 이 장치를 이렇게 극저온으로 냉각시키는 데 꼬박 4주가 걸린다고 설명을 이어갔다. 차가운 코일이 얼지 않고 냉각시키는 데 지나치게 많은 에너지가 소비되지 않도록 이 장치는 진공 고리 안에 둘러싸여 있고, 그 안에서 강력한 펌프가 (공기를) 계속 빨아들여 진공 상태가 유지된다. 그렇게 스텔라레이터는 두 개의 진공 고리로 구성된다. 플라스마를 위한 원래의 자기장 새장과, 크고 아주 차가운 자석 코일의 절연을 위해 그 앞에 놓여 있는 진공관이다. 이 아이디어가 어떻게 느껴지는가? 맞다. 앞서 9장에서 살펴봤던 이온 저장 링과 똑같은 방법이다.

드디어 우리는 높은 실험 홀을 에워싸고 있는 육중한 철근 콘크리트 벽을 지나 수십 톤의 무게를 들어 올릴 수 있는 크레인이 있는 홀의 지붕까지 갔다. 나는 스텔라레이터 위에 서 있었다. 처음에 설명했듯이 숨이 멎을 듯한 광경이 펼쳐졌다. 이 장치는 직경이 15미터에 높이가 15미터다. 부품들을 연결하고 제어하기 위해 수백 킬로미터에 이르는 케이블이 놓여 있었다. 컴퓨터를 기반으로 한 설계와 철저한 수리논리학으로만 케이블과 관을 제어해, 굉음을 내는 냉각 장치, 팔뚝 굵기의 구리 전력공급기, 수 미터에 이르는 측정 도구 등 스텔라레이터 주변의 모든 것이 제 위치에 있었다.

연구원이 놀란 내 모습을 보고 웃었다. 직원 수백 명이 수십 년간 산출하고, 계획을 정교화하고, 테스트를 해서 이 장치를 현실로 만들었다고 한다. 조립을 하는 데만 100만 시간 이상이 들어갔다. 이런 매머드급 프로젝트를 정비공 한 명이 도맡는다면 조립하는 데만도 수천 년이 족히 걸린다고 한다. 그렇게 무게가 총 50톤에 이르는 벽을 만들었는데 그 주변에는 10밀리그램의 플라스마만 있다고 한다. 연구원은 이 장치의 모든 나사는 컴퓨터의 로그북에 기록되고, 아주 작은 케이블 플러그 하나도 이 로그북에 나와 있다고 덧붙였다.

이제 전 세계에서 수백 명의 물리학자가 스텔라레이터에서 측정하기 위해 순례를 온다. 벤델슈타인 7-X의 목표는 고온의 플라스마 상태를 오랫동안(약 반 시간) 유지하는 것이다. 플라스마가 안정적인 이 시간에는 다양한 연구를 할 수 있다. 이를 위해 스텔라레이터 주변에 약 250개의 접합관이 배열되어 있어서, 다양한 장치들이 플라스마 챔버에 삽입될 수 있다. 이렇게 해서 플라스마는 작용의 영향을 받고 연구를 진행할 수 있다. 새로운 지식은 이렇게 탄생하고 미래의 시설을 제작하는 데 흘러들어 간다.

이 모든 것은 너무나도 인상적이었다. 이런 시설에서 에너지가 생성될 날이 온다면 어떻게 생성될까? 이에 대해서도 학자들은 확실한 답을 찾았다. 전류를 생성시키려면 핵융합을 통해 생성되는 열이 냉각수를 통해 유출되어야 한다. 냉각수가 원자로의 벽에 물밀듯이 흘러오고, 가열되고, 터빈이 작동하면 이것을 이용해 전류가 생성된다. 내 방식으로 내용을 정리하면 내부는 하이테크, 외부는 전통적인 발전 기술인 셈이다. 핵융합 발전소의 큰 장점은 기존의 인프라와 쉽게 연결될 수 있다는 점이다.

나는 핵융합 발전소 시대를 앞당기기 위해 향후 부딪힐 수 있는 가장 큰 기술적 장벽이 무엇인지 물었다. 그러자 플라스마의 난류turbulence를 통제하는 것이 우선으로 해결해야 할 과제라고 전문가들은 입을 모아 말했다. 플라스마의 난류를 태양풍의 난기류라고 생각하면 이해하기 쉽다. 이 난류 때문에 플라스마가 냉각되는데, 쉽게 말해서 더 큰 융합 발전소가 필요하다는 의미다. 학자들은 이런 난류를 자기장의 기하학적 구조를 조정함으로써 막을 수 있길 바란다. 핵융합 에너지가 현실이 될 날까지 학자들은 모든 과정을 단계별로 차근차근 진행하고자 한다.

많은 학자가 그라이프스발트 연구소를 찾는다. 플라스마와 핵융합 연구는 전 세계가 연합해야만 가능한 일인데 이 연구소는 약 150개 대학 및 연구 기관과 협력하고 있다. 학자들은 2007년 구축되어 몇 년 후 프랑스의 카다라슈에서 가동될 예정인 국제 열핵융합 실험로ITER에 적극적으로 협조하고 있다.

ITER의 목표는 에너지를 전달하는 핵융합 플라스마를 생성하는 것이다. 적어도 단시일 내에 이곳에서 에너지가 생산되어야 한다. 성공하면 핵융합 발전의 유용성이 입증된 것이나 다름없다. 그러면 데모 핵융합 실험로가 구축되고, 그다음에 최초의 핵융합 발전소가 건립되어야 한다. 연구자들이 다년간의 연구를 통해 배운 모든 것이 제각각 차세대 시설 건립으로 이어지는 것이다.

국제적인 대규모 프로젝트 외에도 최근 몇 년 사이에 핵융합로에 대해 부분적으로 다른 개념을 추구하는 개인 기업들이 나타났다. 이런 개념 중 하나가 관성 봉입 핵융합Inertial Confinement Fusion,

ICF인데, 이 방식에서는 플라스마가 생성되고 핵융합 반응이 일어날 때까지 수소 캡슐을 강력한 레이저 빔으로 가열한다. 2022년 크리스마스 직전에 로렌스 리버모어 국립연구소Lawrence Livermore National Laboratory(미국의 3대 핵무기 연구소-옮긴이)는 플라스마를 유입하는 방법으로 관성 봉입 핵융합을 이용했을 때 더 많은 에너지를 얻을 수 있었다는 내용의 연구 결과를 발표했다.

이런 소식들은 고무적이다. 물론 관성 봉입 핵융합에도 아직 해결되지 않은 문제들이 많다. 관성 봉입 핵융합을 기반으로 한 발전소가 어떤 형태일지 아직 구체적인 콘셉트도 없다. 그라이프스발트의 연구원들에 따르면 이용 가능한 수준의 에너지를 생성하려면 이런 캡슐 중 여러 개를 초 단위로 점화해야 한다고 한다. 많은 국가가 이론적으로 생각할 수 있는 모든 형태의 핵융합에 투자하고 있고 관련 산업에 투자하면서 점점 더 경쟁이 치열해지고 있음에도 불구하고, 빨라야 21세기 중반 이후에나 발전소를 건설할 수 있을 것으로 보인다.

그라이프스발트행 기차를 타고 남부를 향해 발걸음을 옮기며 핵융합 발전소 건설에 어떤 설계가 최종적으로 채택될지 곰곰이 생각했다. 현재 우리가 확실하게 알고 있는 것은 없으므로 플라스마와 핵융합 연구의 속도를 높여야 한다. 청정에너지를 생산할 수 있는 핵융합 발전소를 최대한 빨리 건설하려면 다양한 아이디어와 개념이 서로 경쟁하며 수십 년의 기초 연구가 끝난 후인 지금, 경제계의 투자가 절실하다. 이 여행에서 이미 여러 차례 확인되었듯이 생각지도 못했던 학문의 모퉁이에서 해결책이 종종 발견되곤 한다.

핵융합 발전소의 핵심은 플라스마 저장 링의 자석 코일에서 나오는 초전도체다. 이런 물질에는 전류의 흐름을 방해하는 불완전한(결함이 있는) 위치가 있다. 손실 없이 전기를 잘 전도하려면 벤델슈타인 7-X처럼 극저온에서 냉각될 수 있는 초전도체가 필요하다. 새로운 유형의 초전도체는 이 정도의 강한 냉각이 필요 없고 더 높은 자기장을 생성시킬 수 있어서, 에너지를 절감하고 실제로 기술을 더 쉽게 적용할 수 있다는 측면에서 바람직하다.

슈투트가르트의 막스플랑크 고체연구소에서는 초전도체와 신소재가 개발되고 있다. 1975년 건축문화유산으로 지정된 거대한 '콘크리트 빌딩'에 들어가자 피아노 소리가 들렸다. 부드러운 화음은 이런 기술 환경과 전혀 어울리지 않았고 점점 빨라졌다. 그런데 이 소리는 스피커에서 나오는 게 아니었다. 실제로 누군가가 이곳에서 피아노를 치고 있었다. 나는 악기의 건반이 인공 상아로 제작되었다는 설명을 들었다. 인공 상아도 이 연구소에서 개발되었다고 한다. 이곳에서는 한마디로 모든 것이 신소재를 중심으로 돌아간다. 그렇다면 신소재는 어떻게 합성하고, 구조를 어떻게 분석하고, 기능을 어떻게 알 수 있을까?

그라이프스발트의 스텔라레이터에서 사용되었던 초전도체의 특성에 대해 그동안에 아주 많은 것이 밝혀졌다. 이제 그 정도의 극저온에서 냉각되지 않아도 되는 초전도체들도 많다. 마인츠의 막스플랑크 화학연구소에서 발견한 란탄하이드라이드Lanthanhydrid라고 하는 물질은 비교적 높은 온도인 섭씨 영하 23도에서 초전도 상태가 된다. 이런 초전도체의 특성에 대해서는 알려진 것이 훨씬 적은데, 대체로 취성脆性처럼 좋지 않은 특성을 지닌다. 바로 이 문제 때문에 실질적으로 이 기술을 도입하고 널리 보급하기 어렵다.

이곳 연구소에서는 이런 신소재들을 연구하는 방법을 개발하고 있는데, 대표적인 예가 함부르크의 DESY와 공동으로 개발한 X선 분광법이다. 연구원들은 이 방법을 이용해 신유형의 초전도체에서 전기류를 쉽게 전달시킬 수 있는지 입증했다. 초전도체는 원자의 층 사이에서 서로 상호작용을 하는 전자들을 가둔다. 나는 너무 놀라서 눈이 휘둥그래졌다. 이렇게 얇디얇은, 원자의 층 사이에 있는 초전도 물질을 어떻게 생성시킬 수 있었을까? 지금부터 구체적으로 살펴보자.

우리는 공업전문학교로 이동했다. 작업장 같으면서도 물리학 실험실 분위기가 풍기는 곳이었다. 시멘트 바닥에 성인의 키만 한 높이의 기계들이 여러 개 있었는데, 마치 거대한 은빛 코로나바이러스처럼 보였다. 알루미늄과 강철로 제작된 이런 장치들 주변에는 공 모양의 리액션 챔버reaction chamber가 세워져 있었고 그 안에서 다양한 기구들이 가시처럼 튀어나와 있었다.

이것은 원소와 화합물로 이뤄진 박막층을 덧바를 수 있는 특수 장치다. 리액션 챔버의 내부에서는 금속 등 소량의 물질을 레이저 빔을 이용해 증기화하고 원소화한다. 이렇게 증기화된 원자들은 증류기의 수용기에서 층이 되어 쌓인다. 이런 층들은 원자처럼 될 수도 있고, 그 이상이 될 수도 있다. 심지어 층을 형성할 수 있어서 여기서 다시 층이 입혀지고, 이렇게 해서 원래 하나의 원자층에 필요한 원소보다 더 적어지기도 한다. 열 레이저 에피택시 Thermal Laser Epitaxy, TLE라고 불리는 이 기술은 새로운 반도체나 양자컴퓨터 부품 생산에서 앞으로 중요해질 수 있다.

구리선 같은 전도체 내에서 전하가 한 방향으로 이동할 때 전류가 흐른다는 사실은 오래전부터 알려져 있었다. 하지만 초전도체 물질에서 전류가 어떻게 흐르는지는 아직 알려진 게 많지 않다. 슈투트가르트 연구소에서 한 연구원은 이렇게 설명했다. 하전된 작은 입자, 즉 전자는 임의로 입자들과 연합함으로써 생성되는 결합물 내에서 이동한다. 그런데 각 전자가 지닌 고유한 특성에서는 이런 전자들의 결합이 쉽게 이뤄지지 않는다. 그래서 양자 물질의 창발emergence(하위계층에 없는 특성이나 행동이 상위계층에서 자발적으로 돌연히 출현하는 현상-옮긴이)적 특성이 중요하다고 한다. 솔직히 말해 나는 정확하게 어떤 상황인지 연구원들도 제대로 이해하지 못하고 있다는 생각이 들었다.

연구원은 내가 답답해하고 있는 걸 느낀 듯했다. 사실 창발성을 언급한 것만으로는 충분한 설명이 되지 않았다. 나는 전류가 어떻게 손실 없이 전달될 수 있는지 정확하게 알고 싶었다. 그러자 그는 이렇게 설명해주었다. 메가시티인 도쿄에는 시부야 스크럼블 교차로Shibuya Crossing라는 중심가가 있는데, 이곳으로 매일 수만 명의 인파가 몰려든다. 이들이 최소 간격을 유지하면 보행 교통은 원활하게 흘러간다. 하지만 한 위치에 잠시 인파가 밀집되면 보행자의 흐름에 필요한 최소 간격이 확보되지 않기 때문에 광장의 모든 교통이 순식간에 정체된다.

나는 복잡한 물리적 현상을 단순한 방식으로 설명하려는 연구원들의 노력에 감사했다. 이 경우에는 설명 가능한 것의 한계에 도달한 것처럼 여겨졌다. 창발적 현상은 명료한 세계에 쉽게 응용할 수 없는 게 아니기 때문이다. 과학에서는 때때로 어떤 결과를 단순하게 설명하는 게 불가능하다는 걸 받아들여야 한다. 그다음에 그것에 대해 최대한 단순하되, 지나치게 단순하지 않게 설명해야 한다. 그렇지 않으면 이 설명은 거짓이 된다.

아무튼 이 말은 알베르트 아인슈타인이 한 것이다. 아마 그는 이런 상황에서 자신의 말을 직접 인용했을 것이다. 어떤 현상을 규명하려면 때로는 수학적으로 해결해야 한다. 창발적인 양자 현상에 대해서도 당연히 그렇게 해야 하지만, 이는 내 수학 지식의 한계를 넘는다.

우리는 대중 과학 수준으로 전달 가능한 것의 한계 영역을 벗어나 긴 터널을 통과해 새로운 건물에 도착했다. 정밀성 실험실이었다. 이 건물은 실험실이라기보다는 거대한 실험 홀에 가까웠는데, 가르힝의 실험 홀보다 훨씬 컸다. 이 실험 홀의 바닥은 멀리에서 오는 화물차 등으로 유발되는 주변의 진동이 이곳에서 행해지는 정밀 계측을 방해하지 않도록 두꺼운 시멘트로 되어 있었다. 높은 홀에는 화려하게 페인트칠이 된 11개의 정육면체 모양의 공간들이 있는데, 마치 초대형 신발 상자처럼 바닥 위에 분배되어 있었다. 이런 공간 일부는 잠수함용 강철로 된 무거운 문으로 닫혀 있어서, 전자기파나 음성 신호가 내부로 침투할 수 없다. 이렇게 밀폐된 실험실에서는 원자 단위의 정밀함과 극도로 소음이 제한된 상태의 측정이 가능할 것이다.

미닫이문이 옆으로 천천히 열리고 나는 내부의 복잡한 물리학 장치들을 봤다. 인도 출신의 젊은 과학자가 각각의 분자를 어떻게 눈에 보일 수 있게 하는지 설명했다. 나는 놀란 눈으로, 아주 얇은 원자 바늘에서 흘러나오는 전자빔을 이용해 분자들의 홀로그램이 어떻게 촬영되는지 지켜봤다. 이곳에서 연구원들이 하는 일은 각각의 분자들을 눈으로 직접 볼 수 있게 만드는 것이다. 이런 시각화 원칙은 항체와 같은 아주 큰 분자에서만 작동한다.

젊은 과학자가 한술 더 떠, 각 분자의 화학 반응을 실시간으로 보여주고 싶다면서 신이 나서 말했을 때 나는 믿을 수 없어서 그를 쳐다봤다. 그가 손에 쥐고 있는 것은 분자 주변에서 움직이고 있는 전자구름의 스냅숏이었다. 얼마나 의욕이 넘치던지! 이렇게 그들은 새로운 물질을 분석해서 특성을 알아내고 있었다.

이 엄청난 결과에 흠뻑 취한 상태에서 나는 화학 실험실로 왔다. 내게 네온 빛 보호안경을 건네준 연구원은 태양광 발전과 태양에너지 전환을 대폭 향상할 방안을 연구하고 있었다. 그녀는 자랑스럽게 그런 잠재력을 지닌 소재를 보여주었다. 현재의 태양전지는 햇빛이 바로 에너지로 전환되어 전력망에 공급된다. 그녀는 이 신소재는 전혀 다른 방식을 취한다고 덧붙였다. 이 소재는 들어오는 빛을 이용해 에너지를 직접 저장할 수 있으며, 저장된 에너지는 몇 시간 후 이 소재로부터 전기를 끌어낼 수 있다고 한다. 나는 너무 놀라 어안이 벙벙해졌다. 쉽게 말해 이곳에서는 햇빛이 '임시 저장' 되고 있는 것이다.

연구원들은 미래에는 이런 소재들을 이용해 먼저 충전되고 나중에 방전되는 새로운 유형의 '태양전지'를 제작할 수 있으리라 생각한다. 이렇게 하면 이론적으로는 태양이 가장 강하게 빛나는 낮에는 에너지를 생산하고 저장해두었다가, 저녁에는 이 에너지를 이용해 식사를 준비할 수 있다. 이 기술을 이용하면 태양열 전기가 리튬 전지에 임시 저장되는 게 아니라 시간을 지연시켰다가 태양전지로부터 직접 전달되어야 한다. 그렇게 되려면 아직 극복해야 할 몇 가지 기술 장벽이 있다. 그럼에도 이 주목할 만한 연구 결과는 에너지 영역에 혁명을 일으킬 재료과학의 잠재력, 그 이상의 것을 보여주고 있었다.

나는 앞으로 어떤 상황이 펼쳐질지 그 연구원에게 물었다. 인간이 로봇과 인공지능을 사용하게 되리라는 건 분명하다. 이 연구소는 화학 로봇과 인공지능의 협력을 통한 신소재 개발에 박차를 가할 계획이다. 로봇은 엄청난 횟수의 화학 합성을 신속하고 정확하게 처리하고 신소재를 분석할 수 있다. 이렇게 얻은 데이터를 인공지능에 전달하면 인공지능이 다음 실험을 계획한다. 그리고 다시 로봇 동료들이 다음 실험을 진행하고, 인공지능에 새로운 데이터를 전달한다. 미래의 실험실에서는 연구원들이 개입할 때까지 기계들끼리 연구를 진행할 것이다. 이렇게 해서 얻고자 했던 소재의 특성을 더 신속하게 최적화할 수 있다. 주변을 둘러보니 반짝거리는 눈빛들이 보였다.

그사이에 더 많은 연구원이 합류했다. 그중 한 명은 1980년 그르노블에서 양자 홀 효과quantum Hall effect(고전적 홀 효과와 유사한 것으로 일정한 조건에서 홀 전도율이 양자화하는 효과-옮긴이)를 발견한 독일의 물리학자이자 노벨물리학상 수상자 클라우스 폰 키츨링Klaus von Klitzing이었다. 양자 홀 효과는 반도체의 소형화에 중요하다. 물리 상수도 발견자의 이름을 따서 명명되었다.

인터뷰에서 그는 키츨링 상수가 존재하기 때문에 자신은 죽음의 불안함이 없다고 했다. 실제로 플랑크 상수Planck constant(자연의 기본 상수 가운데 하나로 양자역학 현상의 크기, 즉 양자 효과를 고려해야 하는 모든 양에서 나타난다-옮긴이)든 키츨링 상수든 간에 업적은 연구자보다 오래 남는다. 이런 면에서 천재 연구자들은 작곡가, 예술가, 작가에 견줄 수 있다. 때로는 불멸에 대한 오랜 소망이 최고의 성과를 내는 원동력이 되기도 한다.

탈진해서 호텔 침대에 누워 있는 동안 머릿속에서 이런 질문이 계속 맴돌았다. 앞으로 에너지 공급은 어떻게 이뤄질까? 장기적으로 인류의 에너지 부족은 어떤 기술을 이용해야 충족될 수 있을까? 한 가지 확실한 건 화석 연료를 연소시키면 대량의 이산화탄소가 배출되기 때문에 화력 발전소 가동을 중단하는게 급선무라는 것이다. 대부분이 메탄으로 이뤄진 천연가스로 인한 피해는 이보다 적다. 천연가스가 연소할 때 형성된 이산화탄소는 더 많은 에너지를 배출하기 때문이다. 게다가 천연가스는 쉽게 운반할 수 있고 전력 생산뿐만 아니라 산업 공정과 일반 가정의 난방에 쉽게 사용될 수 있다.

물론 천연가스도 화석 에너지원이라는 사실에는 변함이 없다. 따라서 태양열 발전이나 풍력 에너지와 같은 재생에너지원을 이른 시일 안에 확충하고 극대화해야 한다. 나아가 이산화탄소에서 수소와 합성 메탄과 같은 수소 기반 기술로 갈아타야 한다. 미래에는 핵융합이 우리의 에너지 문제에 대한 근본적인 해결 방안을 제시할 것이다.

이런 기술적 발전 외에도 인류가 놓쳐서는 안 될 중요한 요소가 있다. 우리가 에너지를 절약해야 에너지 변혁에 훨씬 더 많이 기여할 수 있다는 것이다. 이런 발전이 우리의 생활에 필요할 때, 전 세계적 도전 과제를 극복해야 할 때 바로 이런 행동 방침이 필요하다. 우리 인간이 어떻게 살고 어떻게 행동하는지 더 정확하게 이해하기 위해, 독일의 물리학자 카를 프리드리히 폰 바이츠체커Carl Friedrich von Weizsäcker가 인류학 논문에서 말했듯이 '인간적인 것의 정원'을 통과해 다음 여정으로 넘어가 보자.

13장

변혁의 중심에 있는 사회

과학과 기술, 사회 변화는 함께 일어난다

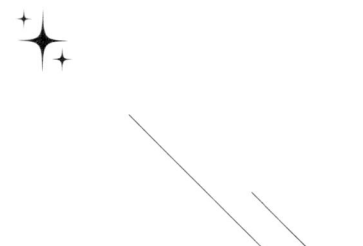

기후, 인구통계, 디지털화, 이주 등 여러 가지 이유로 우리의 삶에는 시시각각 변화가 일어난다. 그 원인에 대해 우리는 또다시 수많은 질문을 던져보게 된다. 예를 들어 우리가 현재의 기후 위기에 더 단호한 행동을 취하지 못하는 이유는 무엇일까? 쾰른의 막스플랑크 사회연구소MPI für Gesellschaftsforschung의 한 연구원은 한 가지 질문이 머릿속에서 맴돌고 있다고 했다. 우리가 모든 상황을 알고 있음에도 불구하고 도전 과제에 대해 답을 제시하지 못하는 이유는 무엇일까? 그는 민주주의 사회는 권력과 결정 구조로 인해 기후 위기에 적절한 대응을 할 수 없다고 한다. 이에 대해 나는 가혹하고도 우려스러운 의견이라는 생각이 들었다.

그러자 다른 연구원이 자신의 입장을 도식화해서 설명했다. 그는 삼각형을 그린 다음 세 꼭짓점에 각각 국가, 경제, 사회라고 적었다. 정치로 대변되는 국가는 갈등의 중심에 있다. 국가는 한편으로는 시장이 잘 돌아가도록 지키는 역할을 하며, 다른 한편으로는 사회적 목표를 염두에 두어야 한다. 기후 보호는 물론이고 사회정의, 교육, 이해관계 조정 등 많은 일이 이에 해당한다. 여기에 또 인프라 구조의 변혁과 맞물려 있는 복잡성이 있다. 마지막 세 단계만 살펴봐도 알 수 있듯이 이것은 우리가 극복해야 할 큰 과제다! 이런 요인들을 고려하면 결국 자연에 부담을 주는 결정을 내릴 수밖에 없다.

그렇다면 경제는 어떤가? 경제계는 돈을 벌어야 하고, 정의에 따르면 자본주의는 이윤을 지향한다. 세계적인 석유 기업 BPBritish Petroleum는 21세기로 접어들 무렵 '당신의 탄소 발자국을 알아보세요Know your carbon footprint'라는 캠페인을 시작했다. 개인에게 이산화탄소 배출에 대한 책임을 지게 하자는 것이다. 2004년 약 30만 명이 BP의 웹사이트에서 자신의 탄소 발자국을 계산했다. 나는 그래도 이건 상대적으로 악의 없는 행동이라고 생각한다.

반면 세계 최대 석유 기업 엑손Exxon은 수십 년 동안 기후 연구 결과를 감춰왔다는 사실이 밝혀졌다. 그 외에 화석 연료 업계의 다른 기업들도 의심을 받고 있다. 이들은 이런 상황을 어떻게 타개해갈까? 그러자 한 연구원이 산업계는 수십 년 전부터 막강한 구조적·도구적 권력을 쌓아왔다고 설명해주었다.

그렇다면 이것을 또다시 정치와 경제의 탓으로 돌려야 할까? 그렇지 않다. 물론 사회에서 제동을 걸 수 있다. 저항은 다양하고 때로는 혼란스러운 우려에서 온다. 소비를 줄이는 것은 물론 도시와 교통을 재편해야 하고 생활수준을 유지할 수 없을 것에 대한 우려 말이다. 그렇지만 도움을 주려고 하는 다수가 있다는 점을 연구원은 강조했다. 지역 교통 시스템 디지털화 프로젝트를 설명했던 막스플랑크 역학 및 자기조직화 연구소의 한 연구원과 나눴던 대화가 떠올랐다. 이 연구팀은 파일럿 프로젝트의 일환으로 이동 서비스를 제공하기 위한 소프트웨어를 개발했는데, 사람들이 어떻게 서로 협력할 수 있는지 보여주는 좋은 사례였다.

그러면 이제 우리는 어떻게 발전시켜 나아가야 할까? 내가 묻자 연구원은 먼저 이 세 영역에 자극을 주어야 한다고 했다. 더불어 한정된 자원을 똑똑하게(그의 표현대로 하면 '스마트하게') 사용하는 게 중요하다. 물론 각각의 경우 더 많은 비용이 들 것이다. 사람들은 열을 견디는 식물, 제방 보강, 지속 가능한 에너지로 작동되는 에어컨 등 기후변화로 달라진 환경에 대한 조치만 생각한다. 하지만 학교도 개혁되어야 하고, 공공 행정도 디지털화되어야 하고, 교통 인프라도 개선되어야 한다. 이 모든 것이 충분하지 않다고 하더라도 당연히 사회적 결속력도 보장되어야 한다.

나는 중국과 같은 국가가 기후 위기의 도전 과제에 더 잘 대응하고 있는 것은 아니냐고 질문했다. 사실 이런 질문을 하게 된 배경은 개인적 경험 때문이다. 2013년 베이징에 있었을 때 나는 스모그를 뚫고 해를 볼 수 있는 겨울에 왔다며 축하를 받았다. 그리고 몇 년 후 다시 베이징을 방문했을 때 공기는 깨끗해졌고 하늘은 푸른빛이었다. 매연을 뿜어대던 그 많던 스쿠터는 사라지고 없었다. 국가가 개입해 사람들의 스쿠터를 전기 스쿠터로 바꿔놓은 것이었다. 그렇다면 환경 문제를 다루는 데 중국의 시스템이 더 성공적인 건 아닐까?

연구원은 단호하게 아니라고 대답했다. 이런 모든 어려움에도 불구하고 민주주의가 더 큰 문제들을 해결할 수 있는 더 훌륭한 제도라고 그는 말했다. 우리는 대개 일반재를 신뢰하고, 조세의 의미를 신뢰한다. 적어도 우리는 탄소 가격제를 통해 변화를 자극하는 시스템을 마련하기 시작했다. 그렇다면 이제 중요한 문제는 사회적으로 공정한 탄소 가격을 책정하는 일이다. 탄소 가격은 소비세와 같은 역할을 해서 특히 저소득층에 부담을 주기 때문이다.

나는 시민으로서 우리가 지금 더 많은 일을 할 수 있지 않느냐고 했다. 예를 들어 우리는 소비를 선호하는 성향을 바꾸거나 윤리적 시장을 지지할 수 있다. 그러자 연구원은 이것은 구매력 부족이나 시장의 투명성 결여뿐만 아니라 시간의 지평과 관련이 있다고 설명했다. 오늘 내려야 하는 결정은 먼 미래가 된 후에야 기후에 영향을 끼치기 때문이다.

연구 결과, 가까운 미래에 대한 기대가 소비자들의 결정에 중요한 역할을 한다는 사실이 입증되었다. 쉽게 말해 어떤 결정을 하고 며칠 만에 삶이 어떻게 변하거나 변할 수 있는지가 중요하다는 것이다. 사람들이 로또 복권을 사는 이유를 어떻게 설명할 수 있을까? 당첨될 확률이 아주 희박하다고 할지라도 다음번 추첨에서는 백만장자가 될 수 있을지 모른다는 기대감 때문에 우리는 매주 복권을 산다.

베를린의 막스플랑크 교육연구소MPI für Bildungsforschung의 한 연구원이 행동 연구자의 관점에서 인간의 무위에 관한 질문에 답하고자 했었던 일이 떠올랐다. 그는 동시에 여러 가지 답변을 내놓았는데 그중에는 잘 알려져 있다시피 좋은 의도와 실제 행동 사이의 간극, 의식적인 태만함이 있었다. 이 밖에도 그는 다원주의적 무지를 언급했다. 즉 어떤 현상이 실제로는 소수에게만 지지를 받고 있다고 할지라도, 다수의 출발점이 일반적으로 인정되는 사회적 기준이 되는 현상 말이다.

사람들은 일반적으로 개인이나 사회에 전체에 대한 책임을 부여하는 경향이 있다. 소수의 사람이 기후변화에 대한 개인적인 경험을 하지만 많은 사람이 희망적 사고에 빠지는 것 역시 심각한 일이다. 이들은 이른바 '현상 유지 편향'의 영향을 받고 있기 때문에 '평소대로' 순응하는 것이다. 그렇다면 우리는 정말로 비도덕적일까? 베를린 연구소의 연구원은 그렇지 않다고 하면서 우리는 단지 주변 환경의 영향을 많이 받을 뿐이라고 했다.

우리 사회에서 환경은 당연히 시장에 의해 공동으로 결정된다. 예전에 이집트 대사관이 있었던 본의 막스플랑크 공유재연구소MPI zur Erforschung von Gemeinschaftsgütern는 시장이 어떻게 돌아가고 그 안에서 우리가 어떻게 움직이는지 연구하는 곳이다. 나는 나무로 된 계단실을 지나 위층의 반원형 발코니에 도착했다. 이곳에서는 고목들이 있는 정원이 내려다보인다. 나는 실험실이 있는 옆 건물을 바라봤다. 경제학, 사회과학 실험실의 모습은 자연과학 실험실과는 사뭇 다르다. 학생들은 컴퓨터 앞에 앉아서 시장을 시뮬레이션하고 인간의 행동을 분석한다. 이곳에서 주로 다루는 질문은 인간이 어떻게 결정을 내리는지다.

한 연구원이 모든 영역의 사회와 경제생활에서 인간적인 요인이 어떻게 나타났는지 설명했다. 그중 한 예가 비교적 측정하기 쉬운, 경쟁 상황에서 나타나는 성별 차이다. 그는 이것이 남자아이들이 여자아이들보다 경쟁 상황에 있는 걸 좋아한다는 역할에 대한 기대 때문이라고 생각했다. 남녀의 성역할을 이렇게 인식하기 때문에 유감스럽게도 능력이 뛰어난 여성들이 경쟁 상황을 불편하게 여겨 나중에 중요한 지위에서 후보 자격을 잃는 경우가 종종 있다.

사회적 지위, 명망, 소유가 모계 혈통을 통해 계승되는 인도 동북부의 카시족Khasi 같은 모계 사회에서는 여성들이 남성들보다 경쟁적인 경우가 많다. 이는 유전적 요인을 근거로 제시할 수 없는 현상이며, 우리의 생각과 행위에 영향을 끼치는 사회적 요인과 관련이 있다. 따라서 모든 젊은이가 동등하게 경쟁 상황에 대응할 수 있도록 장려하는 게 중요하다.

쾰른의 막스플랑크 사회연구소에 있는 한 연구원도 함께 잘 살 수 있는 환경을 보장하려면 시장이 어떻게 돌아가는지 이해해야 한다고 말했다. 여기서는 국가 간 비교가 도움이 된다. 실제로 매우 다양한 경제 모델이 성공할 수 있기 때문이다. 독일의 경제는 수출에 대한 의존도가 높은 반면 미국 경제는 내수 시장이 우세하다. 그동안 시장의 발전 추이를 연구하기 위한 신뢰할 수 있는 자료들도 많이 발표되었다. 특히 OECD의 38개 회원국은 최대 여섯 개 부문을 분석한 경제 데이터를 제공한다. 그는 이것이야말로 훌륭한 연구 자료라며 열광했다.

하지만 수치로 모든 것을 설명할 순 없는 법이다. 시장을 파악하려면 개개인이 어떻게 결정을 내리는지 이해해야 한다. 한 연구원이 와인 거래의 문제점을 확실하게 설명해주었다. 와인 한 병의 생산 비용이 고작 몇 유로라는 사실은 잘 알려져 있다. 바로 여기서 흥미로운 질문이 생긴다. 생산 비용이 그만큼 증가하지 않는데 많은 와인이 200유로 혹은 그보다 비싼 가격에 판매되고 있는 이유는 무엇일까?

블라인드 테스트 결과 전문가들도 맛으로는 고가의 와인과 저렴한 와인을 구분하기 어려워한다는 사실이 드러났다. 이런 가격이 형성되는 이유는 구매자의 사회적 위신과 관련이 있다. 따라서 인간의 결정은 종종 사회적 맥락에서만 이해할 수 있고, 이를 완전히 배제한 상태에서는 불가능하다.

그렇다면 인간이 대체로 윤리적인 결정을 할 수 있는 이유는 무엇일까? 인간들 사이의 협력은 당연하지 않지만, 사회끼리는 연합할 수 있다. 이는 라이프치히의 전 레클람Reclam 출판사 건물에 있는 막스플랑크 자연과학 속 수학 연구소MPI für Mathematik in den Naturwissenschaften에서 개인을 위한 인간의 희생적 행위가 유익한지 연구한 결과 밝혀진 사실이다. 이곳의 연구원들은 게임 이론을 바탕으로 인간의 윤리에 관한 오랜 질문을 연구하고 있다.

또한 협력은 집단뿐만 아니라 개인에게도 유익한 행위라는 것이 입증되었다. 협력 행위를 통해 심지어 게임에도 질서가 생길 수 있고 사회는 이런 질서, 즉 서로 교류하기 위한 규칙과 규범에 맞춰 돌아간다. 소셜 미디어에서도 이와 유사한 현상을 관찰할 수 있다. 소셜 미디어에서는 모든 참여자가 이익을 얻을 수 있는 협력 전략이 발전한다.

물론 소셜 미디어는 아직 신생 연구 분야이며 사람들은 변화에 노출되어 있다. 할레의 막스플랑크 민족학연구소MPI für ethnologische Forschung의 연구원들은 사회는 전 세계 다양한 지역에서 다양한 방식으로 돌아가고 있기 때문에 이런 변혁이 어떻게 일어나고 있는지 이해하려면 국경을 초월한 넓은 관점을 갖는 것이 도움이 된다고 말한다. 다른 사회에 머무르면서 하는 현장 연구는 이 프로젝트에서 필수다. 삶의 모든 상호작용을 이해하려면 최소 1년 동안 다른 사람들의 삶에 동참하는 게 이상적인데, 이는 종종 감정적·심리적 부담감과 연관된다. 민족학 연구에서도 인간이 신체를 통해서도 배운다는 것이 밝혀졌다.

나중에 나는 할레 연구소 연구원들의 체험 보고서를 읽어봤다. 그제야 나는 이들이 처음에는 그들이 잘 모르고 있던 사회에 얼마나 깊숙이 파고들었는지 알 수 있었다. 개개인의 운명에 시선을 돌린 한 사례는 특히 매력적이었다. 이 사례는 서아프리카 국가 니제르의 사회 변화를 나타내고 있는데 나노, 타파, 말람 부요라는 세 형제의 관점이 반영되어 있었다. 이들은 와다베Wodaabe 족이라는 유목민 공동체의 구성원이었다. 형제는 모두 서아프리카의 사바나에서 성장했고 어릴 때부터 함께 염소를 지키며 살아왔다. 그러다가 떨어져 살게 되었는데 막내만 가족과 함께 살고 두 형은 각각 다른 도시로 떠났다. 그렇지만 이들은 계속 연락하며 지냈다.

한 연구원은 니제르의 세 형제가 서로 보완해주는 관계였다고 썼다. 다른 길을 통해 새로운 수입원이 생겼고 가족에 대한 리스크가 분산되었다는 것이다. 두 형은 가족들과 계속 연락을 취하고 지내면서 도시에서 다수의 문화에 적응했다. 이 연구원은 형제들과 전국 각지를 돌아다니며 이들의 언어를 익혔는데, 이는 사회의 변화를 어떻게 이해하고 사회적 관계에 끼치는 영향, 정체성, 다양한 인종 그룹 간 차이에 어떻게 접근해야 하는지, 그러려면 각 사례에서 얼마나 많은 노력이 필요한지 보여주는 모범 사례다.

연구소의 온실에서 다양한 문화에 대한 이해를 넘는 민족학 연구의 영향에 관한 토론이 이어졌다. 인간은 알 수 없는 미래를 위해 지식을 비축해야 한다. 그래야 건강의 위기, 기후변화, 전쟁 등에 사회는 어떤 반응을 보이는지 물었을 때 행위의 선택지가 더 다양해진다고 한 연구원이 말했다. 게다가 이제 연구는 말로 할 수 있는 것의 영역이 확장되고 복잡한 상황을 파악할 수 있게 되었다.

다른 연구원은 민족학 연구가 탈식민화를 겪고 있다는 점을 강조했다. 따라서 유럽 중심의 시각을 바로잡기 위해 유럽 출신이 아닌 연구자들을 전 세계 현장 연구에 더 많이 투입할 계획이라고 했다. 그는 특히 중국 사회의 변혁을 연구하며 사람들의 우려를 철저히 파헤치려고 한다. 인구통계학적 발전도, 기후변화도 기술적 해결 방안만으로는 극복할 수 없으며 근본적으로는 사회 변혁이 필요하다. 그렇다면 훌륭한 삶이란 무엇인지 새로운 질문을 던져봐야 한다는 것이다.

끊임없이 증가하는 인간의 이동성도 사회 발전에 심각한 영향을 끼치는 요인이다. 괴팅겐의 막스플랑크 다종교 및 다인종 사회 연구소MPI zur Erforschung multireligiöser und multiethnischer Gesellschaften는 이동성과 이주를 중점적으로 연구한다. "우리는 이 일을 해냅니다!" 2015년 앙겔라 메르켈 전 독일 연방 총리가 이 유명한 문장을 외쳤을 때 실제로 많은 사람이 기꺼이 도움을 주었다는 사실을 나는 연구소를 통해 알게 되었다. 당국은 부담이 컸지만 이 일을 아주 잘해냈다. 하지만 북부 독일 자치 단체의 조사 결과에서 확인할 수 있듯이, 이런 보호가 필요한 사람들이 정작 자치 단체에 편입된 후에는 소외되었다고 한다.

로스토크의 막스플랑크 인구통계연구소MPI für demografische Forschung의 한 연구원은 이주에 관한 조사가 인구 변화 연구의 아킬레스건이라고 한다. 도움을 받으려면 신고를 해야 하기에 누가 어느 나라에서 왔는지 추적하는 일은 상대적으로 쉽다. 반면에 누가 어느 나라를 언제 떠났는지 확인하려고 하면 일이 훨씬 더 어려워진다. 그래서 전 세계적인 이주 행렬을 최대한 정확하게 평가하려면 소셜 미디어, 인구 조사, 이메일 트래픽 등 다양한 출처의 데이터를 취합해야 한다.

로스토크의 연구원들은 페이스북 데이터를 이용해 자연재해 이후 이주 움직임에 대한 정보를 신속하게 확보할 수 있었다. 이들은 2017년 가을 허리케인 마리아가 관통한 후 푸에르토리코에서 미국으로의 난민 행렬을 포착했다. 국제 협업을 바탕으로 이들은 재난이 발생한 직후 페이스북 데이터를 분석할 수 있었다.

일반적으로 광고 비즈니스의 고객에게만 제공되는 익명의 데이터는 몇 가지 정보를 포함하고 있다. 그중에는 연령과 성별에 관한 정보도 있다. 하지만 연구원들은 이 플랫폼의 사용자가 주로 젊은 층이기 때문에 생기는 데이터 왜곡을 수정해야 했다. 그런데 결과는 놀라울 정도로 정확했다. 실제로 2018년 1월에 약 18만 5,000명이 미국으로 이주했는데, 푸에르토리코 출신 이주민의 비중이 월등히 높았다. 물론 연구원들은 회사의 이해관계와 상관없이 이런 협력 프로젝트를 유지해야 한다.

새로운 환경에서 사람들의 통합을 이해하기 위한 관점에서 이주를 파악하는 것은 훨씬 더 어려운 일이다. 이는 공적으로 접근 가능할 뿐만 아니라 익명의 형태로 각 회사의 원자료를 얻고 구체적인 질문을 보낼 수 있도록 소셜 미디어 운영자들과 함께 학문적 협력 관계를 정의할 좋은 기회라고 한다. 나는 이런 연구에서 기회를 엿보고 있다. 소셜 미디어의 엄청나게 많은 데이터는 특히 위기 상황에서 사람들이 함께 잘 어우러져 살 수 있는 많은 잠재력을 제공하기 때문이다.

로스토크의 연구원들은 미국으로 가는 멕시코 이주민의 사례를 바탕으로 통합 프로세스를 연구했다. 통합은 매우 더디게 진행되었는데 무려 1세대 혹은 2세대에 걸쳐 이뤄졌다. 반면 사람들이 적응해가는 모습은 상대적으로 빨리 관찰되었다. 이들은 새로운 환경을 기준으로 식습관과 음악 취향을 바꿨지만 새로운 행동 패턴은 통합과 큰 관련이 없었다. 멕시코계 이민자들이 미국 내 다른 민족 집단과 접촉하는 빈도가 늘어날수록 더 흥미로운 현상이 나타났다. 이들은 아프리카계 미국인들을 먼저 모범으로 이들과 자주 접촉하며 지냈다.

나는 괴팅겐 연구소에서 이주민들의 통합에 어떤 도전 과제가 동반되는지 들은 적이 있다. 괴팅겐 동쪽 지역에 있는 오래된 빌라의 사무실에서 한 연구원이 말하기를, 통합에 성공하려면 현지 언어를 습득하는 게 중요하다고 한다. 사회언어학을 이용해 사회적 맥락에서 언어를 연구하고, 국적이 다양해도 현지 언어 습득을 통해 통합이 가능하다는 사실을 입증할 수 있다고 한다.

여기서 중요한 것은 현지 언어를 서투르게 구사하는 사람과 대화를 할 때 원어민이 우세해진다는 점이다. 머릿속에 이미 통합을 어렵게 하는 장벽이 있는 경우도 많다. 사회학자인 다른 연구원은 통합이 어려워지므로 언어 장벽이 너무 높아서는 안 된다는 점을 강조했다. 그는 새로 제정된 전문 인력 이주법과 함께 향후 독일에서 이런 측면이 훨씬 더 중요해질 것이라고 설명했다.

창밖으로 로스토크의 항구를 바라보니 10미터 높이의 청동으로 된 선원 기념상이 눈에 띄었다. 두 선원 중 한 사람이 팔을 번쩍

들고 있는 것을 보면 소비에트의 예술처럼 보이기도 하지만 내 머릿속엔 제1차 세계대전 말에 반란을 일으킨 선원이 떠올랐다. 그 후 세계 인구는 20억 명에서 약 80억 명으로 무려 네 배나 증가했다. 이 추세는 앞으로도 지속되어 21세기 후반에는 지구의 인구가 100억 명에 육박하며 절정에 이를 것이다. 이런 성장세는 높은 출생률, 영아 사망률 감소, 위생 및 의료 서비스 향상과 그로 인한 높은 평균 수명에서 비롯된다.

연구원은 몹시 기뻐하며 이제 스칸디나비아 국가의 데이터를 이용해 우리의 삶에서 중요한 요인들을 추적할 수 있다고 했다. 약 50만 명에 대한 정보, 그것도 고품질의 완벽한 정보라니, 인구통계학의 금광인 셈이다! 스칸디나비아 지역 사람들은 자신의 데이터를 익명으로 제공하는 데 기꺼이 동의한다고 한다. 이들은 예방 조치든, 의학 발전이든 간에 결국에는 자신의 생활 조건이 개선된다는 인식이 있기 때문이다. 덴마크든, 스웨덴이든, 핀란드든 모든 사람의 급여, 가족 구조, 처방받은 약과 세금 고지서에 이르기까지 모든 데이터가 수집된다.

이제는 (당연히 익명의) 다양한 사람들의 일생을 살펴보며 어떤 질병이 유전적 요인으로 발생하는지, 환경적인 영향에서 비롯되는지 질문을 던져볼 수 있게 되었다. 게다가 코펜하겐, 스톡홀름, 헬싱키 학술 파트너들 간의 발트해 지역 협력이 강화되고 있다. 이는 유서 깊은 한자 도시 로스토크를 위해 완벽한 프로젝트라고 생각한다.

나는 인구통계학 연구의 장기적인 목표가 무엇인지 궁금해졌다. 그러자 연구원은 사회 안정과 생활 수준 보장의 지속 가능성을 연관시키면서 지속 가능한 사회가 어떻게 탄생할 수 있는지 설명해주었다. 먼저 가족 구조에 큰 변화가 나타난다. 가족의 규모는 점점 작아지고, 세대 간의 교류도 점점 줄어들고, 아이들은 특정한 인구 집단에 태어나는 것을 선호한다. 게다가 서구 민주주의 사회 국민의 고령화 현상도 나타나고 있다. 출생률은 감소하고, 사람들의 나이는 점점 많아질 것이다. 학자들은 많은 사회가 이주민에게 의존해야 지속 가능할 것이라고 주장하고 있다.

이런 변화에서 대량의 데이터 세트는 도움이 될 수 있지만 신중하게 다뤄야 한다. 각각의 국민 집단들 간 차이를 쉽게 간과할 수 있기 때문이다. 연구원은 사회 집단이 다양한 만큼 수명에도 차이가 크다는 점을 강조했다. 연령대 간의 격차도 점점 커지고 있는데, 이는 부의 발전과 매우 유사한 양상을 보인다.

나는 이런 발전 추이에 대해 쾰른 연구소의 연구원들과 이미 의견을 나눈 적이 있었다. 한 연구원이 과거의 사회 연구에서는 대개 사회적 약자를 다뤘고 이것이 당연한 일이었다고 말한 적이 있다. 그럼에도 부가 어떻게 탄생하고 부유한 가족이 어떻게 사는지 이해하는 것이 중요하다고 한다. 큰 재산은 대개 마음대로 처분할 수 없고 회사의 지분, 쉽게 매각하기 어려운 부동산이나 예술품의 형태로 존재한다. 그래서 부자들은 다음 세대를 위해 재산을 소유하고 있는 자로 이해된다.

사회 집단들 간에 이런 사회적 격차가 존재하기 때문에 일찍이 이를 조정하기 위한 양도 제도가 개발되었다. 뮌헨의 막스플랑크 사회법 및 사회정책 연구소MPI für Sozialrecht und Sozialpolitik는 이런 제도들을 연구한다. 건강보험, 연금보험, 시민 수당과 같은 양도 제도는 함께하는 삶을 위한 기본 요소이며 규준에 관한 질문들을 규정하고 있다. 또한 연대 공동체는 질병, 실업, 고령으로 형편이 어려워진 사람들을 돕기 위한 재원을 조달한다. 따라서 사회가 변화를 겪을 때 이런 변화는 사회복지 제도에 반영되어야 한다. 시장경제의 메커니즘이 에너지 변혁의 목표와 조화를 이뤄야 하기 때문이다.

어떻게 성공시키느냐는 인구의 노령화에 어떻게 대응해야 할지도 결정한다. 예를 들어 연금 제도는 어떻게 조정되어야 할까? 다른 연구원은 지금까지의 연구를 통해 내린 결론은 연금 개시 연령을 고정하기 어렵다는 점을 언급했다. 70세를 넘어도 여전히 활동적이고, 생산적이고, 창의적인 사람들이 있는 반면 50세에 은퇴해야 할 사람들도 있다. 세계적인 규모의 연구에서 수십 년 동안 사람들의 변화를 추적했다. 그는 사람들에 따라 노화의 양상이 매우 다양하게 나타난다는 점이 눈에 띄었고, 이는 획일화된 연금 개시 연령을 유지할 수 없는 이유라는 점을 강조했다.

경제 활동기에서 연금 수령기로 넘어가는 과도기에 관한 질문을 연구하기 위해 연구원들은 '은퇴 우울증' 현상도 조사했다. 그러자 연금을 수령한 후 1~2년 만에 이혼율이 높아지고 우울증에 걸리는 현상이 관찰되었다. 이 우울증이 연금 개시와 관련이 있는지, 아니면 단순히 노화와 관련이 있는지는 프랑스가 독일보다 2년 정도 빨리 은퇴한다는 사실을 통해 미루어 짐작할 수 있다. 프랑스는 법으로 규정된 은퇴 연령이 62세이고, 독일은 평균 64세다.

2023년 프랑스는 연금 개시 연령을 점진적으로 64세로 상향 조정하기로 하고 현재 이 논제를 검증하기 위한 실험을 진행하고 있다. 앞으로 프랑스에서는 더 늦은 시기에 은퇴 우울증이 나타날 것으로 예상된다. 이것이 사실로 입증된다면 연금 개시와 우울증 사이의 인과 관계가 있음을 의미하는 것이다.

이제 변화하는 사회의 또 다른 측면으로 넘어가자. 변화는 정치 연설에서 거듭 언급되는 단어이기도 하다. 부는 혁신과 경쟁에서 창출된다. 혁신은 어디에서 오는가? 인간의 행복을 위해 경쟁은 어떤 형태를 취해야 하는가? 뮌헨 호프가르텐의 막스플랑크 혁신 및 경쟁 연구소MPI für Innovation und Wettbewerb는 세계적인 맥락에서 이런 질문들에 대한 답을 찾고 있다. 이를 위해 연구원들은 경제학과 법학을 조합함으로써 새로운 방법을 찾는다. 일단 공동의 언어를 찾아야 하므로 이는 쉽지 않은 과정이다. 한 연구원은 시장을 보호하는 방지벽이 있어야만 이 시스템을 바꿀 수 있다고 말한다.

일단 변화의 걸림돌이 되는 규정들의 효력을 계획적으로 정지시키는 것이 중요하다. LNG 가속법Flüssiggas-Beschleunigungsgesetz이 이에 해당하는데, 한 연구원은 법조문 대부분이 다른 법들의 효력을 잠정적으로 정지시키는 것만 규정하고 있다고 했다. 아무튼 이 시도는 성공적이었다고 한다. 2022년 빌헬름스하펜에 9개월 만에 LNG 터미널이 완공되었다. 이제는 바다를 통해 LNG가 독일로 운송될 수 있어 러시아에 대한 천연가스 의존도가 줄어들 것이다. 연방조달가속법Bundeswehrbeschaffungsbeschleunigungsgesetz의 경우는 그렇게 많은 규정이 무효화되지 않았다. 나는 군부대의 설비를 신속하게 개선하는 것으로 충분한지 조만간 확인할 것이라는 소식만 들었다.

다른 연구원들은 생명과학의 혁신을 위해 열심히 연구하고 있다. 예를 들어 제약 업계에서는 항생제 내성이 증가하고 있지만 새로운 항생제 개발을 위한 연구를 거의 하지 않고 있다. 학문적 자극이 부족하기 때문이다. 새로운 내성을 피하려면 가능한 한 항생제를 처방하지 말아야 하므로 항생제 판매량이 줄어들 것이다. 게다가 심혈관질환 치료제처럼 꾸준히 복용해야 하는 약품은 수익성이 있는 제품이다. 개발비를 한 번만 투자하면 장기간 이윤이 흘러들어 온다.

따라서 연구자들은 항생제 연구에 박차를 가할 수 있는 장치를 찾고 있다. 그중 하나가 특허 풀patent pool이다. 이런 장치는 여러 회사가 동일한 기술을 사용할 수 있게 해주고, 재생에너지의 경우와 마찬가지로 바이오의학과 다른 분야의 규제를 완화하는 계기가 될 수 있다.

학자들은 디지털 식민지화라고 알려진 변화도 언급했다. 실제로 이런 현상들이 은밀하게 일어나고 있다. 유럽은 그들이 만든 규정을 수출하는 경향이 있는데, 특히 자료 보호와 관련해 이런 현상을 관찰할 수 있었다. 어쩌면 이는 긴 법학의 역사와 관련이 있는지도 모르겠다.

한 연구원이 지적했듯이 이런 형태의 수출이 항상 바람직한 것은 아니다. 그는 아프리카 대륙을 예로 들었다. 세네갈과 같은 국가들은 이제 무시할 수 없을 정도로 발전했다. 세네갈은 더 이상 개발도상국이 아니라 신흥공업국이다. 세네갈에는 사이버 대학이 있고 계좌 이체가 아닌 모바일 뱅킹을 이용해 돈을 지불한다고 한다. 아프리카에서는 스마트폰이 널리 보급되어 있어서, 벽지의 농부들도 앱을 이용해 유용 작물의 질병을 검색한다. 우리의 규정만이 우월하다고 생각하며 가르치려 할 것이 아니라 이런 사회적 조건에서 지속 가능한 경제 발전이 촉진될 수 있도록 조언을 해주는 게 중요하다.

사회적 기준과 발전은 나라마다 아주 다양하게 나타난다. 특히 앞에서 언급했던 전 세계적 도전 과제를 고려하면 더욱 그렇다. 하지만 규정에 대한 합의가 없으면 함께하는 삶은 불가능하다. 이런 규정은 어디에서 오는 것일까? 나라마다 규정의 차이가 많은 이유는 무엇일까? 이렇게 다양한 나라 간에 함께하는 삶은 어떻게 규정되어야 할까?

14장

공생을 위한 법

공존을 위한 새로운 규칙이 필요하다

"이번에는 계속될 것입니다."

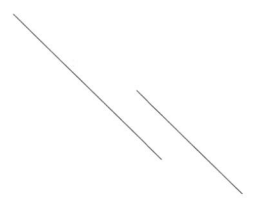

마이크 펜스Mike Pence 미국 전 부통령은 단호한 의지를 보였다. 인류 최초의 달 착륙 50주년을 맞이한 2019년에 그는 달 탐사를 재개하겠다고 발표했다. 백악관에서 누가 이 계획을 선언했는지와 상관없이 이후 수십 년 동안 달 기지를 구축할 수 있게 되었다. 달에서 시간을 측정하는 방법은 물론 달에서 사용할 인터넷을 위한 위성 시스템도 고안되어 있다. 하지만 달 기지 구축은 이보다 훨씬 근본적인 질문을 던지게 되는 아이디어다. 달 기지 건설은 의미 있는 일일까? 이 모험이 기술적으로 실현 가능한 일일까? 달 거주자는 어떻게 물, 식량, 의료 혜택을 제공받을 수 있을까?

그리고 영구적인 달 기지에 관한 생각을 할 때 던지게 되는 또 다른 중요한 질문이 있다. 달에서는 어떤 법이 적용될까? 유엔의 우주 조약, 국제우주정거장ISS 운영에 관한 협정, 각국에서 제정한 우주 공간에 관한 수많은 법이 있다. 하나의 달 기지를 두고 국가 간 경쟁이 이뤄지고 있는 상황을 생각하면 미래의 달 기지에 관한 법적 규정에 관한 질문을 해보는 건 흥미로운 일이다. 하지만 스페이스XSpace X 같은 기업이 화성 기지를 건설하는 데 성공한다면 이것이 결코 사소한 질문이라고 속단할 수 없다. 미래의 달 기지 혹은 화성 기지의 거주민들은 어떤 법에 따라 살게 될까?

프랑크푸르트의 막스플랑크 법제사 및 법이론 연구소MPI für Rechtsgeschichte und Rechtstheorie의 한 연구원은 이것이 법률 이전(유럽 법사적 특징으로 법률 규범이 국가 및 언어 경계를 넘어 영향을 주는 현상-옮긴이)에 관한 문제라고 말한다. 이 문제에 대해 신속한 답을 줄 수는 없지만 과거의 사례를 통해 이 질문에 접근할 수 있다는 것이다. 법제사를 통해 법률 이전 사례를 살펴보면, 현재의 가이아나가 과거 네덜란드의 통치자에게 정복되었을 때 배에 대해 네덜란드 법이 적용되었다. 정박한 배는 식민 통치국의 소유면 해안에서 자동으로 이 법의 구속을 받았다.

하지만 식민 통치국의 법이 새로운 식민지에 영구적으로 적용될 수는 없었다. 시간이 지나면 지역의 종교와 기후를 고려해 법이 수정되어야 했다. 예를 들어 아프리카에서 영국과 프랑스의 식민지 통치자들은 원주민을 위한 법정을 설치했다. 18세기와 19세기, 20세기 초반의 총 3만 건에 이르는 소송 사건에 관한 문서들이 현재 디지털화되어 있다. 따라서 이 문서들을 체계적으로 분석하면 아프리카의 법제사를 구축하는 데 도움이 될 것이다.

인상적인 도서관을 돌아보면서 나는 옛 문서들을 어떻게 디지털화할 수 있었는지 알게 되었다. 내 앞에 커다란 책이 있다. 이 책에는 로마법이 있다고 한다. 화려한 가죽 장정만에 귀한 보물들이 잔뜩 숨겨져 있다. 연구원은 두 개념이 같은 문장 혹은 같은 단락에 등장하는지 프로그램으로 찾아내는 건 쉬운 일이라고 말한다. 반면 개념 간 의존성을 확인하고 내용의 상관관계를 찾는 건 더 어렵다. 이곳 연구원들의 목표는 구문을 파악하고 문법적 맥락을 자동으로 생성시켜, 방대한 분량의 텍스트를 분석하고 알고리즘만 이용해 텍스트의 의미를 파헤치는 것이다.

이런 컴퓨터 기반 텍스트 분석 방식은 이미 고전 텍스트 비교로는 불가능한 새로운 통찰을 제시했다. 이제 우리는 다양한 학파들이 법조문을 작성하는 데 어떤 영향을 끼치는지 더 많이 이해할 수 있다. 특정한 학파들에 전형적으로 나타나는 구절은 텍스트에서 감지되고 상호 연관성이 나타난다. 이제 여러 연구소의 도서관들이 하나의 공동 플랫폼에서 네트워크로 연결되어, 전 세계 학자들이 자유롭게 사용할 수 있게 되었다.

대량의 데이터와 관련해 라이프치히의 막스플랑크 자연과학 속 수학 연구소에서 있었던 흥미진진한 토론이 떠올랐다. 빅데이터는 자연과학뿐만 아니라 법학과 사회과학에서도 화제다. 이제 데이터의 디지털화보다는 체계적인 분석이 우선순위가 되었다. 그렇게 디지털 기술과 방식을 기반으로 하는 인문과학 및 문화학, 즉 컴퓨터인문학computational humanities이라는 다학제적 미래 분야도 생겼다. 이 분야에서는 텍스트의 패턴과 표제어에 따라 찾는 텍스트

마이닝text mining이나 한 문장을 통해 전달되는 분위기를 파악하는 감정 분석sentiment analysis 같은 머신러닝의 새로운 도구를 이용한다. 이렇게 인간 사회에 대한 우리의 이해를 넓힐 수 있는 뜻밖의 가능성이 열리고 있다.

역사로 눈을 돌리면 아주 오랜 질문이 떠오른다. 법은 어디에서 유래할까? 한 연구원은 이 질문에 대한 정답은 끝내 찾을 수 없을 것이라고 한다. 이에 앞서 정의에 대한 이해가 필요하다. 진화의 과정에서 법은 유익한 것으로 밝혀졌기 때문이다. 인간은 어떻게 규범성과 행동을 평가하게 되었는가? 법의 기원은 종교와 분리될 수 없다면서, 연구원은 유대인의 탈무드를 예로 들었다. 탈무드에는 사람들의 일상이 상세하게 규정되어 있다. 법은 인간을 제한하지만 발전시킬 수도 있다. 하지만 법으로 인해 우리는 자유롭게 살 수 있는 우리를 스스로 가두기도 한다.

프랑크푸르트 연구소 방문을 마친 후에도 이 문장이 머릿속에 잔상처럼 남아 있었다. 자유는 우리의 가장 소중한 재산 가운데 하나이기 때문이다. 유럽에서 우리는 법의 보호를 받으며 자유를 누리고 있지만 모든 사람이 그런 자유를 누리고 있지 않다는 생각으로 자연스럽게 이어졌다. 나는 막스플랑크 해외 및 국제 사법 연구소MPI für ausländisches und internationales Privatrecht를 방문했을 때 사람들이 서로 다른 법 체제 속에서 살고 있다는 것을 확실히 알게 되었다.

현재 이 연구소는 아우센알스터에서 그다지 멀지 않은 곳에 있는 함부르크의 도시공원에 있다. 원래 이 연구소는 제1차 세계 대전 후 사법적 문제를 처리하기 위해 1926년 베를린의 슈타트슐로스 궁전에 개관되었다. 그러다 기초 연구로 방향이 바뀌었고 1944년 튀빙겐으로 옮겼다가 1956년 함부르크에 정착했다. 매년 1,000명에 이르는 학자들이 대형 박물관을 이용하기 위해 이곳으로 몰려온다.

햇살 가득한 옥상 정원에서 연구소 전문가들과 활기찬 대화가 시작되었다. 전 세계의 많은 지역은 물론이고 잘 알려지지 않은 국가들의 법에 대한 이들의 깊이 있는 지식은 인상적이었다. 이곳에는 많은 국가에 대한 보고서가 제출되어 있으며 그중에서도 이슬람권이나 중국, 극동 지역에 대해서는 전문 지식 센터도 있다고 한다. 한 법학자는 해당 국가의 언어를 능숙하게 구사해야만 사법 현장에서 지식 이전에 성공할 수 있다는 점을 강조했다.

그전까지 나는 독일의 법원과 당국에서도 종종 이 연구소를 찾는다는 사실을 모르고 있었다. 이런 공공 기관에서는 해외의 가족법, 상속법, 계약법을 국제 사법 규정에 따라 적용해야 해서 전문가의 정보가 필요하다.

아프가니스탄의 법을 예로 들어보겠다. 이 지역에 대한 과제는 정치 상황이 급변하는 만큼 어떤 시점에 아프가니스탄에 어떤 법을 적용해야 할지 조사하는 것이다. 그래서 연구원들은 근동 지방과 아프가니스탄의 최신 가족법에 관한 정보를 얻을 수 있는 온라인 포털을 구축했다. 연구소는 본국에서 서류를 준비하지 않고 독일로 이주한 난민들의 결혼 효력과 혈통에 대한 판결을 내릴 때 독일의 법원과 당국을 지원하고 있다. 그리고 독일뿐만 아니라 다른 유럽 국가 사법 현장의 업무를 위해 다학제 연구팀에서 리소스를 준비해 활발하게 사용하고 있다.

특히 조혼과 같은 문제를 처리할 때 가족법 비교의 중요성이 나타난다. 2015~2016년에 아랍권에서 오는 난민의 증가로 조혼 부부의 수가 급증하자, 2017년 여름 독일 연방 하원은 결혼 당시 한쪽 배우자가 16세 미만인 경우 결혼을 무효로 간주한다고 결의했다. 한 법학자는 당사자에게 다양한 강도로 규정을 적용할 수 있다는 점에서 이는 환영할 만한 조치라고 했다. 다양한 법계와 문화적 맥락에서 조혼을 다룬 이 분석은 법적 상태를 수정해야 한다는 요구와 함께 입장 표명으로 이어졌다.

2023년 2월 1일 연방헌법재판소는 젊은이들이 조혼으로부터 보호를 받아야 한다는 이 사안을 인정했고, 당사자들의 혼인에 대한 무효 판결로 발생하는 충격을 완화하는 개선안을 요구했다. 이처럼 비교법학은 당사자를 보호하는 효과를 발휘한다.

한 연구원은 유럽과 서구권 국가들이 전 세계 사법에 어떤 영향을 끼칠 수 있는지 확실하게 설명해주었다. 특히 글로벌 사우스Global South(주로 남반구나 북반구의 저위도 지역에 있는 아시아, 아프리카, 남아메리카 등의 개발도상국을 일컬음-옮긴이)가 이에 해당한다. 유감스럽게도 우리는 유럽인들이 나타나 식민지를 건설하기 전까지 그 지역의 법이 어떤 형태였는지 알지 못한다. 세계의 많은 지역에서 법은 구전으로 전승되어왔기 때문에 이런 식민지 이전 시대의 법은 재구성이 거의 불가능하다.

연구원은 오늘날에도 서구권 국가들이 자신들의 법이나 견해를 수출하고 있다고 생각한다. 쉽게 말해 우리의 가치가 유일한 잣대가 되었다는 것이다. 특히 법을 비교해보면 이런 상황을 자주 접할 수 있다. 이처럼 연구원들은 법에서 식민지 사상을 들춰내고 있다. 그들의 목표는 국가별 상황에 맞춘 다양한 법을 위한 전제 조건을 마련하는 것이다.

전 세계에 다양한 전통과 법 해석이 있다는 점을 고려하면 국가 간의 분쟁이 끊임없이 발생하는 건 놀랄 일이 아니다. 뮌헨의 막스플랑크 세법 및 공공재정 연구소MPI für Steuerrecht und Öffentliche Finanzen에서 확인했듯이 이런 일은 글로벌 디지털 기업의 과세 사례에서도 뚜렷하게 나타난다.

구글, 애플, 메타 같은 기업들은 독특한 사업 모델을 갖고 있다. 이들은 세금을 적게 내고도 온라인 쇼핑 포털이나 소셜 미디어를 쉽게 접근할 수 있는 국가에서 무형 상품으로 가치를 창출한다. 하지만 이것은 더 이상 조세 회피국에 관한 문제가 아니다. 기술 대기업들이 돈을 많이 버는 지역에도 더 많은 세금이 부과되어야 하는 게 아니냐는 논의로 이어지고 있다. 물론 그 영향은 광범위할 것이다. 디지털 대기업들이 투자는 거의 하지 않지만 사용자 수가 많은 신흥공업국도 이를 통해 이득을 얻을 것이기 때문이다.

사실상 국제 규정을 마련하기 어려운 대상들이 많다. 한 연구원은 재생에너지로 전환할 경우 발생하는 딜레마를 지적했다. 세계 시장에서 화석 연료에 대한 수요가 감소하면 연료 가격도 하락한다. 결국 더 가난한 국가의 입장에서는 화석 연료를 사용하는 게 매력적인 상황이 된다. 그러면 시장은 에너지 변혁을 막으려고 할 것이다. 이 현상은 '연소 러시rush to burn'라는 슬로건으로도 잘 알려져 있다.

이런 효과는 규정을 통해 다루기 어렵기 때문에 결국 기후 친화적인 새로운 화석 연료 사용을 지지하게 된다. 그렇다면 이제 대안을 준비해야 한다. 기술적 장벽은 있지만 촉매 열분해를 이용하면 천연가스에서 터키오스 수소Turquoise hydrogen를 생성시키면서 탄소 재료에 사용할 수 있는 탄소가 발생한다.

전 세계 에너지 산업에 관한 문제든, 하이테크 업계의 글로벌 플레이어의 과세에 관한 문제든 결국은 한 가지 질문으로 귀결된다. 국가들은 어떻게 교류하고 이런 교류에 어떤 규정을 적용해야 할까? 하이델베르크의 막스플랑크 해외공법 및 국제법 연구소MPI für ausländisches öffentliches Recht und Völkerrecht는 이것이 얼마나 복잡한 주제인지 확실하게 보여주었다. 자매기관인 함부르크 연구소처럼 하이델베르크 연구소는 1924년 베를린에 설립되었다가 전후에 재건되었다. 연구소 입구의 흉상을 보니 베르톨트 마리아 셍크 그라프 폰 슈타우펜베르크Berthold Maria Schenk Graf von Stauffenberg 백작이 떠올랐다. 저항 투사이자 히틀러 암살범의 형이었던 그는 연구소의 논문 심사위원이었고 1944년에 처형되었다.

나는 문을 열고 건물 안으로 들어가 한 연구원에게 국제법이 무엇인지 물었다. 이 질문은 내게는 불편한, 아니 아주 괴로운 것이었다. 국제법이 정확하게 무엇을 의미하는지 한 번도 제대로 이해한 적이 없기 때문이다. 그녀가 국제법은 복잡하며 쉽게 답할 수 없기 때문에 좋은 질문이라고 답해준 후에야 나는 안심할 수 있었다. 이곳 연구소에서는 국제법을 세계의 법규 시스템으로 이해한다고 한다. 연구원들은 국가 혹은 지역적 이해관계를 초월해야 하는 국제법의 자율성을 부각시키기 위해 노력하고 있다.

나는 이런 사명을 감당하는 연구원들의 용기에 감탄했다. 그런 일은 절대 쉽지 않으며 몇 세대에 걸쳐 꾸준히 해야 하는 일이기 때문이다. 한 젊은 연구원이 환히 웃으며 1631년에 발행된, 국제법의 창시자인 휴고 그로티우스Hugo Grotius의 라틴어판 주요 저작을 보여주었다. 그의 말에 따르면 국제법은 당시보다 많이 발전했지만 아직 갈 길이 멀다고 한다.

하지만 그들의 연구는 지금도 더 나은 세상을 만드는 데 기여하고 있다. 그리고 이 연구소는 사법 개혁과 헌법 제정에 도움을 주고 있다. 위기 지역에는 특히 이런 도움이 필요하다. 예를 들면 다르푸르의 평화 프로세스를 중재하거나 수단의 판사 양성에 참여하는 등의 활동이 그렇다. 이런 활동은 막스플랑크 국제평화 및 법치국가 재단MPI für Internationalen Frieden und Rechtsstaatlichkeit을 통해 지원받고 있다. 이 연구소는 베를린 사무소와 연락을 취하며 연구를 통해 얻은 지식을 정치계에 제공한다.

한편 러시아의 우크라이나 침략 전쟁에서 대외 및 안보 정책에 대한 법학자의 평가가 얼마나 중요한지도 확인할 수 있었다. 하이델베르크 연구소는 2022년 2월 24일 전쟁이 터진 직후에 침공은 국제법 원칙, 이른바 폭력 금지를 위반했다는 점을 명백히 밝혔다. 유엔 총회는 압도적인 다수의 동의 아래 이 전쟁이 국제법의 구속을 받는다는 판결을 내렸다. 하지만 유엔 안전보장이사회에서 러시아가 거부권을 행사함으로써 판결은 무효가 되었다.

전범에게 어떻게 책임을 물을 것인지는 희생자에게만 중요한 문제가 아니다. 전문가의 말에 따르면 네덜란드 헤이그의 국제형사재판소는 이런 일이 가능한 곳이다. 국제형사재판소는 전범, 집단 학살, 반인륜적 범죄 같은 구성 요건을 근거로 판결을 내린다. 하지만 이 재판소는 러시아와 미국이나 중국 등 일부 국가에서는 인정되지 않는다. 당연한 말이지만, 전범은 법의 심판을 받아야 한다. 2023년 3월 17일 국제형사재판소에서 블라디미르 푸틴과 러시아의 아동법 대리인 마리야 리보바-벨로바Marija Lwowa-Biełowa에게 구속 영장을 발부했을 때, 이 말이 내 귓가를 계속 맴돌았다. 이후 총 123개국에서 이들이 체포되기를 기대하고 있다.

사람들이 규정과 법을 끊임없이 위반하는 이유는 무엇일까? 그 뒤에는 어떤 동기가 숨겨져 있을까? 우리는 규정 위반을 어떻게 평가하고 처벌해야 할까? 프라이부르크의 막스플랑크 범죄·안전·법 연구소MPI zur Erforschung von Kriminalität, Sicherheit und Recht는 이런 근본적인 질문을 다루는 곳이다.

2023년 2월, 독일의 다른 지역과 달리 햇살이 가득한 브라이스가우에는 종종 있는, 그다지 춥지 않은 날이었다. 도시 중심부에서 카이저 다리를 지나 남부로 가다 보니 샤우인스란트의 하우스베르크가 보였다. 나는 가공되지 않은 콘크리트를 사용해 1978년에 지은 브루탈리즘brutalism(1950~1970년대에 유행한 건축 양식으로 단순하고 거대한 콘크리트 구조물이 특징이다-옮긴이) 양식의 연구소 건물로 들어갔다. 이 건물을 받치고 있는 콘크리트 기둥은 나무 모양의 형태 때문인지 가까이에 있는 슈바르츠발트가 떠올랐다. 50만 권에 이르는 중앙도서관의 장서는 폭이 15킬로미터인 공간에 정리되어 있었고 그 주변으로 연구 공간이 있었다.

나선형 계단을 지나 위층으로 올라가자 한 연구원이 내게 연구 주제들을 줄줄 읊었다. 그녀는 '무엇이 우리가 비난받아야 마땅하다고 등급을 매기는가?'라는 질문이 문제의 핵심이라고 설명했다. 우리는 사람들의 행동을 어떻게 평가하는가? 범행 그리고 범행자에 대해서는 어떻게 평가하는가? 이 나라 사람들은 대부분 계몽주의자 칸트, 헤겔, 피히테가 맞춰놓은 장난감 블록에서 하나를 끄집어낸다. 나는 쾨니히스베르크의 철학자 이마누엘 칸트의 정언 명령 Kategorischer Imperativ이 떠올랐다. "네 의지의 격률格率이 보편적 입법의 원리로서 타당할 수 있도록 행동하라Handle nur nach derjenigen Maxime, von der du wollen kannst, dass sie ein allgemeines Gesetz werde."

하지만 그녀는 19세기 영국의 계몽주의는 다른 관점에 도달했다고 생각한다. 영국에서는 전체 효용의 극대화를 기대할 수 있는지에 따라 결정에 대해 평가하는 공리주의가 발달했다. 형법과 관련해 흥미로운 사실은 미국의 윤리철학에서 나타난 새로운 경향으로, 판단을 하는 자의 관점에 시선을 두는 것이다. 우리는 제3자의 관점에서만 범행자를 판단하고, 범행자가 자신의 잘못에 대해 어떤 책임을 져야 하는지 묻는다. 하지만 제2자의 관점에서 받아들이고 피해자에게 무슨 일이 가해졌는지 묻는 게 합리적이다. 또한 객관성을 유지하고 이런 관점을 개인화하지 않는 게 중요하다. 연구원은 관계자가 어떤 역할을 했는지 이해해야 한다며, 그래야 범행을 정확하게 평가할 수 있다는 점을 강조했다.

나는 그녀에게 이런 관점 바꾸기를 예를 들어 설명해줄 수 있는지 물었다. 가령 거리에 딱 달라붙어 앉아서 꼼짝하지 않고 통행을 방해하는 라스트 제너레이션Last Generation 같은 기후변화 행동주의자들은 어떤가? 그녀의 답은 명확했다. 이것은 가장 논란이 많은 형태의 시위다. 제2자의 관점은 당사자들이 그런 시위를 통해 어떤 피해를 입고, 행동주의자들이 타인에게 어떤 부당한 짓을 저지르는지 보여준다. 시위 때문에 발생한 상황에 직면한 자동차들만 보고 당사자들의 입장이 되어야 한다는 것이다.

그제야 나는 그녀가 무슨 말을 하는지 이해되었다. 그러면 아이를 유치원에서 제시간에 데려올 수 없고, 수공업자가 일할 수 없는 상황이 되어 소득에 손실이 생기는 등 수백 명이 피해를 입을 수 있다. 그리고 구급차가 지나갈 수 없는 상황도 발생할 수 있어 행동주의자들의 행동이 부적절하다고 평가할 수 있다.

나는 이런 행동주의자들이 어쩌면 자포자기한 상태가 되어 이렇게 하는 것 말고는 이목을 집중시킬 방법이 없다고 생각할지 모른다는 생각이 들었다. 그러자 그녀는 이렇게 설명했다. 형사 재판은 구체적인 사건을 조사해야 해서 여러 단계가 있지만, 그것이 더 높은 목표를 위해 유익하다는 변명을 뒷받침하는 수단이 될 수 없다는 것이다.

형법의 관점에서 판단하면 시위를 정당화하기 위한 정치적 동기나 양심상의 이유가 충분하지 않다. 또한 이 경우는 구체적인 위험, 개인적인 긴급 사태도 존재하지 않는다고 한다. 만일 영화제에서 레드카펫을 막는 등 많은 사람에게 심각한 피해를 주지 않고 항의한다면 자신들이 원했던 관심을 받을 수도 있다.

이 연구소는 기후 시위를 어떻게 처리할 것인지 여러 차례 공개적으로 입장을 밝혔다. 이는 2022년 11월 3일에 있었던 뮌헨의 시위에 관한 입장이기도 했다. 나중에 협박과 집회법 위반으로 신고를 당했지만 행동주의자들은 다른 시위를 시작했다. 그리고 재범을 방지한다는 이유로 예방 차원에서 30일 동안 구금되었다.

한 연구원은 이런 조치에 몇 가지 위법성이 암시되어 있다고 했다. 오히려 많은 것이 바이에른 금고형에 관한 경찰관직무집행법 bayerisches Polizeiaufgabengesetz für Freiheitsentzug이 요구하는 전제 조건이 존재하지 않음을 입증한다. 게다가 헌법도 고려되어야 한다. 더 경미한 조치를 적용할 가능성도 반영되어야 한다. 결국 이는 행위에 대한 평가일 뿐만 아니라 반응의 적절성에 관한 문제다.

한 연구원은 국제적 관점을 제시했는데, 그러자 기후 시위는 긴장감이 감도는 영역이라는 사실이 더 뚜렷해졌다. 모든 국가에는 형법이 있지만 많은 국가에 위험 방지에 관해 규정한 경찰법Polizeirecht이 없다. 또한 경찰권Polizeigewalt을 포괄적으로 규정하는 것이 중요하다. 그래서 프라이부르크의 연구원들은 다른 국가들이 입법의 모범으로 사용할 수 있는 집회법을 명문화하고자 한다. 그럼에도 이내 한계에 부딪히게 된다고 연구원은 말을 이었다. 이 질문은 결국 자유란 무엇인지 묻는 것이며, 답을 찾으려면 철학의 도움을 받아야 한다.

이 주제에서 법치 국가에 관한 질문들이 서로 팽팽하게 대립한다. 한편으로 인간은 자신을 위해 싸우는 국가로부터 보호를 받아야 하는데, 이를 위해서는 정보가 필요하다. 이 경우 제국 시민을 생각하면 어떤 상황인지 이해하기 쉽다. 다른 한편으로 우리에게는 감시 국가가 필요 없다. 우리의 사적인 영역은 보호를 받아야 하기 때문이다.

그래서 프라이부르크 연구소의 연구원들은 독일에서 국가의 다양한 감시 활동을 측정할 수 있는 운동에 착수했다. 이른바 '감시 바로미터'를 생성하면 시민에 대한 감시 수준을 파악하고 가시화할 수 있다. 이제 법학자들은 데이터 출처를 확인하고 다양한 행위자를 비교할 수 있게 되어, 개인 데이터에 대한 접근 강도를 확인할 수 있다. 투명성을 마련하고 국가의 감시가 시간이 지남에 따라 어떻게 변하는지 추적하려면 이런 도구가 필요하다.

한 젊은 연구원은 개선이 필요하다고 여겨지는 또 다른 법적 영역을 언급했다. 우리의 형법은 이분법, 즉 두 개로 나뉜 구조를 바탕으로 하기 때문에 한계가 있다. 그는 범죄는 과실로 저지른 행위 혹은 고의로 저지른 행위로 나뉘며 중간은 없다고 설명했다. 이 때문에 형량이 매우 다양해지고 수십 년 동안 수감될 수도 있다.

그는 2016년 2월 1일 최소 시속 160킬로미터로 베를린 한복판에서 빨간불을 무시하고 폭주한 '쿠어퓌르스텐담Kurfürstendamm의 과속 운전자' 사건을 언급했다. 이 젊은이는 자동차 한 대와 충돌했는데 운전자가 그 자리에서 즉사했다. 젊은이는 살인죄 판결을 받았고 판결에 불복해서 상고를 제기했는데, 2022년 12월 위헌 소송으로 기각되었다.

이 경우는 범행에 대한 평가와 더불어 판결이 매우 어렵다고 연구원은 말한다. 내가 뭔가 확실치 않다는 눈빛을 보이며 그를 쳐다봤다니 그가 이런 질문을 했다. 범인은 한 사람의 죽음을 인정하며 결과를 감수하고 있는가? 그에게는 정말 모든 게 아무렇지 않은가? 그는 이미 뭔가 잘될 것이라고 생각했는가? 나는 이 사건은 살인으로 판결이 났을지라도 우리가 일반적으로 생각하는 살인에 관한 문제가 아니라고 반박했다. 그러자 그가 내 말에 동의했다. 아무튼 과속 운전자의 행위는 과실로 인한 것도, 고의로 저지른 것도 아니다.

그래서 학자들은 미국처럼 범죄를 평가하기 위해 이른바 '부주의'라는 제3의 범주를 도입할 것을 촉구했다. 부주의는 과실과 고의 사이에 있다. 이 경우에는 부주의라고 하는 것이 더 정확하다. 나는 그제야 이해할 수 있었다.

그런 사건과 관련해 범행자의 머릿속에서 무슨 일이 일어나고 있는지 더 정확하게 질문을 던져야 한다. 또한 사람들이 부당한 행위를 목격했을 때 어떻게 행동하는지도 생각해봐야 한다. 개입을 할 것인가, 말 것인가? 이런 질문들을 좀 더 상세히 다루기 위해 이 연구소는 가상현실VR 방식을 활용해 실험했다. 피실험자들은 VR 안경을 착용하고 범죄가 발생하는 가상의 시나리오로 들어갔다. 연구원은 어떤 자극이 범죄 행위로 이어지는지 확인하려는 것이었다고 실험 의도를 밝혔다.

한 실험에서 피실험자들은 사람들이 북적대는 바에 있었다. 이들은 화를 돋우는 부주의한 행동 등 실제로 바에서 체험할 수 있는 상황을 가상으로 체험했다. 그 결과 공격적인 행동이 어떻게 발생하는지 확인할 수 있었다고 연구원은 말했다. 나는 이 연구의 피실험자들을 어디에서 섭외했느냐고 물어봤더니, 그는 실험에 참여하길 원하는 사람이 있는지 바에서 물어보면 된다고 바로 대답했다. 정말 실리적인 방법이다!

창 너머로 슈바르츠발트의 산비탈이 보였다. 평화로운 풍경이 펼쳐졌지만, 내 생각은 어느새 공격성에 관한 질문으로 넘어가 있었다. 갈등을 피하려면 서로를 이해하는 소통이 이뤄져야 한다. 한 연구원이 사람들은 알맹이는 쏙 빼고 중요하지 않은 것들만 이야기하는 경향이 있다고 했는데, 그 말이 아직도 귓가에 맴돈다.

성에 대해 서로 다른 개념을 갖고 있다면 갈등은 이미 예정된 것이다.

이를 피하기 위해 그의 연구팀은 분석철학에서 유래한 방식, 즉 개념 엔지니어링Conceptul Engineering을 이용한다고 한다. 이는 사람들이 일반적으로 이해하고 인정하는 개념을 형성하는 것이다. 그는 이런 개념들은 규칙적으로 평가되어야 하며 그 의미는 항상 시험대에 올라 있다는 점을 강조했다.

우리는 기본 개념에 대한 의견이 일치할 때만 서로를 이해할 수 있다. 나는 이 부분이 중요하다는 생각이 들었다. 의사소통에 대한 최소한의 합의가 있어야 한다. 그렇지 않으면 논의는 헛것이 되고, 특정한 질문들에 대해서는 사회 분열로 이어진다.

집으로 가는 기차에서 법학은 결코 건조한 학문이 아니라는 생각이 들었다. 법학은 오히려 우리의 공생, 인간이라는 존재에 관한 핵심적인 질문을 다룬다. 우리는 프랑크푸르트 연구소에서 2장에서 배웠던 인류세에 관한 법은 어떤 관계에 있는지에 관한 질문 등에 대해 논의했다. 기후변화의 결과에 대한 책임은 원래 누구에게 있는가? 누가 어떤 지역에 대한 책임이 있는가? 지구 온난화로 인한 이주 행렬을 법적으로 어떻게 판단해야 하는가? 기후 이민자에게는 어떤 법이 적용되는가? 국제적으로 규정할 수 있는 세계적 사회 구조가 있는가? 질문들이 꼬리에 꼬리를 물고 이어진다. 이런 질문들은 법이 끊임없이 합의되어야 하는 것임을 말해준다.

특별한 상황은 법과 관련해 인간이 사실상 자연의 외부에 있다는 데 있다. 하지만 현실은 자연을 법의 범위로 편입시킬 것을 강요한다. 만일 아마존 지역에 법이 없으면 우림이 더 많은 보호를 받을까? 기계와 인공지능에 관한 논의를 하기 전에 먼저 자연, 동물, 식물, 강에 관한 법을 언급해야 하지 않을까? 달과 화성의 법을 다루기 전에 지구에서 일어나는 일을 더 명확하게 규정해야 하지 않을까? 중요한 사건에 대해 보편적이고 세계적인 차원에서 규정하는 것은 역사적 맥락을 반영해야 가능한 일이다. 이와 관련해 유명한 사례가 1948년 12월 10일 유엔이 제2차 세계대전의 잔혹한 행위와 관련해 일반 인권 선언을 제정한 것이다.

법, 윤리, 소통, 이 모든 것은 우리의 공생을 위해 필요한 주제들이다. 그런데 이런 복잡한 세상에서 우리의 삶을 규정할 수 있다는 게 놀랍지 않은가? 여기에 필요한 인지적 능력은 어디에서 오는가? 수많은 인상과 체험은 어떻게 처리되고, 개념과 가치는 어떻게 형성되고, 소통과 언어는 어떻게 가능한가? 이런 것들을 연구하려면 핵심을 파헤쳐야 한다. 바로 우리의 인격을 이루는 뇌와 기억 말이다.

15장

뇌와 기억

기억은 우리를 어디로 이끄는가

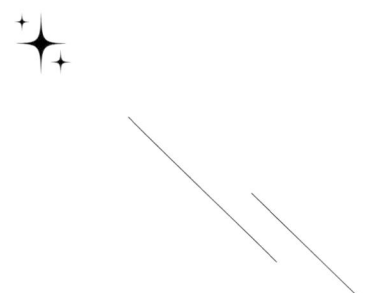

앗! 나는 반사적으로 손을 움츠렸다. 보이지 않는 레이저가 마치 날카로운 한방 침처럼 따끔하게 손등을 쏘았다. 박사 과정생이 웃으면서 항목별 통증 시뮬레이션이라고 설명했다. 그녀는 신체의 자극 전도를 연구하기 위해 방금 내가 경험했던 것을 자진해서 해보겠다고 했다. 이를 위해 그녀는 목덜미 쪽에 여러 전극이 붙어 있는 모자를 썼다. 이 실험의 목적은 아주 작은 점의 제한된 자극이 중추 신경계로 전도되는 과정을 높은 위치 해상도를 이용해 추적하는 것이라고 한다.

이 실험은 우리의 중추 신경계와 특히 뇌가 어떻게 작동하는지에 관한 본질적인 질문을 다룬 전형적인 예다. 우리는 주변의 환경을 어떻게 지각知覺, perception하고 이것은 어떻게 반응으로 이어지는가? 내가 레이저에 쏘였을 때 보인 반응은 무의식적 반사 작용이었다. 이 반응은 광범위하고 지속적인 지각의 흐름이며 우리의 뇌에 도달해 그곳에서 처리된다. 그리고 이는 인식, 의식적인 결정, 목적이 있는 행동으로 이어진다.

막스플랑크 인지과학 및 신경과학 연구소MPI für Kognitions- und Neurowissenschaften의 실험실에서는 무엇이 이런 것들의 기초를 이루는지 세부적으로 연구한다. 1990년대에 라이프치히에 설립된 세 연구소 중 한 곳인 이 연구소에서는 우리에게 중요한 지각과 식별, 말하기와 생각하기, 기억과 학습 같은 우리의 인지 능력을 중점적으로 연구하고 있다.

때때로 우리의 뇌는 신체를 위한 제어 컴퓨터에 비유되지만 나는 이 비유에는 오류를 불러일으킬 소지가 있다고 생각한다. 그 이유 중 하나는 뇌는 하드웨어가 아니라는 것, 전기 전도체의 고정된 네트워크가 아니라는 사실이다. 뇌는 신진대사가 일어나는 세포들로 구성된 살아 있는 기관器官이다. 뇌의 활동은 다양한 결과로 표현된다. 이는 우리의 기분이 혈당 수치에 좌우된다는 점만 봐도 알 수 있다. 다른 하나는 우리의 생각은 소프트웨어를 통해 실행되는 연산 프로세스가 아니라는 것이다. 뇌는 다양한 것들의 영향을 받는다. 경험은 우리의 생각에 영향을 미치며, 외부 상황과 현재 우리가 처해 있는 상황에도 영향을 미친다.

뇌를 컴퓨터에 비유할 수 없다면 대체 무엇에 비유할 수 있을까? 아무것도 없다. 뇌는 독보적이다. 뇌가 가장 복잡한 구조를 지니고 있다는 사실에 모든 연구자의 의견이 일치한다. 뇌에는 최소 1,000억 개의 신경 세포가 있는데, 각각의 신경 세포가 수천 개의 세포와 교류해서 고도로 복잡한 네트워크가 생성된다.

게다가 뇌는 고립된 기관이 아니라 말초신경계를 통해 신체의 모든 부분과 연결된다. 신경 경로는 손가락 끝이나 눈의 자극을 뇌로 전달하며, 그 외의 것들은 뇌에서 기관과 근육까지 뻗어 있다. 이렇게 뇌는 인풋을 수용할 뿐만 아니라 아웃풋을 전달한다. 뇌는 지각과 운동의 접점인 셈이다.

그러니까 뇌가 어떻게 작동하는지 이해하려면 뇌가 감각 지각을 어떻게 통합하고 처리하는지, 습득된 정보를 바탕으로 어떻게 결정을 내리는지, 이것을 운동과 다른 행위로 어떻게 옮기는지 연구해야 한다. 결국 이는 뇌가 어떻게 행동을 가능하게 하는지, 즉 뇌의 기능에 관한 문제다.

이론적으로 과제는 명확하게 설정되어 있다. 그런데 우리는 뇌와 관련된 이 프로세스를 살아 있는 생명체에서 어떻게 추적할 수 있을까? 나는 본의 막스플랑크 행동신경생물학연구소MPI für Neurobiologie des Verhaltens에서 이 질문에 대한 답을 얻을 수 있었다. 이곳에서는 일할 때의 동물의 뇌를 관찰한다. 이런 연구를 실행에 옮기려면 많은 기술이 필요하다.

나는 이 실험실의 연구에 완전히 매료되어서, 연구원들이 실험실에서 보내온 연구 결과를 실행시킨 대형 모니터를 뚫어져라 바라봤다. 이곳에서는 쥐가 귀뚜라미를 사냥하는 장면을 추적할 수 있다고 한다. 이렇게 상세한 디테일까지 포착된 것을 지금까지 본 적이 없었다. 연구원들은 초소형 카메라로 메뚜기를 사냥할 때 엄청나게 빠른 속도로 움직이는 쥐의 눈동자를 포착했다. 동시에 골격의 뼈와 관절의 변화가 어떻게 기록되는지 뇌의 활동과 쥐의 움직임을 추적했다.

나는 넋이 나간 채 모니터를 응시했다. 먹잇감을 쫓는 쥐의 모습이 담긴 세 개의 영상을 실시간으로 연달아 봤더니 현기증이 났다. 좌측은 눈동자의 움직임, 가운데는 뇌의 활동, 우측은 골격의 움직임이었다. 이렇게 작은 동물이 1초도 안 되는 찰나의 순간에 행하는 일이 그저 놀라울 따름이었다. 이 연구는 아직 시작 단계에 있지만 뇌가 감각의 지각을 어떻게 처리해 움직임을 일으키는지 추적할 수 있다. 행동(이 사례에서는 사냥)을 각각의 요소들로 분해해서 이해하는 것이다.

이런 실험은 매우 복잡하기 때문에 연구원들은 단순한 구조의 척추동물을 찾다가 미얀마의 작은 관상용 열대어 다니오를 발견했다. 학명이 다니오넬라 트란스루시다*Danionella translucida*인 이 투명한 담수어는 길이가 불과 1센티미터이며 모든 척추동물 중에서 가장 작은 뇌를 가지고 있다. 이 담수어 덕분에 연구원들은 눈에서 뇌와 척수를 통과해 근육에 이르는 신호 전달 과정을 쉽게 추적할 수 있었다. 그래서 그들은 이 물고기의 뇌 활동을 말 그대로 '라이브'로 연구했다.

행동은 우리가 일상에서 끊임없이 내리고 있는 수많은 결정의 결과지만 우리가 의식하고 있는 경우는 드물다. 뇌는 어떻게 결정을 내릴까? 이것이 바로 튀빙겐의 막스플랑크 바이오사이버네틱스 연구소MPI für biologische Kybernetik의 핵심 연구 주제다. 한 연구원이 내게 제브라피시zebrafish들이 어떻게 먹잇감을 잠시 관찰하다가 순식간에 사냥을 시작하는지 설명해주었다. 하지만 언제 어떻게 사냥 결정을 내리는지는 밝혀진 게 많지 않다. 이것은 아직 불확실한 부분이 많지만 결정을 내려야 하는 것과 관련이 있는데, 정확히 파악하기는 어렵다고 한다.

우리의 행동을 더 정확하게 이해하려면 진화를 살펴보는 게 도움이 될 수 있다. 뇌는 생명체가 생존을 위해 행동해야 하는 환경에서 형성되었다. 이는 물고기와 쥐도 그렇고 우리 인간도 마찬가지다. 우리 조상들이 위험을 피해 도망을 쳤든, 사냥했든, 도구의 재료를 찾았든 간에 뇌가 정확한 결정을 내리고 적절한 행동을 하는 것은 생존을 위해 중요한 일이었다. 우리 신체의 다른 부분들처럼 뇌는 진화의 산물이다.

뇌는 우리가 환경에 적응하는 진화의 과정에서 유익하다고 입증된 기능을 획득해왔다. 그중 기억력은 생존을 위해 반드시 필요한 기능이었다. 기억력 덕분에 우리는 경험한 것을 떠올리고 수집함으로써 우리의 행동을 더 유익한 방향으로 조절할 수 있었다. 또한 기억은 위험에 빠질 수 있는 행동으로 우리가 실수하지 않도록 보호해준다.

기억은 인간의 삶에서 그만큼 중요한 의미를 갖는다. 이런 뇌의 기능 방식을 더 정확하게 파악하기 위해 전 세계 학자들은 수십 년째 엄청난 노력을 기울이고 있다. 라이프치히 연구소의 연구원들도 이런 노력에 동참하고 있다. 이곳에서는 기억력, 특히 주변 환경에서의 방향 감각을 연구한다. 척추동물이 머릿속의 지도를 이용해 공간에서 방향을 찾는다는 사실은 몇 년 전에 이미 밝혀졌다. 이 지도는 뇌에서 격자 세포grid cell를 이용해 작성되는데, 이로써 기하학적 활동 패턴이 생성되고 공간을 인지하고 공간에서 사물의 위치를 파악할 수 있게 된다.

이런 공간 기억 연구에서 피실험자는 가상현실 게임을 하라는 주문을 받는다. 하지만 테이블 앞이 아니라 일상적이지 않은 비좁은 공간인 뇌 스캐너 안에 들어가야 한다. 이 대형 장치는 의학 분야에서는 이미 잘 알려진 자기공명영상Magnetic Resonance Imaging, MRI 장치로, 신체의 내부를 촬영한다. 연구원들은 게임을 하는 피실험자의 머릿속 내부를 MRI로 한 층 한 층 스캔해서 피실험자가 공간에서 방향을 찾는 동안 뇌의 어떤 영역이 활성화되는지 고해상도로 추적한다. 그래서 어떤 뇌의 활동이 공간 학습과 관련이 있고 기억 내용을 형성하는지 파악할 수 있다.

연구원들은 여기서 한 걸음 더 나아가, 기억한 내용에서 미래를 예측하는 능력이 우리의 뇌에서 어떻게 생성되는지 연구하려고 한다. 혹시 여러분은 자신이 지나치게 모험적이라고 생각하는가? 그렇다 해도 걱정할 필요는 없다. 사실 이는 아주 평범하고 일상적인 것이기 때문이다.

가령 우리는 어떤 사람이 길을 지나 집의 모퉁이로 사라져서 보이지 않는 것을 봤지만 그가 집 뒤에 있다는 걸 안다. 이는 우리의 뇌가 경험을 바탕으로, 몇 걸음 더 걸어가 그 집의 모퉁이를 돌면 그 사람을 다시 볼 수 있다고 말해주기 때문이다. 실제로 이런 행동을 하고 나면 우리의 경험은 '감각 인상'을 통해 확인을 받는다. 이 사람은 집의 뒤편에 있을 것이기 때문에 다시 볼 수 있다는 것이다. 그러니까 우리의 뇌는 방향을 알려주는 도구이자 예측 도구인 셈이다.

뇌의 예측 능력은 평생에 걸쳐 형성되고 완성된다. 이는 어린아이가 자라는 모습을 지켜본 사람은 누구나 안다. 엄마가 공간을 떠나고 시야에서 사라지면 아기는 죽을 만큼 슬퍼한다. 아기는 눈에 보이지 않아도 엄마가 계속 존재한다는 걸 모르기 때문이다. 어느 정도 시간이 흘러야 사람들은 눈에 보이지 않아도 사람들과 사물이 계속 존재한다는 걸 알게 된다.

어떤 대상이 계속 존재한다는 걸 아는 것은 후천적으로 습득된 인지 능력이며, 이를 대상 영속성Object permanence이라고 한다. 우리가 더 많은 경험을 할수록 우리의 뇌는 '미래를 더 많이 예측' 할 수 있다. 이것은 사소해 보일지 모르지만 우리 뇌의 놀라운 능력, 즉 기억력을 바탕으로 한다.

저녁에 호텔로 가는 자갈길을 어슬렁거리며 기억력이 어떻게 작동하는지 곰곰이 생각했다. 지각을 통해 뇌의 활성 패턴이 생성되는 건 확실하다. 그런데 이 패턴이 사라졌을 때 뇌는 정보를 어떻게 유지할까? 기억을 형성하기 위해 뇌가 변해야 한다. 이것을 '신경 가소성'이라고 한다. 우리가 기억한 내용에는 물질적인 기반이 있어야 한다. 몇 주 후 나는 마이애미 북부의 주피터에 있는 플로리다 막스플랑크 신경과학연구소Max Planck Florida Institute for Neuroscience에서 이 질문을 할 수 있었다.

2023년 1월의 어느 날 나는 시차 때문에 일찍 깨어 해변으로 나가서 경이로운 자연 현상을 감상하고 있었다. 태양이 대서양 위로 떠오르기 전이었다. 얇은 구름 띠가 진한 주홍빛으로 물들었다. 이렇게 아름다운 광경을 보자마자 한 연구원이 나를 데리러 왔다.

막스 플랑크 드라이브Max Planck Drive에서 꺾어서 연구소에 도착했을 때 2005년에 했던 토론이 떠올랐다. 당시 조지 W. 부시 전 미국 대통령의 동생으로, 고위급 인사인 제프 부시Jeb Bush 플로리다 주 주지사가 연구소를 방문했었다. 그는 '태양의 나라'에 첨단 기술을 정착시키겠다는 단호한 의지를 보이며 여러 연구 기관을 방문하고 있었다. 이렇게 미국에 막스플랑크 연구소를 설립하자는 아이디어가 탄생했다.

야자수들 사이의 연구소를 지나는데 기분 좋은 포근한 공기가 불어왔다. 독일까지 거리를 알리는 안내 표지판에 '뮌헨 7,932킬로미터'라고 쓰여 있었다. 이렇게 먼 거리에 있지만 이곳 연구원들은 독일의 연구원들과 긴밀한 유대감을 느끼고 있었다.

한 연구원이 자신의 연구팀이 어떤 방법으로 기억을 연구하고 있는지 직설적으로 설명했다. 잠시 배경이 되는 지식을 살펴보자. 우리 몸의 신경 세포는 안테나, 즉 수상 돌기가 있어서 신호를 수신하며 축삭 돌기로 신호를 전송하는 역할을 한다. 신경 세포는 수신된 신호를 계산해 그 결과를 다른 세포에 전달한다. 그리고 뇌의 신경 세포들이 곳곳에 많이 연결되어 있는데, 이때 시냅스가 신호를 전달하는 역할을 한다.

나는 이런 시냅스가 어떻게 작용하는지 떠올랐다. 괴팅겐의 연구원들이 수십 년 동안 연구해왔기 때문이었다. 신경 세포 사이에는 아주 작은 시냅스 틈이 있다. 이 틈을 통해 신호를 전달하기 위해 전송 세포에 의해 신호 물질이 분비된다. 이 신경 전달 물질은 수용 세포에서 자극을 일으키고 신호가 전달된다.

연구원은 기억이 형성되는 과정을 설명했다. 뇌의 활동으로 특정한 시냅스가 반복적으로 사용되면 이 활동이 정착되어 오랫동안 안정적으로 유지된다. 이를 '장기 강화Long-term potentiation'라고 한다. 이렇게 정착된 시냅스는 더 쉽게 신호를 전달하고 수용 세포에서 더 강한 신호를 일으킨다. 그리고 이렇게 강화된 시냅스는 나중에 더 쉽게 신호 전달을 할 수 있도록 활성화된다. 학습은 이런 시냅스들의 정착을 바탕으로 이뤄진다. 시냅스는 원래 가소성을 지니며 언제든 구조와 기능에 변화가 생길 수 있다.

특수 현미경으로 학습과 시냅스의 변화에 어떤 관련이 있는지 처음 관찰했다던 마르틴스리트 연구소의 한 연구원의 이야기가 떠올랐다. 젊은 뇌에서는 기존의 시냅스가 쉽게 변하고 새로운 시냅스가 쉽게 형성된다. 그래서 젊었을 때 학습 효과가 훨씬 뛰어나다. 하지만 신경 가소성은 나이가 들어도 그대로 유지되므로 우리의 뇌는 평생 학습이 가능하다.

나는 시냅스가 정확하게 어떻게 정착되는지 궁금했다. 연구원은 시냅스의 정착에 중요한 단백질이 신경 세포의 어디에나 존재하는 게 아니라는 사실은 이미 알려져 있다며 설명을 이어나갔다. 시냅스는 국소 부위, 즉 활동 중인 시냅스 주변에서만 생성된다. 실제로 시냅스에 축적되는 특정한 단백질이 기억을 형성하는 데 중요하다는 사실이 밝혀졌다.

연구원들은 신경 세포의 이런 국소 단백질을 눈으로 볼 수 있는 방법을 개발했다. 그중 액틴actin(근육의 근원섬유를 구성하는 주요한 단백질의 하나-옮긴이)이라는 단백질이 시냅스를 확장할 수 있는 것으로 관찰되었다. 여전히 많은 질문에 대한 답을 얻지 못했지만 기억의 물질적 토대, 즉 기억에 대한 생화학적 설명을 들어서 나는 그 순간이 만족스러웠다.

저녁에는 플로리다 연구소의 후원자들과 친구들을 위한 강연이 있었다. 이 행사는 현악 3중주와 함께 시작되었지만 나는 뇌가 음악 연주를 어떻게 가능하게 하는지 생각하느라 음악에 도무지 집중할 수 없었다. 그러다 문득 '음악가의 뇌 활동, 이것이야말로 행동과 학습의 훌륭한 예시 아닌가!'라는 생각이 머리를 스쳤다.

바이올린 연주자가 악보를 읽자마자 뇌에서 시각 자극이 처리되고 목표로 했던 동작으로 옮겨진 다음, 이 동작은 소리가 된다. 이렇게 하여 청각 자극이 다시 뇌에 도달한다. 그러니까 음악가의 뇌는 바이올린 활의 동작을 조절하면서 악보를 통해 미래를 예측하고 청각 신호, 즉 멜로디의 형태로 피드백을 받으며 이 멜로디는 즉시 평가를 받는다. 연주는 성공적이었는가?

악기를 익힐 때 이 모든 과정이 일어난다는 게 놀라울 따름이다. 규칙적인 연습을 통해 비슷한 신호가 뇌에서 계속 활성화되면 이것이 무수히 많은 시냅스가 정착되는 데 영향을 끼친다. 이 모든 과정을 거쳐 음악가는 악기를 점점 능숙하게 다루게 된다.

비행기에서 내리니 독일은 한겨울이었다. 피로가 몰려왔지만 또 다른 질문들이 머릿속에 맴돌았다. 학습이 무엇인지 여전히 궁금한 게 많았다. 단백질이 특정한 시냅스에서만 생성되고 모든 신경 세포에서 만들어지지 않는 게 어떻게 가능한지 알아야 했다. 이 질문에 대한 답은 프랑크푸르트의 막스플랑크 뇌연구소MPI für Hirnforschung의 한 연구원을 통해 얻었다. 그녀는 특정한 단백질들의 합성이 어떻게 수상 돌기의 선택된 위치에서만 일어나는지 입증했다고 한다.

이 트릭은 이론적으로는 단순하다. 세포가 선택된 mRNA 분자, 단백질의 설계도를 그 자리에 가져다준다. 그다음에 단백질 합성이 국소적으로 해당 시냅스의 근처에서 진행된다. 이 프로세스를 해독하려면 새로운 방식을 개발해야 한다. 그녀의 실험실은 시냅스를 격리해서, 시냅스의 단백질 함량을 통해 연구할 수 있다고 한다. 연구원들은 앞서 5장에서 다룬 단백질체학을 이용해 이 연구를 해냈다. 조만간 학습에서 중요한 단백질을 확인할 수 있다고 한다. 현재 알려진 것의 한계에 머무르지 않고 한 걸음 더 나아가, 기억의 메커니즘을 이해할 수 있는 다음 단계에 진입했다고 생각하니 뿌듯했다.

하지만 안도감은 커피 한 잔도 다 마시기 전에 사라졌다. 커피 한 모금을 마시자마자 다른 연구원이 우리의 핵심 기관인 뇌는 상상할 수 없을 정도로 복잡성을 지니고 있다는 사실을 상기시켰기 때문이다. 인간의 뇌는 쥐의 뇌보다 신경 세포들이 훨씬 복잡하게 연결되어 있다. 그의 연구팀은 신경 세포들의 연결을 전부 지도로 나타내어 '커넥톰connectome'을 포착했다. 그는 내게 알록달록하게 채색된 신경 세포와 수천 개의 연결을 나타내는 복잡한 이미지를 보여주었다. 이 연구에서 인간의 뇌와 쥐의 뇌 회로가 다르게 형성되어 있다는 사실만 밝혀진 게 아니다. 인간의 뇌에는 억제 효과가 있고 신호를 약화하는 신경 세포가 세 배나 더 많았다.

뇌에는 장기 기억뿐만 아니라 작업 기억도 있다. 이것을 통해 우리는 지각된 것을 임시로 저장할 수 있다. 나는 이런 작업 기억이 우리의 의식을 형성하는 토대가 아닐까 질문을 던져봤다. 의식Bewusstsein(깨어 있는 상태에서 자기 자신이나 사물에 대해 인식하는 작용-옮긴이)은 의식성Bewusstheit(깨어 있는 상태에서 자기 자신이나 사물에 대해 인식하는 성질-옮긴이) 이상의 것이고, 의식성은 무의식에 상반되는 개념일 뿐이다. 의식을 자아의 개인적인 체험이라고 바꿔 표현할 수도 있다.

이런 생각이 흥미로운 만큼, 과학적 방법을 통해 의식이 무엇인지 밝혀내는 것은 어려운 일이다. 그래서 의식적으로 나의 의식을 단지 체험하고 즐기기로 했다. 아무튼 내가 보기에 뇌 연구에서 어려운 질문은 의식이 아니라 지능에 관한 질문인 듯하다.

우리는 모두 지능에 대한 확실한 개념을 알고 있다. 오랜 전통 위에 세워진 막스플랑크 생물학적 지능 연구소MPI für biologische Intelligenz에서는 바로 이런 질문들을 다룬다. 행동 연구의 선구자이자 노벨생리의학상 수상자인 콘라트 로렌츠Konrad Lorenz는 1958년 안덱스 수도원 인근에 있는 오버바이에른Oberbayern 호숫가의 제비젠Seewiesen에 막스플랑크 조류학연구소MPI für Ornithologie를 설립했다. 1년 후 이 연구소는 라돌프첼 조류관측소와 합병되었다.

원래 이 관측소는 1901년 동프로이센의 쾨니히스베르크에서 멀지 않은 로시텐에 설립되었다가, 제2차 세계대전 후 보덴 호수에 재개관되었다. 조류관측소에서 막스플랑크협회 소속 연구소가 된 후 제비젠 캠퍼스의 학자들은 마르틴스리트의 막스플랑크 신경생물학연구소와 연합했고, 이렇게 해서 새로운 연구소가 탄생했다. 이런 역사는 학문과 연구 기관이 시간을 초월해 어떻게 발전하는지 보여주는 사례다.

나는 살짝 한기를 느끼며 콘라트 로렌츠가 회색 기러기들과 함께 헤엄쳤던 이 작은 호숫가에 서 있었다. 이곳 에스제Eßsee(독일 오버바이에른 지역의 호수-옮긴이)에서 연구원들은 동물들의 다양한 뇌 기능을 연구한다. 그래서인지 물가에서 호수까지 기다란 대형 새장이 유영하듯 쭉 뻗어 있었고 거위들이 여유롭게 이리저리 헤엄치며 노닐고 있었다.

오릿과Anatidae는 헤엄을 치며 잠을 잘 수 있다고 한다. 뇌의 활동을 기록하기 위한 탐침이 장착된 정밀 카메라와 장비 덕분에 오리의 뇌 양쪽 반구가 동시에 잠을 잘 수 있다고 해도 오리가 눈을 교대로 감는다는 사실이 확인되었다. 이곳은 목가적인 풍경의 소박한 자연일 뿐만 아니라 불가능한 연구가 진행되는 희귀한 실험 부지였다.

프랑크푸르트의 막스플랑크 뇌연구소를 방문했을 때 나는 뇌의 가장 큰 수수께끼인 잠과 지능이 형성되는 조건을 확실히 파악했다. 이곳에서는 희귀 도마뱀, 오스트레일리아 도마뱀이라고도 불리는 턱수염도마뱀bearded dragon을 관찰한다. 한 연구원이 뱀목Squamata에 속하는 이 도마뱀들도 잠을 잘 수 있지만 인간과는 다른 형태를 취한다고 설명해주었다. 잠을 잘 때 이 도마뱀들의 수면 주기, 즉 뇌의 활동이 반복되는 패턴은 250회에 이른다. 매일 밤 인간이 겪는 수면 주기가 5회에 불과하다는 점과 비교하면 이는 놀라운 현상이다.

그 연구원은 이렇게 짧은 주기를 갖는 것이 원래의 수면 형태일 것이라고 추측했다. 나는 거위들이 호수에서 헤엄치는 모습을 보며 동물계의 짧은 수면 주기는 특이한 게 아니라는 확신이 들었다.

우리는 호수에서 널빤지로 된 홀에 들어갔다고 했다. 연구원이 이곳에서는 각종 조류를 관찰할 수 있었다. 그중에는 생물학 연구의 표준 레퍼토리에 절대 들어가지 않는 조류, 비둘기, 목도리도요Calidris pugnax, 개량 카나리아Domestic Canary도 있다. 나는 새장 주변을 배회하면서 새들이 지저귀는 소리를 들으며 이 영리한 짐승들이 무엇에 그렇게 열중하는지 들었다.

몇몇 명금류는 멜로디를 배우고 익히는 데 3개월이 걸린다. 이 새들은 혼자 노래하지 않는다. 연구팀은 아주 작은 탐침과 마이크로폰을 이용해 금화조가 짝을 지어 노래할 뿐만 아니라 서로에게 반응을 보인다는 사실을 확인했다. 이들은 작은 새 한 마리에게 파트너의 노랫소리가 녹음된 것을 틀어주었는데, 새는 아무 반응을 보이지 않았다.

이 새들은 쉽게 파트너를 혼동하지 않는다. 끊임없이 지저귀는 형태로 노래 파트너에게 먼저 짧은 신호를 받은 다음, 두 마리의 새가 듀엣으로 화음을 맞춰가며 노래를 한다. 이렇게 노래하며 즐거움을 느낄지 누가 알겠는가? 아무튼 즐거워하는 것처럼 들린다.

그러다 다양한 종의 앵무새들을 연구하고 있는 한 연구원을 만났다. 그는 서로 상관관계가 있을 것으로 추정되는 소통과 지능의 진화를 앵무새를 통해 연구할 수 있다고 했다. 앵무새는 몸집에 비해 뇌가 크며 신경 세포 밀도가 높다. 게다가 탁월한 소리 학습 능력이 있어서 소리를 들은 즉시 모방할 수 있다. 그는 다양한 종의 앵무새들 간의 이런 학습 능력을 비교함으로써 어떤 진화 요인이 이 놀라운 짐승의 인지 능력을 형성했는지 알아가는 과정이 특히 흥미롭다고 했다.

마르틴스리트의 연구소에도 지능에 관한 질문들을 파헤치는 연구 프로젝트를 진행하고 있다. 단순한 신경계가 하는 일도 대단하다. 제브라피시의 유충은 어떻게 볼 수 있고 어떻게 짚신벌레 잡기와 같은 복잡한 과제를 수행할 수 있을까? 파리는 그렇게 작은 신경계를 가지고 있는데도 어떻게 비행하는 것일까? 그저 놀라울 따름이다. 연구원들은 더 단순한 신경계를 지닌 동물들을 연구함으로써 이 질문들을 파헤치며 포유동물의 더 복잡한 신경계를 추리하고 있다.

그렇다면 지능적인 행동은 어떻게 탄생하는 것일까? 이곳에서도 시클리드Cichlid(조기어강 키클라목 키클라과Cichlidae에 속하는 물고기들의 총칭-옮긴이)를 연구하고 있다. 시클리드는 고작 몇 센티미터에 불과한 작은 물고기이지만 지능적인 행동을 한다. 이들은 서로를 알아볼 뿐만 아니라 시클리드 커플들은 새끼를 키울 때 서로 긴밀하게 협력한다. 먼저 어미가 빈 달팽이 껍데기에 알을 낳고 두 달 동안 새끼를 지켜보다가 그 후에는 아비에게 양육을 맡긴다. 한 연구원이 이를 보고 3D 프린터로 이 물고기가 알을 낳기 좋도록 반쪽짜리 달팽이 집을 제작했고, 여기서 새끼들을 돌보는 모습을 촬영할 수 있었다고 했다.

심지어 이 작은 물고기는 복잡한 공동생활을 한다. 이런 걸 보면 우리는 인간이 지능을 가졌다고 우쭐댈 필요가 없다. 동물들을 관찰함으로써 지능이 자연에서 어떻게 탄생하는지 확실하게 이해하는 계기로 삼아야 한다. 지능은 진화의 과정에서 유전자와 환경의 합작으로 생기는 한편, 유전자는 우리의 뇌가 어떤 특성을 갖추고 있는지 정해놓았다.

뇌는 주변 환경과 다양한 생물들이 공생하면서 끊임없이 배워간다. 지능은 혼자만의 성과가 아니라 집단 속에서 탄생하는 것이다. 이런 지능이 유전적 소인을 통해 특히 우수하게 나타나면, 이는 생존의 이점이 되고 이에 관여하는 유전 소질이 우선으로 유전된다. 이렇게 생활 영역이 서로 이어지면서 지능은 진화의 과정에서 점점 높아진다.

생물학적 지능은 인공지능과 근본적으로 다르다. 각 생명체의 진화뿐만 아니라 종의 진화도 생물학적 지능이 형성되는 데 기여한다. 우리가 탄생할 때 우리의 뇌는 하드디스크가 텅 비어 있는 새 컴퓨터와 같은 상태가 아니었다. 뇌는 진화를 통해 이미 기반을 갖추고 있었다. 다르게 표현하면 우리는 지능이 발달하는 데 필요한 조건을 이미 물려받은 상태였다.

그러면 까다로운 질문으로 다시 돌아가자. 지능이란 무엇인가? 한 연구원은 지능을 이루는 기반을 이해하기 어렵다는 점을 인정했다. 어떤 개념에 대한 회로는 뇌에서 어떻게 형성될까? 이 질문은 여전히 미스터리다. 모든 어린아이는 공이 무엇인지 금세 배울 수 있다. 그러면 이 공이 탁구공처럼 작고 하얗든, 아니면 메디신볼Medicine ball처럼 크고 갈색이든 상관없이 공처럼 보이면 공이라고 인식된다. 연구원은 우리의 삶에서 이렇게 중요한 개념 형성이 뇌에서 어떻게 이뤄지는지 아직 밝혀지지 않았다고 했다. 그러고는 이 중대한 질문을 다루기 위해 자신이 어떻게 해야 하는지만 알 뿐이라고 덧붙였다.

한 연구원은 지능은 문제 해결 능력이라고 말했다. 학자들에게 이것은 진화의 과정에서 어떻게 탄생하는지, 과제를 처리하고 문제를 발견하는 능력이 어떻게 생겼는지 이해하는 것이다. 사실 나는 '지능은 문제를 해결하는 능력이다'라는 정의가 있다는 것만으로도 만족한다.

하지만 삶에서 지능은 단계적으로 형성된다. 그래서 이 연구소는 아동 학습을 지원하고 있다. 이 연구소는 이웃 연구소와 공동으로 오픈 하우스 행사를 열고, 2028년 뮌헨의 님펜부르크 궁전에 오픈 예정인 자연사 박물관 비오토피아Biotopia 구축 작업에 참여하고 있다. 이것은 수집품을 전시하는 전통적인 박물과는 구별되는 새로운 형태의 박물관을 만들자는 아이디어에서 출발했다. 비오토피아는 지구의 미래와 자연의 공생을 강조하는 생명과학 박물관으로, 가족들의 관심을 끌기 위해 '먹고 마시기', '움직이고 걷기', '잠자고 꿈꾸기' 등 다양한 주제의 체험 영역이 설치될 예정이다.

우리의 학습 능력을 더 정확하게 알아보고 연구하는 것은 보람 있는 일이다. 이런 연구는 어떤 조건이 학습을 촉진하고, 우리의 학습 능력이 평생에 걸쳐 어떻게 변하는지, 우리가 배운 것이 우리의 결정에 어떻게 영향을 끼치는지 더 많이 이해해야 더 유익하다. 이때 언어가 중요한 역할을 한다. 따라서 다음 여정에서는 언어 습득, 학습에서 언어의 중요한 역할, 우리의 언어 능력, 학습 능력, 결정 능력에 영향을 끼치는 요인을 살펴볼 것이다.

16장

말, 학습, 행동

인간다움의 조건

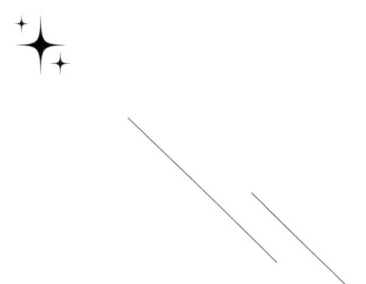

2023년 4월 햇빛이 쨍쨍한 날, 한 여인이 어린아이와 함께 기차에 올랐을 때 나는 네덜란드 네이메헌Nijmegen행 기차에 있었다. 아이는 주의 깊게 주변을 둘러보며 엄마의 설명에 귀 기울이고 있었다. 아이들이 언어를 습득하는 속도를 보면 그저 놀라울 따름이다. 나는 라이프치히의 막스플랑크 인지과학 및 신경과학 연구소에서 한 연구원과의 만남을 떠올릴 수밖에 없었다. 당시 나는 아이들이 대략 생후 6개월이 지나면 이미 단어 조합의 첫 번째 규칙을 저장할 수 있다는 말을 듣고 놀랐다. 아이들은 말을 시작하기 전에 이미 문법을 이해하고 있다는 것이다. 그럼에도 모국어를 습득하려면 몇 년이 걸린다. 문법을 이해한 다음 단어의 의미를 배우는 데도 시간이 필요하기 때문이다.

라인강의 지류인 발Waal을 지날 때 기차가 덜컹거렸고, 해가 지면서 주변 풍경이 주홍빛과 은빛으로 물들었다. 네덜란드 사람 몇 명이 기차에 탔다. 이들은 즐겁게 잡담을 하고 있었지만 나는 '역'

이라는 단어만 겨우 알아들었다. 이렇게 대화를 할 수 있다는 건 정말 놀라운 능력이라는 생각이 들었다. 우리가 음성 신호를 수신하면 이 신호는 뇌로 전달되어 우리의 기억을 이용해 해석된다. 그런 다음 응답이 생성되고, 이것은 자극의 형태로 우리의 언어에 근육으로 전송된다. 이를 다시 상대방이 지각하고 (매우 자주) 이해하는 음파音波를 생성한다. 이렇게 뇌는 인풋과 아웃풋, 지각과 운동, 듣기와 말하기를 능숙하게 다룬다.

저녁 하늘을 바라보다가 문득 프랑크푸르트의 에른스트슈트륑만 연구소Ernst Strüngmann Institut를 방문했던 기억이 떠올랐다. 이곳의 한 연구팀은 인간은 언어를 이해할 수 있는 능력을 타고난다는 오랜 명제를 지지했다. 우리는 의미 없는 문장이 제시된다고 할지라도 언어 구조를 이미 파악하고 있다. 예를 들어 '무색의 녹색 아이디어는 분노하며 잠을 잔다'라는 문장은 문법적으로는 옳지만 아무 의미가 없다는 걸 바로 안다. 쉽게 말해 문장의 내용과 상관없이 문장 구조의 옳고 그름을 분별하는 내적 문법이 있다는 것이다.

하지만 문법을 빨리 파악하는 능력이 정말로 선천적인지, 아니면 어릴 때 습득되는 것인지를 두고 여전히 신경과학자, 심리학자, 언어학자들이 논의 중이다. 태아는 엄마의 자궁에서 이미 풍부한 소리 체험을 하기 때문이다. 또한 신생아들도 이미 모국어와 다른 언어를 구분할 줄 안다. 네이메헌의 밤, 나는 호텔까지 느긋하게 걸으며 머릿속으로 많은 질문을 떠올렸다. 우리는 모국어를 어떻게 습득하는 것일까? 왜 외국어를 습득하기 어려울까? 말, 학습, 행동은 어떻게 서로 연결되어 있을까?

다음 날 아침 나는 막스플랑크 심리언어학연구소MPI für Psycholinguistik의 한 연구원에게 몇몇 질문들에 대한 답을 들었다. 인간이 어떻게 모국어를 습득하는지 연구하기 위해 이곳 연구원들은 생후 1년된 어린아이들의 언어 능력 발달을 추적하고 있었다. 연구소 건물의 정문 출입구 바로 옆에 가족 전용 출입구가 있었는데 문 앞에는 청설모 피규어가 기다리고 있고 방 안에는 인형들이 있었다. 아이들은 편안한 기분으로 놀이를 하듯 연구에 참여한다고 했다. 연구를 위한 테스트만 진행되는 게 아니다. 64개의 전극이 부착된 모자로 언어 발달과 관련이 있는 뇌의 활동도 측정된다.

연구원은 언어 장애를 보이는 아이들이 점점 많아지고 있다며 우려를 표했다. 실제로 독일 건강보험공단은 2022년 현재 전체 피보험 아동의 약 8퍼센트가 언어 장애를 보였다고 발표했다. 그는 조기 발견에 유용한 검사법도 없다며 안타까움을 호소했다. 언어 장애를 너무 늦게 발견한 탓에 고치기 어려운 경우가 부지기수라는 것이다. 나는 이런 검사법을 개발하는 게 그녀의 꿈이라는 걸 바로 눈치챌 수 있었다. 이와 더불어 의식 개선도 중요하다. 부모는 자녀가 모국어를 습득할 수 있도록 어떤 방법으로 도움을 줄 수 있는지 알아야 한다.

모국어를 습득하는 과정은 생후 3년이 중요하다고 한다. 영국 BBC 방송은 '행복한 꼬마들Tiny happy people'이라는 타이틀의 캠페인을 시작했다. 부모가 아이와 계단을 오를 때 계단의 개수를 함께 세는 등 자녀와 놀이를 하듯 언어를 전달하도록 장려하는 것이다. 연구원은 이 방법이 아주 단순하다고 말한다.

또 다른 연구원은 성인 피실험자를 대상으로 한 언어 테스트에서 놀라운 결과를 보고했다. 사과 한 개를 보여줄 때 그 옆에 배가 있으면 사과 옆에 숟가락이 있을 때보다 '사과'라는 단어를 훨씬 빨리 말했다는 것이다. 불과 몇 밀리초(1밀리초=1,000분의 1초)의 차이였지만 효과는 뚜렷했다고 한다. 개념이 내용으로 서로 연결되어 있을 때 우리가 개념을 연결하여 저장한다는 사실이 확실하게 밝혀진 것이다.

하지만 현실은 더 복잡했다. 앞에서 제시된 서로 연관된 대상들은 다음 실험에서는 오히려 억제 효과를 보였다. 즉 먼저 배 한 개를 보여주면 사과라고 말하는 데 더 오래 걸렸다. 이런 실험을 통해 뇌에서 언어를 바탕으로 하는 기능적 프로세스를 연구할 수 있다.

그날 나는 영어로 강연을 했다. 조금 전에 성인이 되어서 외국어를 습득하기 쉽지 않은 이유를 들었기 때문인지, 보통은 그런 것에 대해 생각하지 않는데도 오늘은 신경이 좀 쓰였다. 성인이 되어서 외국어를 배우면 어휘를 어느 정도 습득하는 데는 문제가 없지만, 문법을 완전히 정복하는 건 어렵다. 나 역시 25세에 그르노블 연구소에 들어갔을 때 성인이 되어 프랑스어를 배우는 게 왜 그렇게 어려웠는지 뒤늦게 깨달았었다.

수어 통역사가 허공에 대고 격렬하게 손동작하는 인상적인 모습이 시야에 들어왔다. 이곳에서는 모든 것이 제스처, 표정, 보디랭귀지를 포함한 우리의 언어 능력을 중심으로 돌아간다. 한 연구원이 제스처와 표정은 언어를 보조할 뿐만 아니라 언어를 통합하는 구성 요소라고 설명했다. 그녀는 '나는 브로콜리를 좋아해!'라는 문장을 두 번 말했다. 한 번은 손가락 끝으로 키스를 하며 말했고, 다른 한 번은 눈을 부릅떴다. 두 번째 말한 문장은 소리에는 변화가 없지만 반어법이 되어 실제 의미는 정반대가 되었다.

이처럼 제스처는 우리의 의미 체계를 활성화해서 더 정확하게 이해할 수 있게 해준다. 또한 제스처가 뒷받침되면 대화 내용을 더 잘 기억할 수 있다. 이뿐만이 아니다. 제스처는 심지어 단어를 찾을 때도 도움을 줄 수 있다. 우리가 입으로 말하든, 손짓으로 말하든 간에 상관없이 같은 뇌 영역이 활성화된다. 언어는 멀티모드로서 텍스트만으로는 충분하지 않기 때문에 이모지가 성공할 수 있었던 것이라고 연구원은 웃으면서 말했다.

나는 오래전부터 언어 없이 생각을 할 수 있는지 궁금했었다. 마침 이 질문에 대한 답을 얻을 기회가 생긴 것 같아 연구원들에게 질문했다. 그러자 한 연구원이 웃으면서 내가 항상 언어의 형태로만 생각하는 유형이라고 했다. 물론 대부분 사람이 그런 유형이고, 내면의 음성 스위치를 켰다 껐다 할 수 있는 사람들도 있다고 한다. 예를 들어 수학자들은 종종 개념과 공식을 머리로 생각해야 한다. 언어는 이런 일들을 선형화, 즉 순서를 배열하는 데 도움이 된다. 지도에서 옛 등굣길을 추적할 때는 아직 선형적 사고의 흐름이 없다. 하지만 등굣길을 머릿속에서 추적하고 설명할 때, 즉 언어로 표현할 때 선형성이 생긴다.

다른 연구원이 덧붙여 설명했다. 어린아이들을 관찰하면 언어가 없어도 생각할 수 있음을 확인할 수 있다고 한다. 많은 아이가 말을 배우기 전에 지능적인 행동을 할 수 있는 것으로 확인되었다. 아이들은 특정한 사물을 가리키거나 숨바꼭질할 때 부모가 도와주거나 언어를 사용하지 않고도 (종종 아주 명확하게) 자신의 의지를 표현한다. 이제야 확실히 이해할 수 있었다.

그러자 프랑크푸르트의 막스플랑크 경험적 미학 연구소MPI für empirische Ästhetik에서 한 연구원과 했던 대화가 떠올랐다. 그녀는 재미있는 비유로 언어와 음악의 유사점을 설명했다. 두 경우 모두 그 자체로는 의미가 없는 조각들이 연결되어 의미 있는 것이 된다. 언어의 경우 알파벳에서 단어와 문장이 탄생해 의미가 생기고, 음악의 경우 음표에서 멜로디가 탄생해 영향력을 갖는다. 그러면서 그녀는 어쩌면 언어와 음악의 뿌리가 같을지 모르겠다고 했다.

우리는 언어의 실체를 규명할 수 있을까? 그러기 위해 언어를 가능하게 만든 뇌의 네트워크, 세포, 분자까지 파고들어야 할까? 네이메헌 연구소의 한 연구원은 그렇게 해야 할 수도 있지만 그 과정은 길고도 힘겨울 것이라고 했다. 그의 연구팀은 언어 습득 및 언어 능력과 연관된 유전자를 찾고 있는데, 언어 장애와 관련 있는 몇 가지 돌연변이를 발견했다. 덕분에 연구원들은 유전자 가위를 이용해 줄기세포에 이런 유전자 변형을 삽입하고, 이 줄기세포에서 뇌 오가노이드를 생성시킬 수 있게 되었다. 앞서 7장에서 살펴봤듯이 뇌 오가노이드는 뇌의 발달 초기 단계를 나타내는 미니 장기다.

흰 가운을 입은 연구원이 내게 2~3밀리미터 크기의 연한 핑크빛 세포 덩어리가 떠다니고 있는 플라스틱 튜브를 보여주었다. 이제는 이렇게 돌연변이가 오가노이드의 구조와 기능에 끼치는 영향을 연구할 수 있고 이에 해당하는 유전자의 기능에 대해서도 배울 수 있게 된 것이다.

우리는 긴 창문 앞에 서서 봄 내음을 풍기는 초록빛 숲을 바라봤다. 잠시 생각에 잠겨 있던 한 연구원이 이 세상에는 언어에 통달한 무언가가 또 있다고 했다. 그는 '무언가'라고 했다. 몇몇 동물들에게 놀라운 의사소통 능력이 있다고 하지만 인간의 언어 소통과는 큰 차이가 있다. 그가 말한 무언가는 살아 있는 존재가 아니라 기계, 즉 챗GPT와 머신러닝이 만들어내는 언어 모델을 일컫는 것이었다.

챗봇이 정말로 내용을 이해하는 게 아니라고 할지라도 기계가 만든 텍스트를 보면 얼마나 훌륭한지 놀라울 따름이다. 이런 프로그램은 통계를 이용해 언어 구조뿐만 아니라 단어의 맥락을 익힌다. 이해하는 수준이 나쁘지 않으며, 언어 모델도 유머와 반어법을 점점 많이 습득하게 된다는 데서 출발한다. 기계는 인간과 유사한 감각을 지닌 의식을 발전시킬 수 없다고 해도 기계의 언어 능력은 인간의 것과 차이가 없다. 하지만 나는 조만간 기계가 인간과 동등한 대화 상대로서 인정받을 가능성이 있다고 생각한다. 이것이 건강과 사회에 어떤 위험을 초래할지는 현재로서는 예측만 할 뿐이다.

인류의 역사에서 언어가 어떻게 발전해왔는지는 아직 알고 있는 게 많지 않다. 우리는 언어가 다양한 장소에서 수차례에 걸쳐 발생했다는 사실조차도 알지 못한다. 현재 지구상에 약 700개의 언어가 사용되고 있는데, 모든 언어가 글의 형태를 가지고 있는 게 아니라는 점은 확실하다. 모잠비크의 마쿠아Makua족이 사용하는 마쿠아어는 특히 흥미롭다고, 현지에서 직접 이 언어를 연구하고 있는 한 연구원이 말했다. 마쿠아어는 500개 이상의 언어로 구성된 반투어군Bantu languages(사하라 이남 아프리카 일대에 걸쳐 반투족에 속한 사람들이 사용하는 언어군-옮긴이)에 속한 언어로, 문법과 정보의 내용이 매우 제한적이다. 이 언어는 우리가 일반적으로 알고 있는 언어와 전혀 다른 구조를 가지고 있다.

어쩌면 이런 연구를 통해 언어의 정수를 뽑아낼 수 있을지 모른다. 네덜란드의 연구소를 나서며 나는 언어가 인류의 발전에 얼마나 중요한 역할을 했는지 그리고 여전히 그렇다는 사실에 대해 한참 동안 깊이 생각했다.

베를린의 막스플랑크 교육연구소의 연구원들은 훌륭한 언어 지식은 학습의 중요한 전제 조건이라고 강조했다. 이 연구소는 1962년 설립된 이래 민주주의 사회의 중요한 관심사인 교육의 제반 조건과 상황을 연구한다. 이 주제는 그 어느 때보다 민감하다.

많은 교육 장소가 도외시되고 있기 때문에 교육의 통로는 여전히 사회적 배경에 좌우되고 교육의 목표에 항상 도달하는 게 아니다. 하지만 민주주의는 판단 능력이 있는 시민들 덕분에 생존할 수 있고, 이는 교육을 통해 달성할 수 있다.

따라서 교육을 단순히 지식을 전달하는 것으로 이해해서는 안 된다. 말 그대로 교육은 인격 형성, 즉 인격 도야만큼이나 중요하며 이는 언어 능력과 밀접한 관계가 있다.

1974년에 건축된 베를린 달렘의 연구소 건물은 문화재로 지정되어 보호받고 있다. 이 건물의 좁은 문으로 들어가자 공간이 열렸다. 높은 천장의 현관을 지나면 사방에 계단들이 있는데, 이 계단들은 다양한 곳에서 별 모양 건물의 다양한 통로로 이어진다.

건축가 헤르만 펠링Hermann Fehling과 다니엘 고겔Daniel Gogel은 이런 식으로 건물과 연구자들의 기본적인 욕구를 일치시키려 했다. 개방형 계단실에서 즉흥적인 커뮤니케이션은 창의력을 촉진하고, 측면의 팔에서 휴식을 취하며 생각에 잠긴다. 이 건물은 특징적인 화려함 없이 낮아진 위계질서를 반영하고 있다. 이런 풍토는 68운동(1968년 프랑스와 미국을 중심으로 전 세계적으로 일어난 반독재·반권위주의 운동-옮긴이)의 결과로서 그 후 학계에 자리를 잡았다.

연구원은 수십 년의 세월 동안 이곳의 연구가 엄청나게 발전했다고 한다. 현재 교육은 전 생애를 아우르는 과정으로 이해된다. 그래서 인간적 발전, 사회화, 평생 학습이 중요하다. 이 연구를 위한 데이터 기반을 마련하기 위해 수십 년 동안 약 2만 명의 자원봉사자가 학술 연구에 참여하고 있다. 이들에게는 인지 능력의 변화를 파악하기 위해 정기적으로 과제가 제공되고 MRI 스캐너로 뇌의 활동을 촬영한다. 많은 사람을 위해 혈액 수치, 심전도, 뇌의 구조적 자기공명영상sMRI과 기능적 자기공명영상fMRI 사진 같은 생리학적 데이터뿐만 아니라 유전 정보 및 후생유전학적 정보도 제출되어 있다.

그는 이 연구 결과가 이미 중요한 통찰을 주었다고 설명했다. 나이가 들수록 우리의 학습 능력은 자연스레 감소하지만 신체 활동, 사회 접촉, 외국어 습득 같은 지능을 요구하는 활동을 통해 더 오래 유지할 수 있다고 한다. 그래서 뇌와 신체를 더 오랫동안 건강하게 유지하는 규칙적인 운동을 할 것을 권장한다. 그는 전 생애 주기 접근 방식을 통해 인지 능력과 개개인의 행동 변화를 명확하게 추적할 수 있다며 열광했다. 이렇게 하면 개인별 발달에 차이가 발생하는 원인과 가변성에 대한 통찰을 얻을 수 있다고 한다.

그렇다면 학습의 특성은 무엇일까? 이런 질문들을 다루기 위해 이곳에서는 피실험자들에게 특정한 인지 능력을 훈련하게 했다. 그래서 오른손잡이들에게 왼손으로 글씨를 쓰라고 요청하고, 이들이 쓰기 능력을 교정할 때 뇌에서 일어나는 일을 추적했다. 그랬더니 흥미롭게도 처음에는 활동하는 뇌 영역이 확장되었는데, 나중에는 새로 습득한 이 기술의 성과가 향상되었는데도 같은 영역의 크기가 줄어들었다. 게다가 같은 과제를 처리하는 사람들 사이에서도 활성화되는 뇌 영역이 다르게 나타났다.

이 모든 것은 학습하는 동안 뇌의 다양한 영역들이 서로 경쟁하고 있음을 암시한다. 연구원은 뇌는 다양한 학습 전략들을 시도하며 가장 성공적인 방안만 살아남는 것인지도 모른다고 추측한다.

우리가 인생을 살아가며 배우는 것은 우리의 행동을 결정한다. 우리의 행동은 우리의 능력과 교육의 영향을 받지만 우리가 살아가는 환경과 주변 상황에도 크게 좌우된다. 우리가 처한 환경은 자기 결정의 일부이기도 하다. 환경이 인간의 행동에 끼치는 영향을 이해하기 위해 연구소는 인간의 활동에 관한 정보가 들어 있는 대량의 데이터 세트를 분석한다. 통계를 통해 사람들의 운전 태도나 선호하는 음식의 패턴을 파악하는 것이다. 이런 연구 결과는 학계의 관심사지만 정치 프로세스에서도 중요하다.

이에 대해 다른 연구원이 구체적인 예를 들어 설명했다. 어떤 입법 기관의 정치적 목표가 점점 증가하는 과체중자 수를 감소시켜 당뇨병 같은 질환을 막는 것이라면 두 가지 선택지가 있다. 특정 식품을 금지하고 식품의 당 함유량을 제한하거나, 식품 신호등 Lebensmittelampel 같은 의식 개선 운동을 시작해 건강한 식품에 쉽게 손이 가도록 유도하는 것이다. 무엇이 좋은 방법일까? 이는 인간이 어떻게 결정을 내리는지 이해할 때만 답할 수 있는 질문이다.

연구 결과에 따르면 우리는 주변 환경에 아주 심하게 휩쓸리는 경향이 있다고 한다. 한마디로 우리는 주변 환경의 영향을 많이 받기 때문에 원래 원치 않았던 결정을 종종 내리곤 한다. 예를 들어 우리가 먹는 음식은 우리의 확신뿐만 아니라 슈퍼마켓이나 냉장고에 무엇이 있는지에 좌우된다. 그래서 특정한 행동이 바람직하다고 여겨질 때 정치는 우리의 환경에 변화가 일어나도록 영향력을 행사하려고 한다.

장기 기증과 같은 정치적 문제에도 같은 원칙이 적용된다. 더 많은 장기를 기증받기 위해 반박 규정Widerspruchsregelung을 도입하거나 사람들에게 장기 기증 신청서를 구한다고 호소하는 것이다. 다른 국가에서도 나타나듯이 이런 반박 규정은 오히려 성공적이라고 한다. 연구원은 우리가 일상에서는 이런 주제를 직접적으로 접할 일이 없기 때문에 이런 결정을 내릴 때 옳다는 확신을 주어야 한다고 강조했다.

하지만 우리의 행동에 끼치는 영향은 반드시 외부에서 오는 걸까? 우리 스스로 자신의 행동에 의식적으로 변화를 줄 수는 없을까? 그러자 연구원이 웃었다. 그는 사람들이 자신이 원하는 결정을 내리기 위해 어떤 트릭을 쓸 수 있는지 연구를 통해 입증되었다고 한다. 우리는 우리 자신의 환경에 영향을 끼칠 수 있다. 그렇다면 자신이 원하는 결정을 쉽게 내릴 수 있게 행동해야 한다.

학자들은 이 방법을 '셀프 넛징Self Nudging'이라고 한다. 원칙은 간단하다. 배가 고파서 냉장고 문을 열었는데 건강에 좋은 음식만 있으면 우리는 건강한 음식을 먹는다. 그리고 건강에 좋지 않은 음식이 유혹하고 있고 이것을 선택할 기회가 있으면 당연히 이 음식을 선택한다. 하지만 그전에 '바른' 음식을 구매해야 한다.

연구원은 이렇게 설명했다. 우리는 나름의 원칙을 가지고 자신이 원하는 방향으로 스스로 몰아간다는 것이다. 일상에서 우리가 우리 자신을 이런 식으로 살살 몰아가는 성향이 있다는 것이 학문적으로도 입증된 셈이다. 이런 연구는 오랜 질문을 다시 던지게 한다. 우리가 가질 수 있는 자유의지, 환경으로 인한 외부의 결정이 우리에게 줄 수 있는 영향의 한계는 어디까지일까?

한 연구원은 이런 의지의 강도를 확인하는 실험이 있다며 설명하기 시작했다. 그는 피실험자들에게 특별한 청각 테스트를 했던 한 사례를 소개했다. 피실험자들은 헤드폰을 착용했고 '파Pah'와 '바Bah' 같은 유사한 두 소리를 왼쪽 귀로 구분하라는 과제를 받았다. 게다가 이와 동시에 오른쪽 귀로 각각 다른 소리를 들어야 했기 때문에 소리를 구분하는 게 쉽지 않았다. 오른쪽에서 소리가 더 잘 들리도록 볼륨의 차이를 크게 하자 흥미로운 일이 벌어졌다. 피실험자들은 왼쪽의 소리를 들으려고 했지만 오른쪽 소리가 더 컸다.

젊은 성인들에게는 15~20데시벨 정도의 차이를 주었다. 그랬더니 이들은 왼쪽 귀에 들리는 소리에 집중하려고 했지만 오른쪽 귀에서 더 큰 소리를 들었다. 나이가 많은 성인에게는 왼쪽보다 오른쪽에서 나는 소리가 조금만 더 커도 이런 현상이 나타났다. 이런 실험 결과는 우리가 온갖 집중력을 동원해 원하는 것만 지각하려고 해도 우리의 지각보다 환경이 우위에 있음을 암시한다. 우리의 지각에는 한계가 있고, 우리의 의지는 더는 자유롭지 않은 것이다.

점심시간이 되어 우리는 식사를 하며 시급한 사회 현상들에 대해 논의했다. 이런 결과는 우리의 의지가 디지털 커뮤니케이션에 제한된다는 것을 의미하기도 했다. 그러자 한 젊은 연구원이 정보통신 기술은 자유로운 결정을 막기 때문에 극복해야 할 과제라고 했다. 각종 기술이 우리의 이목을 끌기 위해 경쟁하고 있다는 건 누구나 알고 있다. 그래서 디지털 세계에서 결정 경로가 어떻게 흘러가는지 연구하고 있다고 한다. 인간은 기계와 어떻게 상호작용을 하는가? 우리는 언제 관심을 돌리고, 영향을 받고, 유혹을 당하는가? 어디를 가도 이런 기계들이 우리를 맞이한다. 하지만 알고리즘이 우리의 의견과 행동을 어떻게 변화시키는지 우리가 확실하게 알고 있는 건 많지 않다.

이런 기술은 멈출 줄 모르고 빠르게 발전하고 있다. 따라서 지금이야말로 인간과 기계 사이의 다양한 상호작용을 더 정확하게 분석해야 한다. 이를 위해 학자들은 다음 세 가지 질문을 기준으로 삼고 있다.

첫째, 우리는 미래의 시나리오를 시뮬레이션하고 이런 시나리오가 인간의 행동을 어떻게 변화시키는지 볼 수 있는가? 그렇다! 간단한 예를 들면 가상현실을 만들어 피실험자들에게 이런 미래의 공간에서 행동하도록 요청할 수 있다.

둘째, 우리의 새로운 대화 상대인 기계는 어떻게 행동하는가? 우리가 기계와의 상호작용을 다른 방식으로 바꿀 때 기계가 자신의 행동을 어떻게 바꾸는지 연구를 통해 알아볼 수 있다.

마지막으로 집단 지성, 즉 많은 사람의 디지털 네트워크를 통해 생성되는 슈퍼 두뇌 같은 것이 있는가? 나는 신중하면서도 조용히, 그런 슈퍼 두뇌를 상상할 수 있다고 했다. 이 질문에 대한 답은 여전히 확실치 않다.

이런 질문들에 초점을 맞춰 연구가 이뤄진다면 우리가 인간다움을 잃지 않고 일상에서 인공지능을 다루는 데 도움이 될 것이다. 그뿐만이 아니다. 우리는 인간의 문화적 진화에 대해서도 무언가를 배울 수 있을 것이다. 인간이 어떻게 학습하고, 결정하고, 행동하는지 이해하길 원한다면 뇌의 활동을 촬영한 사진이 매우 흥미롭고 아름다워도 거기에 머물러서는 안 된다. 순수한 자연과학적 방법만으로는 감당하기 어렵고, 인문과학 및 사회과학적 전문지식도 중요하다. 다학제적 방법을 통해 원인과 결과를 파헤치고 인류로서 향후 우리의 발전을 추론할 수 있어야 한다.

미래는 우리에게 끊임없이 새로운 것을 선물하겠지만 기술 환경은 우리를 병들게 할 수 있다. 정보가 홍수처럼 쏟아지는 디지털 세계는 인류의 건강을 위협하고 있다. 인체의 다른 장기와 마찬가지로 뇌의 기능에도 한계가 있기 때문에 이런 상황은 정신질환으로 발전할 수 있다. 뮌헨의 막스플랑크 정신의학연구소MPI für Psychiatrie는 이런 정신질환을 연구한 지 100년이 넘었다.

슈바빙Schwabing 구역에 있는 이 연구소는 파란만장한 역사를 간직하고 있다. 연구동과 병동의 연결 통로의 타임라인을 따라가다 보면 이런 역사가 생생하게 다가온다. 설립자이자 초대 연구소장인 에밀 크래펠린Emil Kraepelin에게는 알로이스 알츠하이머Alois Alzheimer라는 유명한 수석 의사가 있었다. 알츠하이머라는 신경변성질환도 그의 이름을 따서 명명된 것이다. 또한 그에게는 뉴욕의 은행가인 제임스 러브James Loeb라는 환자가 있었고, 엄청난 재력가였던 그는 20세기 초반에 병원 옆에 연구실을 운영할 수 있는 자금을 지원했다. 이렇게 환자 진료와 연구의 합작이 이곳의 오랜 전통으로 자리 잡았다.

한 의사가 내게 우울증이나 불안 장애를 겪는 사람들을 도울 방법을 설명해주었다. 1단계는 고전적인 심리 치료를 이용해 상태 호전을 시도하는 것이다. 이런 치료를 통해 환자는 자신의 상황을 다른 관점에서 받아들일 수 있도록 도움을 받는다. 그런 다음 정신질환 치료 약물을 투약해 치료를 보조하는데, 유감스럽게도 어떤 환자에게 어떤 약물이 효과가 있는지 예측하는 건 정말 어려운 일이다. 게다가 해당 질환자의 약 30퍼센트는 심리 치료도, 정신질환 약물도 도움이 되지 않는다.

이런 중증 사례에 해당하는 경우는 전문가와의 상담 후에 전기 경련 요법을 활용하기도 한다. 진정 마취 상태에서는 뇌전증 발작을 통제할 수 있다. 1930년대에 이미 뇌전증과 정신질환 발생 빈도의 상관관계가 관찰되었다. 이런 치료를 몇 차례 반복하자 중증 우울증 환자들의 80퍼센트에게서 뚜렷한 개선 효과가 나타났다.

이런 치료 형태들이 어떤 생리학적·생화학적 메커니즘을 바탕으로 하는지 여전히 알려지지 않은 게 있다니 놀라울 뿐이다. 예를 들어 많은 우울증 환자에게 리튬이 효과가 있는데 그 이유는 아직도 밝혀지지 않았다. 또 어떤 환자들은 특정 치료에 대해 전혀 효과를 보지 못하는데 그 이유도 확실히 알려지지 않았다. 해당 환자들을 그룹으로 분류할 수 있는 파라미터를 확인할 수 있다면, 이를테면 치료 효과가 긍정적인 그룹과 치료 효과가 없는 그룹으로 나눌 수 있다면 불필요한 치료를 피할 수 있을 것이다. 그래서 이곳에서는 치료 효과를 예측할 수 있는 바이오마커, 이른바 생체 표지자를 찾기 위한 연구가 진행되고 있다.

정신질환은 복잡성 때문에 지금까지도 알려진 게 많지 않다. 그래서 의사들은 MRI 스캐너를 이용해 환자의 뇌를 자세히 들여다보고 있다. 그러려면 먼저 약 1밀리미터 두께의 얇은 층의 뇌 사진이 많이 촬영되어야 한다. 그리고 이 사진들을 컴퓨터에서 단층촬영을 통해 합성한다. 이렇게 하면 화면에 떠다니는 환자의 뇌 사진을 관찰할 수 있다. 이런 촬영 기술 덕분에 의사들은 먼저 뇌종양, 뇌출혈, 뇌염으로 발생한 질환을 배제한다. 이런 배제적 진단에 성공하면 정신질환이라고 진단을 내린다.

나날이 정교해지는 영상 분석 기법 덕분에 정신질환과 연관된 뇌의 변화를 쉽게 확인할 수 있게 되었다. 이제는 많은 환자로부터 이런 사진들을 수집하고 인공지능을 이용해 패턴을 인식하려는 시도가 이뤄지고 있다. 이를 통해 연구자들은 진단법을 개선하고 어떤 치료 형태가 성공 가능성이 있는지 더 쉽게 예측할 수 있길 기대하고 있다. 그리고 의료 데이터는 환자 개인의 소유이기 때문에 익명의 형태로 연구를 위해 사진을 제공하겠다는 환자의 동의가 당연히 필요하다.

정신질환 진단법은 영상 촬영 기술 외에도 혈액 수치, 심혈관계 관련 수치, 유전 정보를 포함한다. 많은 정신질환이 뇌의 기형적 발전으로 이어지는 유전자 변형과 관련이 있다는 것이 거듭 확인되고 있다. 연구자들은 이런 문제들을 다루기 위해 이미 발견된 돌연변이의 기능을 뇌 오가노이드를 이용해 분석하고 있다. 이렇게 하면 어떤 유전자 변형이 기형적 발전을 유발할 수 있는지 더 정확하게 찾을 수 있다.

하지만 유전적 기질은 한 가지 측면만 나타내며 환경도 우울증에 큰 영향을 끼친다. 따라서 앞으로는 음식, 운동, 사회적 환경뿐만 아니라 스트레스나 트라우마 같은 부정적인 사건에 관한 환자 데이터도 반영되어야 할 것이다. 엄마의 자궁에서부터 이미 외적인 요인들이 뇌의 발전에 영향을 끼친다. 예를 들어 임산부가 극도의 스트레스 상황에 노출되어 있으면 태아의 뇌에 부정적인 영향을 끼칠 수 있고, 나중에 우울증이 나타날 가능성이 커진다. 이런 이유로 학자들은 스트레스 호르몬이 신경 조직 발달에 끼치는 영향도 연구하고 있다.

이런 생리학적 연구에서는 각 세포의 기능도 종종 연구되는데, 여기에는 패치 클램프 기법Patch-Clamp Method이 활용된다. 이 기법을 이용하면 신경 세포가 자극을 받고 신호가 전달될 때 아주 작은 이온 통로를 통해 흐르는 극도로 약한 전류를 측정할 수 있다.

괴팅겐의 전 막스플랑크 생물물리화학연구소MPI für biophysikalische Chemie는 이와 관련된 획기적인 기법을 개발해, 1991년 물리학자 에르빈 네어Erwin Neher와 의학자 베르트 자크만Bert Sakmann이 노벨생리의학상을 수상했다. 연구소의 설립자인 만프레트 아이겐Manfred Eigen도 노벨화학상을 수상했다.

정신질환을 더 정확하게 진단하려면 환자의 감정 상태를 더 정확하게 이해해야 한다. 한편으로는 현재의 감정 상태, 다른 한편으로는 질병의 원인을 더 정확하게 파악하는 것이 중요하다. 정신질환의 원인을 트라우마나 폭력 경험에서만 찾기 때문이다. 유감스럽게도 감정을 광범위하고 정량적으로 기술할 수 있는 수준이 되려면 한참 멀었다.

나는 막스플랑크 교육연구소에서 한 연구원과 나눴던 대화를 떠올렸다. 당시 그녀는 학습과 감정이 어떻게 연결되어 있는지 설명했다. 우리는 모두 감정의 힘을 알고 있다. 우리의 기억에는 불안, 기쁨, 슬픔과 관련된 경험이 더 강렬하게 남아 있다. 깊은 감동을 주었던 세계사의 순간만 떠올려봐도 알 수 있다. 노인 세대들은 1970년 12월 빌리 브란트Willy Brandt 전 서독 총리가 바르샤바 게토 영웅 기념비에서 무릎을 꿇었던 일을 떠올리고, 젊은 세대들은 2001년 9월 11일 테러를 떠올린다. 성난 시민이든, 인터넷의 증오 메시지든 간에 감정이 정치와 사회에 끼치는 영향은 우리의 (허울뿐인!) 이성적인 세계에 아주 강렬하게 남아 있다.

이상하게 들릴 수도 있지만 감정을 이해하는 데는 쥐가 도움을 줄 수도 있다. 현재 막스플랑크 정신의학연구소에 근무하고 있는, 막스플랑크 생물학적 지능 연구소의 한 연구원은 쥐가 다양한 표정을 가지고 있고, 이것이 감정을 유발하는 환경적 영향과 상관관계가 있다는 것을 발견했다. 또한 그녀는 쥐의 뇌에서 특정한 영역, 즉 뇌섬엽이 불안이나 신체적 불쾌감과 같은 강한 감정을 처리하고 이것이 행동에 영향을 끼친다는 것을 확인했다. 인간도 감정은 뇌섬엽의 활동과 관련이 있는데, 정신질환이 있을 때 이 영역에 잦은 변화가 나타난다. 아직 시작 단계에 있지만 정신질환을 이해하는 중요한 열쇠가 감정을 이해하는 데 있다는 건 확실하다.

감정은 우리의 의식에 깊이 파고들어 오래 남는다. 부정적인 감정뿐만 아니라 긍정적인 감정도 마찬가지다. 이제는 숨이 멎을 듯한 건축, 그 무엇에도 비할 수 없는 예술, 압도적인 음악의 세계로 떠나보자. 그런데 이런 것들을 학문적으로 접근할 수 있을까? 역사를 통해 미의 변화를 포착할 수 있을까? 마지막 장에서는 시간과 미를 다루려고 한다. 이 여행은 나 자신에게로 가는 여행이기도 하다.

17장

시간과 미

시간의 흐름 속에 우리는 무엇을 남기는가

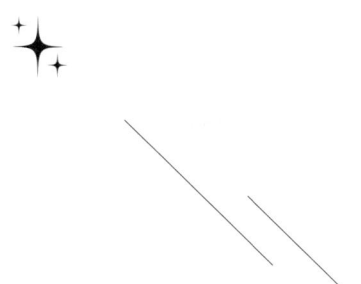

스페인 계단은 휑했다. 출입이 통제되어 있었다. 패션 브랜드 촬영이 있었기 때문이다. 호리호리한 여섯 명의 젊은이들이 계단을 내려오고 있었다. 역사가 녹아 있는 배경에 쨍한 컬러의 펄럭거리는 의상을 차려입은 여자들과 음울한 표정에 올 블랙으로 맞춰 입은 남자들이 대조를 이뤘다. 이것이 아름다운가?

길을 살짝 돌아갔더니 어느덧 트리니타 데이 몬티 성당Chiesa della Trinità dei Monti의 그 유명한 계단 위에 서 있었다. 내 시선은 저 멀리 영원한 도시인 로마에서 성 베드로 대성당을 향해 있었다. “과거, 현재, 미래를 서로 연결해야 한다.” 일주일 전에 베를린의 막스플랑크 과학사연구소MPI für Wissenschaftsgeschichte의 한 연구원이 했던 말이다. 절대로 유럽의 발전만 관찰해서는 안 된다. 문화유산은 세계 곳곳에서 탄생했기 때문이다. 그래야 다양한 지식 문화가 물질에 어떻게 반영되었는지 연구할 수 있다고 그는 말했다.

대표적인 예가 비단이다. 옷감은 한 사회의 변화, 상거래와 부를 이야기한다. 나는 아래로는 모델들의 촬영 현장을, 위로는 로마의 파란 봄 하늘을 보고 있었다. 겨우 몇 미터를 지나가니 팔라초 궁이 있었다. 이곳의 헤르치아나 도서관Bibliotheca Hertziana에 막스 플랑크 예술사연구소MPI für Kunstgeschichte가 입주해 있다.

미? 이곳에서는 이 말을 입에 올리는 게 터부시된다고 한 연구원이 말했다. 나는 무슨 말인지 이해할 수 없었다. 지금 우리는 너무나도 아름다운 거울의 방에 앉아 이에 못지않게 아름다운 지중해식 정원을 감상하고 있다. 그가 설명하기를 예술사가는 판단하려고 하면 안 되기 때문에 미를 중시해서는 안 된다고 한다. 예술사가에게 중요한 건 예술을 분류하는 것이라고 한다. 어떤 상황, 조건, 문화였을까? 어떤 상황에서 작품이 탄생했는가?

한 여자 연구원이 그럼에도 예술을 더 많이 이해할수록 미적 즐거움도 더 커진다고 슬쩍 말을 꺼냈다. 그러자 남자 연구원이 요즘 예술은 마음을 어지럽히는 것이라고 말했다. 현대 미술 연구소는 이런 것들을 연구하는 데 눈을 돌리고 있다. 전통적으로는 건축, 조각, 회화가 한데 모여 있는 르네상스를 다루었지만 말이다.

팔라초는 그 자체가 예술 작품이다. 이 궁전은 여러 집으로 이뤄져 있는데, 마치 케이크 조각들을 합쳐놓은 듯한 모양이다. 앞머리 끝은 스페인 계단과 트리니타 데이 몬티 성당 방향을 가리킨다. 교회 뒤편에는 빌라 메디치Villa Medici가 저 높은 곳에서 도시를 통치하고 있다. 고대에는 이 자리에 로마의 루시우스 리키니우스 루쿨루스Lucius Licinius Lucullus장군의 저택이 있었다. 여기서부터 테라스 형태의 정원이 현재의 연구소까지 이어진다고 한다. 고대 루쿨루스의 정원에서 나온 발굴물 중에는 님파에움Nymphaeum(고대 그리스와 로마에서 물의 요정 님프를 위해 만든 동굴 모양의 분수-옮긴이)이 있었다.

팔라초의 프레스코화는 정원과 관련이 있고, 녹색 덩굴이 지붕을 장식하고 있다. 입구의 공간은 삶이 흘러가는 과정을 상징한다고 여자 연구원이 설명했다. 지상에서의 시간에는 많은 고난이 기다리고 있는데 미덕의 길을 걷는 자는 농업의 신 사투르누스Saturnus(그리스 신화에서 크로노스에 해당하는 신-옮긴이)로부터 은총을 받는다고 한다.

그녀는 지붕을 가리켰다. 시간의 신은 기억할 만한 가치가 있다고 여기는 사람만 자신의 책에 기록한다. 나는 우리 인간에게 너무 까다로운 요구가 아닌가 생각했다. 사투르누스 바로 옆에 지혜의 신 미네르바Minerva가 앉아 있다. 왼손에는 붓과 직각자를 들고 오른손으로는 지구본의 다리를 끌어안고 있다. 학문과 예술, 둘 다 인간의 정신을 상징한다.

개가식 도서관의 아찔하게 높은 책장 위에 또 다른 프레스코화들이 우리를 기다리고 있었다. 1904년에 만들어진 이 공간은 이곳 도서관의 시초였다. 소유주인 앙리에트 헤르츠Henriette Hertz가 세운 이 도서관은 그녀의 유언에 따라 설립된 재단으로 막스플랑크협회의 전신인 카이저빌헬름협회를 통해 기증되었다. 여러 층으로 이뤄진 이 도서관은 현재 36만 권의 장서를 소장하고 있으며 매년 약 6,500권의 장서가 추가되고 있다. 사서는 현재 발간되고 있는 정기 간행물만 1,000권이라고 강조했다. 이곳은 이탈리아 예술사에서 최대 규모를 자랑하는 박물관으로, 연구원들에겐 만남의 장이기도 한 아주 특별한 장소라고 했다.

그는 기쁨을 감추지 못하면서 이제 막 경매에서 입찰되어 들어온 여섯 권의 책을 내게 소개했다. 1765년에 발표된 이탈리아의 건축가 조반니 바티스타 피라네시Giovanni Battista Piranesi의 책이었다. 도시에서 테베레섬까지 이어진, 아주 오래된 석조 다리인 파브리키우스 다리가 두 페이지에 걸쳐 세밀하게 묘사되어 있었다. 다리를 이루는 두 개의 높은 석조 아치 아래에는 낚시꾼들이 통과하고 있었다.

사서는 살짝 얄미운 말투로 피라네시가 이런 낭만적인 묘사에만 머물러 있었던 건 아니라고 했다. 그는 큰 책장을 천천히 넘겼다. 전혀 다른 방식으로 다리를 묘사한 그림이 나왔다. 원래 건축가가 그린 것처럼 보이는 종단면도였다. 고대의 건축물이 어떻게 설계되었는지 확인할 수 있도록 지류의 물을 빼버렸다고 한다. 또한 원형 구조의 절반 중 위쪽에 보이는 부분이 다리의 아치이고, 나머지 절반은 물속에 있었다. 예술사가는 바로 여기서 과학이 탄생하는 것이라고 말했다. 그렇다. 이것이 과학이다. 과학은 보이지 않는 것을 보이게 하는 것이다.

우리는 사진 보관소인 포토테카Fototeca로 올라갔다. 다른 학자가 이곳에 보관된 양화陽畫만 무려 60만 장이라고 설명해주었다.

그러면서 현재 소장된 양화들을 디지털화할 준비를 하고 있으며 작업이 끝나면 전 세계에서 이 사진들을 온라인으로 열람할 수 있다고 했다. 나는 멋진 아이디어라고 생각했지만, 많은 상자 중 하나를 열었을 때 오래된 사진을 실제로 손에 쥐고 있는 느낌은 구현하지 못할 것이라고 확실하게 느꼈다.

사진은 잃어버린 예술을 복원할 수 있다. 사진작가는 현장의 산증인이며 이들의 기록은 지금까지도 중요한 힌트를 준다. 나는 작은 문을 지나 이탈리아의 눈부신 봄볕에 잠시 눈을 깜빡였다. 커다란 테라코타 화분에 담긴 몇 그루의 레몬 나무 뒤로 시야가 확 열리면서 교회의 종탑과 둥근 지붕들이 가득한 풍경이 펼쳐졌다.

옛 사진들을 이용하면 교회의 내부 공간을 컴퓨터로 재구성할 수 있다. 한 젊은 학자는 랩톱을 열어젖히더니 신이 나서 자신의 연구 성과를 보여주었다. 더 이상 없는 공간에 대한 구조물은 없었다. 교회 한가운데에 기둥이 하나 덩그러니 있었고, 기둥은 아무것도 받치고 있지 않았다. 이 기둥은 수많은 고해상도의 이미지를 이용해 만들어진 것이라고 한다. 이렇게 모든 디테일을 고려한 3차원의 디지털 대상물이 탄생한다.

나중에 그는 기둥의 상부는 하부를 복원하며 나중에 추가되었다는 것을 발견했다고 했다. 소재는 원래의 것과 다르고 더 단순하다. 아마 비용 때문일 것이다. 나는 이 기둥이 아무것도 받치고 있지 않은데 교회 한가운데에서 발견된 이유를 물어봤다. 의외로 답은 쉬웠다. 이 기둥은 부활절 촛불을 위한 거대한 촛대였던 것이다.

하지만 건물에는 공간만 있는 게 아니다. 광장, 도로, 도시 전체를 공간으로 이해할 수 있다고 연구원은 말했다. 지도 조사를 통해 알게 되었듯이 이런 것들은 객관적인 대상물이 아니다. 지도는 실제를 말하고 있는가? 무엇이 그려져 있는가? 왜 메모가 기록되어 있는가? 지도는 단순히 측정 수치를 기록해놓은 것이 아니다. 지도에는 지식의 요소가 담겨 있다.

3차원은 알프스가 개발되고 등고선이 그려지면서 18세기에 등장한 개념이다. 하지만 지도에는 차원이 하나 더 있다. 바로 시간이라는 4차원이다. 어떤 장소는 어떤 역사와 관련이 있는가? 나폴리에서는 시간의 차원이 담긴 지도를 볼 수 있다. 사용자는 팝업 윈도를 이용해 온라인으로 시간 여행을 할 수 있고 층층이 쌓인 고대, 중세, 근대의 역사를 탐색할 수 있다.

나는 팔라초의 감탄스러운 길들을 계속해서 지나갔다. 그 길의 끝에서 한 연구원이 주철로 된 문을 열었다. 우리는 스페인 계단 저 위에 서 있었다. 이곳에서 펼쳐지는 광경은 놀라우리만치 그의 연구와 잘 맞았다. 그의 연구 주제는 세계적인 관점이었다. 이탈리아의 문화는 세계와 어떤 관련이 있을까? 최근의 연구 주제는 문화의 탈식민지화, 페미니즘, 파시즘의 수용 등 명확하다고 한다.

우리는 오래된 계단실 아래로 내려갔다. 벽에 뽐내듯 걸려 있는 금속으로 된 미네르바 흉상은 어딘지 모르게 부자연스러워 보였다. 이 흉상은 베르너 호펜슈테트Werner Hoppenstedt 전 연구소장이 설치한 것이라고 했다. 그는 나치주의자로 히틀러 쿠데타에 가담했고, 한동안 이탈리아의 파시스트들과 문화 정책 중개자로 활약했던 인물이다.

학문이 얼마나 나락으로 떨어질 수 있는지, 로마 여행 일주일 전에 있었던 일을 떠올렸다. 당시 나는 베를린에서 나치의 연구에 희생된 신원 미상자들의 유골을 매장하는 의식에 참석했다. 희생자들의 유해가 안치된 나무관 앞에 있으니 깊은 울림이 전해졌다. 묘지의 추모 현판에는 이해할 수 없는 역사적 사건에 대한 다음과 같은 글이 쓰여 있었다.

'1927년부터 1945년까지 베를린 달렘 이네스슈트라세 22/24에 위치한 카이저빌헬름 인류학연구소KWI für Anthropologie에서 인간유전학과 우생학이 탄생했다. 이것은 인간을 멸시하는 인종주의적이고 범죄적인 학문이었다. 우생학 및 인종 인류학적 가치관과 가정을 근간으로 한 연구는 바이마르공화국의 '적자생존 원칙에 입각한 정치'를 목표로 하고 있었다. 이 연구소는 1933년부터 나치 정권에 헌신했다. 나치의 박해 및 말살 정책을 합리화하는 빌미를 제공하며 나치의 범죄에 협조했던 것이다. 이는 학문이라는 이름으로 자행된 범죄, 즉 학문적 근거를 제시하고 정당화하고 자문하고 동조하고 평가한 행위였다.'

다음 날 아침 나는 로마에서 피렌체로 가는 기차에 올랐다. 곧 아펜니노산맥의 그림처럼 아름다운 산들이 창가를 스치고 지나갔다. 아름다움? 몇 달 전 프랑크푸르트의 막스플랑크 경험적 미학 연구소를 방문했을 때 한 연구원은 이 단어 하나만 말했다. 눈

사태에서 아름다운 건 무엇일까? 숭고미? 흔히 자연의 힘은 숭고하다고 표현한다. 그런데 미와 숭고미는 자주 혼동되는 개념이다. 여기서는 미가 아닌 미학적 체험이라고 해야 옳다. 원칙적으로 따져보면 이것은 매우 단순하다. 우리는 무언가를 어떻게 체험하는가? 우리 안에서 무슨 일이 일어나는가? 이것이 우리와 무슨 상관이 있는가? 기차가 토스카나의 올리브나무 숲, 푸른 벌판, 만개한 과일나무들을 지나가고 있었다.

독일의 사진작가 헤를린데 쾨벨Herlinde Koelbl이 자신의 연작 시리즈 〈변신〉의 작품들을 보여주었을 때가 떠올랐다. 시들어버린 꽃들과 말라비틀어진 꽃잎들이 디테일하게 표현되어 있었다. 그녀는 시간이 지나면서 물질성은 변한다고 생각했다. 꽃은 육체적인 것을 받아들인다고 한다. 잎은 금속처럼 반짝거린다. 이런 성질은 객체뿐만 아니라 주체에도 존재한다.

베를린 연구소의 연구원은 인간은 주체를 통해 경험하고, 연구된 객체를 통해 생각한다고 말했다. 그녀는 무엇이 우리에게 학문을 할 수 있는 능력을 주는지에 대해 연구하고 있었다. 그러자 다른 연구원이 코로나 팬데믹 기간에 바이러스의 출현으로 학자들과 연구가 변했기 때문에 주체와 객체가 밀접한 상관관계에 있다는 사실이 뚜렷해졌다고 말했다.

기차가 터널로 질주하고 있다. 나는 미는 분명히 우리 안에서 탄생하지만, 그래서 우리는 미를 측정할 수 없다고 생각했다. 하지만 미학적 체험에 대해 우리는 이미 이해할 수 있다. 나는 이것을 프랑크푸르트에서 직접 경험했다. 연구원들과 함께 아트 랩Art Lab 안으로 어떻게 들어갔었는지 기억이 났다. 첫인상은 '이곳은 콘서트홀이구나!'였다. 무대에 검은 그랜드 피아노가 있고, 의자는 층이 늘어날 때마다 점점 많아지는 구조로 배열되어 있었다. 벽의 붉은 벽돌들은 다양하게 돌출되어 있었다. 나는 이것이 청중에게 진짜 대형 콘서트홀에 온 것 같은 인상을 주기 위한 음향 트릭이라는 설명을 들었다.

그리고 믿을 수 없는 일이 벌어졌다. 한 연구원이 무대로 걸어 나오더니 그랜드 피아노 앞에 앉았다. 그는 짧은 소절을 아주 역동적으로 연주하며 템포에 변화를 주었다. 악보대에는 터치 패드가 있었다. 짧게 입력하자 이 무거운 그랜드 피아노는 좀 전의 멜로디를 그대로 연주하기 시작했고 원래의 연주와 차이를 느낄 수 없었다. 적어도 내 귀에는 그렇게 들렸다. 마치 유령의 손처럼 건반은 보이지 않는 손에 의해 움직였다.

연구원은 제조사에서 이런 그랜드 피아노를 통해 전 세계에 음악을 스트리밍할 계획이라고 했다. 하지만 연구소 측은 이 기술이 공연에 중요한 것이 무엇인지 찾는 데 사용될 것이라고 밝혔다. 예술가에게 무엇이 필요한가? 예술가는 콘서트 체험에 어떻게 기여하는가? 피아니스트가 연주를 직접 하지 않을 때 청중은 어떻게 느끼는가? 청중의 반응은 맥박, 혈압, 산소 포화도, 표정, 피부 습도, 뇌전도 등을 이용해 측정할 수 있다. 그는 이 연구에서 어떤 결과가 나올지 기대해도 좋다는 말을 덧붙였다.

음악, 예술, 학문. 세 가지 모두 창의성을 바탕으로 한다. 그렇다면 창조력은 어떻게 생기는가? 프랑크푸르트의 연구원은 음악사의 한 시대는 사람들이 생각하듯이 그렇게 창의적으로 흘러가지 않는다고 했다. 그러나 창조의 시기에는 많은 것이 발견되고 기존의 것에 대한 새로운 조합들이 나타난다. 물론 그다음에 파괴적인 발전도 나타난다. 새로운 시대로의 이행기는 사물을 단순화하려는 소망으로 인해 생기는 것이기 때문이다. 이제야 이해할 수 있었다. 하지만 이내 이 마법에서 풀려 창의성에 대한 내 상상력은 한 걸음 뒤로 물러났다.

기차가 정신없이 질주하고 있었다. 피렌체에 도착하면 이런 생각에서 벗어날 수 있을 것이다. 기차에서 내려 자동차를 타고 좁은 골목을 지났더니 어느덧 피렌체 예술사 박물관인 팔라초 카포니 인콘트리Palazzo Capponi-Incontri 앞이었다. 연구소의 정원에 심어진 로즈마리와 레몬트리의 새하얀 꽃들이 강한 향기를 뿜어내고 있었다. 벽에는 1966년 아르노강 대홍수로 1층의 수위가 1.5미터였다는 흔적이 표시되어 있었다. 홍수, 지진, 화산 폭발 등 자연재해를 표현한 것이 이탈리아 예술의 특징이라고 한다.

우리는 맨 위층으로 올라갔다. 내 시선은 기와지붕을 향하다 모든 것 위에 우뚝 솟은 돔 위에 머물렀다. 연구원은 피렌체는 원래 르네상스 도시가 아니라는 점을 강조했다. 많은 건축물이 13세기, 14세기 혹은 19세기의 것이라고 했다. 물론 이 도시가 르네상스의 이미지를 대표하는 예술가들을 끌어들였지만 말이다.

그는 중요한 건 그림이 아니라 그림을 분류하는 것이라며 말을 이어갔다. 도시화, 생태계, 이주에서 그림은 어떤 역할을 하는가? 이곳에서는 예술사를 다루며 최신 논의에 참여한다. 몇몇 그림들은 감당하기 버겁고 아니코니즘Aniconism(반反우상주의. 신성과 관련된 형상 표현을 거부하는 것을 일컬음-옮긴이)에 저항해야 했다고 한다. 연구원들은 결코 행동주의자가 아니다. 다만 활동적일 뿐이다. 고대 후기 지중해 지역의 종교 건축이든, 조지아 코카서스 지방의 수도원 교회든 간에 예술사가들은 현장의 책임자들과 대화하며 건축물과 예술 작품을 보호한다.

토스카나의 태양이 구름 아래에서 고개를 삐쭉 내민다. 연구원은 학문의 근원은 예술과 밀접한 관련이 있다고 말했다. 그렇다. 붓과 메스는 짝을 이룬다. 레오나르도 다빈치는 눈으로 볼 수 있는 신체 해부도를 그려야 한다는 걸 알았다. 갈릴레오는 달을 관찰했을 뿐만 아니라 그림으로 그렸다고 한다. 그래서 예술가들은 종종 자신을 학자라고 여기며 세상을 이해하려 한다고 한다. 또한 인간의 물질에 대한 논의는 중요한 의미를 지닌다. 물질에는 고유한 힘이 있기 때문이다.

다른 연구원의 말에 따르면 미켈란젤로는 모든 것이 물질 속에 이미 존재한다는 점을 강조했다고 한다. 예술과 물질의 프로세스가 협력하는 가운데 사물은 세상으로 들어간다. 나는 가만히 귀 기울이며 인간과 세상에 대해, 지금 이곳에서는 피렌체의 지붕들에 대해 깊이 생각하는 것만큼 아름다운 일도 없다고 생각했다.

1897년에 연구 도서관으로 세워진 압도적인 규모의 이 도서관은 로마의 헤르치아나 도서관만큼이나 많은 장서를 보유하고 있다. 나는 소장품 중에서 가장 오래된 여행 안내서를 소개받았다. 1591년에 발행된 특별한 피렌체 안내서였다. 당시의 바지 주머니에 쏙 들어갈 크기로 제작된 이 소책자는 도시의 아름다움에 열광하고 있었다.

이 책은 내용의 객관성이 떨어지고, 도시를 찬양하려는 의도로 쓰였다고 한다. 여행자는 6일 일정으로 사방으로 도시를 돌아다니며 온갖 볼거리를 즐긴다. 아마 저자에게는 이 도시가 잘 돌아가고 깨끗하다는 점을 강조하는게 중요했던 듯하다. 그래서 그는 병원을 언급하고 피렌체가 메디치가의 통치로 잘 정비되었다는 점을 강조했다. 도서관장은 저자가 외적인 미뿐만 아니라 윤리적 행동과 같은 내적인 미도 강조했다고 설명을 덧붙였다. 흥미로운 점은 서문에서 도시처럼 인간의 내면도 잘 정돈되어야 한다는 비유를 했다는 것이다.

인상적인 책들이 꽂혀 있는 아찔한 서가를 보는 순간, 베를린에서 한 연구원이 학문적 돌파구가 열렸을 때 문자가 얼마나 중요한 역할을 했는지 언급했던 일이 떠올랐다. 문자는 원래 메소포타미아의 통치 체계에서 유래했다고 한다. 시간이 지나면서 문자는 언어를 문서화하는 데 사용되었고, 문자와 함께 문자라는 개념도 전 세계로 퍼져나갔다. 세계화는 결코 새로운 현상이 아니다. 사람들은 멀리 떨어져 있어도 서로 왕래해왔기 때문이다.

팔라초의 거의 모든 공간이 책으로 가득 채워져 있어서 사진 자료 보관소는 다른 곳으로 이전되었다. 우리는 비아 지노 카포니Via Gino Capponi를 지나 역사가 깊은 고아원을 거쳐, 르네상스 시대 피렌체의 대표적인 궁전 건축물인 팔라초 그리포니Palazzo Grifoni에 도착했다. 포토테카의 관장은 사진은 책과 마찬가지로 단순히 정보가 아니라 고유한 데이터 룸이 담긴 대상물이라고 했다. 이곳에는 미켈란젤로의 그 유명한 다비드상의 손을 찍은 사진이 있었다. 손등의 핏줄 하나하나가 생생하게 보였다. 이 사진은 원본만의 고유한 특성을 전달하고 있다는 게 연구원의 의견이다.

각각의 사진은 종이 박스에 붙여져 있고 도장, 메모, 참고 사항 등 수십 년에 걸쳐 수집된 정보들도 함께 제공되고 있었다. 그런데 이건 뭘까? 한가운데에 구멍이 뚫려 있는 종이 상자? 누군가 여기에서 사진을 훔쳐 간 것이라고 했다. 그런데도 여전히 많은 정보가 남아 있어서 이 대상물의 역사를 재구성해 언제 어디서 사진이 찍혔는지, 어떤 영향사Wirkungsgeschichte(독일의 철학자 한스 가다머Hans Gadamer에 따르면 인간의 의식은 역사의 영향을 받는데, 이런 영향이 관련되어 있다는 관점의 역사를 말한다-옮긴이)가 있는지 알고 있다고 했다.

다음 날 아침 좁은 골목길을 지나 돔에 도착했다. 나는 빽빽하게 늘어선 주택가를 벗어나 환히 빛나는 두오모 광장Piazza del Duomo으로 발걸음을 옮기는 대부분의 사람처럼, 눈앞에 펼쳐진 광경에 완전히 압도되었다. 우리는 홀로 우뚝 서 있는 종탑 캄파닐레Campanile를 지나 산 조반니 세례당Battistero di San Giovanni에 도착했다. 이 세례당은 돔에 비하면 왜소하지만 세례당치고는 매우 크다. 그제야 사람들은 '모든 것을 제치고 우뚝 서 있는 돔 옆에 세례당이 있었구나'라고 생각한다고 연구원은 웃으면서 말했다.

그런데 이건 잘못 알고 있는 사실이다. 세례당은 도시의 중심, 피렌체의 판테온이기 때문이다. 이 세례당은 약 1,000년 전에 지어졌다고 한다. 이 예술사가는 말하면서 현재 시제를 사용했는데, 그의 내면의 눈에는 과거의 시간이 살아 있는 것처럼 느껴졌기 때문일 터다. 거대한 돔은 아직 존재하지 않고, 나중에 이 돔이 지어지면 대표성을 지니는 건축물이 될 것이라고 그는 말했다. 물론 세례당에 이미 온 세계가 있다고 한다. 아직도 나는 무슨 말인지 이해하지 못하지만 다음에는 내게도 진정한 우주가 열릴 것이다.

건축가가 하얀 안전모를 나눠 주었다. 11세기에 지어진 팔각형 건물의 내부에는 복잡한 뼈대가 있었다. 나는 위를 올려다봤다. 천장이 달려 있는데, 그 위에 있는 유명한 둥근 지붕이 아래에서는 보이지 않았다. 달반자 뒤에 있는 것은 전 세계에서 가장 큰 모자이크 연작 중 하나임에 틀림없었다. 복원이 중단된 지 100년이 넘었다고 건축가가 설명했다.

이들은 향후 6년 동안 이 어마어마한 과제를 완수하고자 한다. 정확하게 어떻게 해야 할지 아직 불투명하고, 최종적으로 진단이 끝나지 않았다. 분명한 사실은 눈에 보이는 것만 개선하는 정도로는 충분하지 않다는 것이다. 그 뒤에 놓여 있는 층들도 함께 개선되어야 한다. 레이저 기술을 이용하면 균열을 찾을 수 있다고 한다.

한 연구원이 설명하길 이 건축물 아래에는 히포게움hypogeum, 즉 궁륭형 아치가 있는 지하 매장실이 있는데 형태상으로는 불안정한 지반 위에 둥둥 떠 있는 것이라고 한다. 위쪽으로 가는 길에서 시선이 벽을 향했다. 많은 성인이 묘사되어 있었는데 시선을 뗄 수가 없었고, 대리석으로 된 인타르시아가 그 뒤에 있었다. 이제야 나는 녹색 대리석으로 된 물고기와 새들을 발견했다. 석조로 된 아쿠아리움과 테라리움도 있었다.

우리는 달반자를 통과해 위로 올라갔다. 공간 여기저기에 널브러져 윙윙거리는 수백 개의 금속 막대기들을 지나 기어 올라가다 보니, 중세 시대의 천장이 눈에 띄었다. 형형색색의 화려한 모자이크가 둥근 천장을 빼곡히 채우고 있었다. 계단 끝에 있으면 인물, 장면, 역사를 볼 수 있다. 좁은 길을 지나 둥근 천장의 끝에 도착했을 때 나는 무수히 많은 모자이크 조각과 디테일들을 찾아냈다. 연구원은 여기서 완벽을 추구하는 이탈리아 예술가들의 열정을 엿볼 수 있다고 말했다. 거의 1,000년이 된 이 작품 앞에 나는 겸손히 서 있었다.

건축가가 저 위를 가리켰다. 그녀의 동료 세 명이 심하게 휘어진 벽에 둥둥 떠 있었다. 이들은 광도 측정 분석을 하고 있었다. 특수 카메라와 양쪽에서 순백색의 빛이 쏟아졌다. 작은 돌들은 다양한 물질성을 지니고 있다고 한다. 백색과 회색의 각석은 석회암으로 이뤄져 있고, 푸른 각석은 색유리로 만들어진다. 금색 각석은 제작하는 데 특히 비용이 많이 든다고 한다. 처음에는 유리층, 그

위에 금박, 또다시 유리. 하지만 아주 얇은 도금에 불과하다.

그녀의 손이 몇 센티미터 떨어진 예술 작품 앞에서 경외심으로 흔들렸다. 나는 더 가까이 다가갔고 놀라움을 금치 못했다. 표면은 불규칙하고 평평하지 않았다. 몇몇 돌들은 불과 몇 평방밀리미터 밖에 되지 않아서, 묘사된 사람들의 얼굴 자체에서 정교한 뉘앙스를 풍기고 있었다. 동공, 눈밑의 그늘, 분홍빛 뺨. 나는 경건하게 지상에서 약 25미터 위까지 모자이크 연작으로 빼곡히 채워진 둥근 지붕 주변으로 올라갔다. 팀 작업이 이룬 위대한 성과라는 생각이 들었다. 우리는 이곳 위로 올라온 후로 점점 조용해졌다.

많은 장면은 전체적으로 파악할 수 없다. 연구원은 이 연작은 창세기와 최후의 심판이 틀을 에워싸고 있으며 요셉, 요한, 예수의 이야기를 묘사하고 있다고 설명했다. 모든 것이 약 7미터 높이에 있는 하늘의 영광 가운데 있는 구원자보다 우뚝 서 있었다. 뒤셀도르프의 불굴의 수호성인 바르바라를 만났을 때처럼 구원자는 성흔이 남겨진 손을 활짝 펴고 축복을 하고 있었다. 이것은 세례 장면이라고 했다.

연구원이 다시 나를 부르더니 내가 그냥 스쳐 지나간 자리를 가리켰다. 세례받은 사람의 다리 위에 물결 모양의 연녹색 선이 움직이고 있었고, 돌과 돌 사이는 회반죽으로 메워져 있었다. 약간의 거리를 두고 윤곽이 넘실거렸다. 내 앞의 강 표면이 움직이기 시작했다. 세례 장면은 마치 살아 있는 듯 생동감이 넘쳐흘렀다.

나는 건축가가 말하고 있는 것을 더는 따라갈 수 없었다. 아름다음에 완전히 사로잡혔기 때문이다. 일행에서 떨어져 잠시 시간을 잊은 채 있었는데, 이제 내려가자는 말을 들었다. 중간쯤 높이에 있는 아쿠아리움으로 다시 내려오자 연구원은 이 공간에 창조와 구속사가 녹아 있다고 간단하게 정리해주었다. 그러자 다른 연구원이 전에 이곳에서 무슨 일이 있었는지 상기시켜주며 내 상상력에 날개를 달아주었다.

거의 1,000년 전 과거로 돌아가는 시간 여행. 이곳은 어두운 세례당이고 부활절 밤이다. 조용히 찬양을 부르며 세례당으로 행렬이 들어온다. 이들은 갓 태어난 아이들에게 세례를 주고 도시 공동체의 일원으로 받아들인다. 몇몇 세례자들의 부모들은 위를 올려다보고 있다. 모자이크 천장을 가물가물 타오르는 촛불이 따뜻한 빛을 비추고 있다.

지금, 이 순간의 나처럼 몇몇 교회 방문객들은 천년의 시간을 거슬러 올라간 것 같다고 생각하고 있을지 모른다. 세례 요한은 요단강에서 세례를 받았다. 어쩌면 그는 저 먼 옛날, 홍해를 건너 출애굽을 하던 그 시절을 떠올리고 있을지도 모른다. 이제 신부가 성수를 퍼내며 시간을 초월해 새 생명과 세계를 이어준다.

넋이 빠져 있다가 가까스로 현재로 돌아왔다. 곳곳에 사람들의 무리가 있었지만 나는 거의 느끼지 못했다. 시간이 무색하게도 이곳에 온 지 아주 오래된 것처럼 느껴졌다. 우리는 어젯밤에 피렌체 예술가의 집 카사 주카리Casa Zuccari에 왔고 지금 천장의 프레스코화를 보며 감탄하고 있었다. 천장의 네 면은 사계절을 다루고 있는

데 이는 순환하는 시간, 절기, 영원 회귀를 상징한다. 이런 순환은 선형적 시간과 우리의 유한성을 연상시키는 묘사로 인해 중단된다.

한 면에는 젊은 바쿠스Bacchus가 절제된 모습으로 반쯤 채워진 와인 잔을 들고 있다. 마찬가지로 다른 면에도 포도주의 신이 묘사되어 있는데, 죽음이 임박한 술에 취한 노인의 모습이다. 나는 이렇게 해석해봤다. 이 세상에서는 정해져 있는 시간만이 우리에게 허락되고, 이 시간 동안 우리는 영원한 윤회에 갇혀 있어야 한다고 말이다.

우리는 계속해서 좁은 골목길을 지났다. 시간이 멈춘 듯했다. 시간은 무엇으로 이뤄져 있고, 시간의 특성은 무엇인가? 드레스덴의 한 연구원은 아인슈타인은 시간을 노예화했다고 말했다. 어쩌면 그는 자신의 이론에 시간을 끼워 맞췄는지 모른다. 그에 앞서 뉴턴이 그런 식으로 끼워 맞췄기 때문이거나 이렇게 정의된 시간이 일상을 통해 우리에게 친숙하기 때문이다. 하지만 굳이 그렇게 할 필요는 없었다고 한다. 현재 일어나는 모든 일은 서로 연관된 신체의 운동에 불과하기 때문이다.

대강절 저녁 프라우엔키르헤Frauenkirche(독일 뮌헨에 있는 대성당-옮긴이)의 크리스마스 시장Striezelmarkt을 지나 호텔로 돌아오는 길에 느꼈던 불안함이 피렌체 한복판에서 갑자기 몰려왔다. 확실하게 말할 수 있는 건 아무것도 없다는 사실을 깨달음으로써 느꼈을 때의 불안감이, 전혀 다른 맥락에서 또다시 꿈틀거린다.

우리는 미켈란젤로의 다비드상 복제품이 있는 시뇨리아 광장

Piazza della Signoria에 도착했다. 전날 밤 나는 사진으로 이 작품을 보며 감탄했었다. 중요한 건 미가 아니라 미에 대한 역사적 기준이라는 것을 배웠다. 머리로는 완전히 이해할 수 있었지만 마음에서는 저항이 일어나고 있었다. 무엇이 또 확실한가? 시간? 미? 지금 나는 이 도시의 영광스러운 광장에 서 있고, 관광객들이 여기저기서 몰려든다. 나는 시간을 초월한 미가 존재하길 소망한다. 자연과학자로서 이래도 되는 걸까?

한 연구원이 나의 불안함을 눈치챈 듯했다. 그녀는 미학은 하나의 조직, 공간과 문화 속에서 탄생하는 것이라고 했다. 하지만 그렇기 때문에 미의 범주를 포기할 필요는 없다.

공항으로 가는 길에 나는 시간을 초월한 미를 수학에서 찾을 수 있는지 스스로 질문했다. 혹시 미는 머릿속에서만, 추상 속에서만 존재하는 것일까? 괴팅겐의 수학자 카를 프리드리히 가우스Carl Friedrich Gauß는 마법이 균형과 조화를 감싸고 있다고 말했다. 생존하는 최고의 수학자 중 한 사람인 페터 숄체Peter Scholze가 화려한 미사여구는 아니어도 비슷한 표현을 한 적이 있다. 그는 동료 수학자인 게르트 팔팅스Gerd Faltings와 마찬가지로 수학계의 노벨상이라고 여겨지는 필즈상을 수상한 인물이다. 본의 막스플랑크 수학연구소MPI für Mathematik에서 만난 그는 수학 문제를 풀 때 만족감으로 충만하다고 했다.

그의 사무실에서 나는 도시의 중심에 있는 베토벤 상을 바라봤다. 이 연구소는 매년 전 세계에서 수백 명의 초청 학자들이 몰려오기 때문에 늘 생동감이 넘친다. 그럼에도 매우 조용했으며 티타임이 되어야 떠드는 소리가 들려왔다. 이 젊은 수학자가 서 있는 벽에는 연구소 설립자이자 2012년 세상을 떠난 프리드리히 히르체브루흐Friedrich Hirzebruch의 그림이 걸려 있었다. 히르체브루흐는 자신의 강의에서 수학의 아름다움을 종종 강조했다고 한다.

스튜어디스가 피렌체에서 집으로 돌아가는 소형 프로펠러 비행기에 속히 탑승하라고 재촉했다. 그때 나는 히르체브루흐의 이런 가르침이 젊은이들에게 전해져 살아 숨쉴 것이라는 생각을 하고 있었다.

현관에 배낭을 내려놓자 문득 베를린의 막스플랑크협회 세미나장 하르나크하우스Harnack-Haus 벽에 쓰여 있는 괴테의 문장이 스쳐 지나갔다. "생각하는 자의 가장 큰 행복은 연구할 수 있는 것을 연구하고 연구할 수 없는 것을 잠잠히 경외하는 것이다." 나는 가만히 있었다. 적어도 이 순간만큼은 그래야 했다. 조만간 나는 또 길을 떠날 것이다. 이 여행을 통해 나는 중요한 깨달음을 얻었다. 호기심은 절대로 마르지 않고 연구는 계속되리라. 그러면 미래의 세계가 열리리라.

후기

진리를 찾는 노력에는 국경이 없다

이 여행을 통해 나는 미래의 세계가 어떻게 탄생하는지 더 많이 이해할 수 있었다. 모든 것은 경탄, 호기심, 질문으로 시작한다. 그리고 연구 계획이 수립되고 데이터가 수집되고 가설이 생성된다. 이를 통해 학문은 아이디어, 통찰, 기술을 제공한다. 이렇게 새로운 행동의 선택지가 마련되고 이를 실행으로 옮기는 과정에서 제품, 치료, 법 개정 등이 이뤄진다. 학문은 무엇이 만들어질 수 있는지 제시하지만, 사회는 실제로 만들어지는 것에 대해 결정한다. 그리고 정치는 이에 유리한 제반 조건을 마련하고 필요한 경우에는 규제를 통해 개입한다.

하지만 이렇게 단순하게 흘러가는 경우는 드물다. 현실은 훨씬 더 복잡하다. 대부분 학문은 우리를 미래의 세계로 직접 인도하지 않는다. 연구는 보이지 않는 것에 빛을 비추고 현실을 더 정확하게 알 수 있도록 우리를 도와주지만 일반적으로 단지 더 많은 디테일을 제공할 뿐이다. 때때로 우리는 이런 연구를 통해 미래의 세계를 열 수 있는 결과를 얻는다. 나는 이런 획기적인 통찰을 '변혁적 transformative'이라고 표현한다. 연구자들이 미지의 세계에 발을 들였을 때 그곳에서 길을 찾지 못하기 때문이다.

발걸음을 뗄 때 비로소 길이 만들어진다. 핵심은 그 길을 걷는 과정에서 항상 신중해야 하고, 예상치 못했던 것을 깨닫고, 계속 추적해가는 것이다. 따라서 탁월한 연구자들을 적극적으로 지원하는 게 중요하다. 이들은 미개척 영역에서 길을 닦고 변혁적인 지식을 세상에 전달하기 때문이다.

미래의 세계는 종종 전혀 예상치 못했던 방식으로 열린다. 변혁적인 지식은 대부분 사람이 기대하지도 않았던 저 모퉁이에서 나타난다. 박테리아의 면역 체계는 유전질환을 치료하는 열쇠를 쥐고 있다. 조류藻類 연구는 난청 퇴치를 위해 더 중요해질 것이다. 전파천문학은 해양 지진을 예측하는 방법을 제시할 것이다.

우리가 구하지 않고 단지 찾기만 한다면 무엇을 할 수 있을까? 단 한 가지만 도움이 된다. 넓은 범위의 연구 주제를 얻고 새로운 연구 영역을 개척하는 것이다. 이렇게 우리는 지식을 비축하고 미지의 세계를 준비한다. 우리는 그 중요성을 코로나 팬데믹을 통해 절실히 깨달았다.

나는 변혁적인 연구가 학문과 사회에 필요한 변혁에 어떻게 기여할지도 질문을 던져봤다. 변혁적 연구의 부가가치는 종종 완전히 새로운 해결 방안을 제시한다는 데 있다. 연구가 잘 알려진 기술을 더욱 향상시키거나 기존에 정착된 프로세스를 극대화하는 경우는 드물다. 잘 알려져 있다시피 이를 위한 응용 학문이 있다.

그러나 연구해야 실행에 옮길 수 있고 연구를 통해 새로운 질문들이 생긴다. 이런 질문들은 일반적으로는 전혀 수용되지 않는 것들이다. 실리적 관점에서 판단하면 기초 연구와 응용 연구를 구분하는 것이 합리적이지만 이렇게 되면 서로 강화하고 보완하는 측면만 남는다는 점을 유념하길 바란다.

이 여행을 하면서 나는 변혁적인 통찰을 얻을 기회를 늘리기 위해, 학문이 어떻게 구성되어야 하는지 곰곰이 생각했다. 혁신적인 두뇌, 행정적 지원, 현대적인 인프라, 안정적인 재정 등 성공을 위한 필수 요소가 있다. 하지만 이상적인 연구소의 기준은 최신 연구에 맞춰져 있다. 이 기준은 지역적으로도 정착되어 있고 전 세계에 네트워크화되어 있다. 이것이 바로 미래에 대한 열린 자세이며 연구의 필요성에 역동적으로 부응하는 것이다. 따라서 꾸준히 발전하는 연구소만 성공할 수 있다. 움직이는 자만이 정상에 오를 수 있다.

이런 변혁적인 지식에는 특별한 책임이 뒤따른다. 연구의 결실이 세상을 변화시킬 수 있기 때문이다. 따라서 최고의 윤리적 기준에 맞춰 최대한 지속적으로 실행할 수 있는 연구 작업만으로는 충분하지 않다. 비판적 캐묻기와 개방적인 커뮤니케이션도 연구자의 책임이다. 사실과 허구를 구분하는 것도 학문에 도움이 된다. 이는 민주주의 강화를 위해서도 매우 중요하다. 이렇게 학문은 판단력을 키워주고 근거에 기반한 한 정책 결정의 토대를 마련한다. 나는 과감하게 주장할 수 있다. 오늘날만큼 학문이 중요했던 적은 없다.

학문은 우리의 미래를 전혀 다른 방식으로 만들어간다. 이와 관련해 흥미로운 사례가 제2차 세계대전 이후 독일과 이스라엘의 화해다. 1959년 와이즈만 연구소Weizmann Institute of Science는 막스 플랑크협회 소속 학자들을 이스라엘로 초청했다. 양국 최초의 공식적인 만남이었다. 독일 기본법에 명시된 학문의 자유는 모든 연구자에게 전 세계와의 교류를 보장하고 있다. 현재는 러시아의 우크라이나 공격과 같은 정치적인 상황으로 공식적인 협력이 불가능한 상황이지만 말이다.

학자들은 종종 최신 정치, 사회, 경제 상황을 초월하는 관점을 갖고 있다. 그래서 전 세계 연구자들은 서로 교류해야 한다. 진리를 찾기 위한 노력에는 국경이 없기 때문이다. 이런 교류를 외교적으로 활용하려면 학문의 자유가 보장되어야 한다. 실제로 이 세계에서 학문의 자유는 점점 제한되고 있다. 그로 인해 미래의 세계는 닫혀 있는 상태다.

아쉽게도 내 여행은 여기서 끝나지만 영원히 끝나지 않을 여행이 있다. 이 여행은 여행자들을 변화시키고 미래의 결정에 영향을 끼칠 것이다. 현실의 여행에서뿐만 아니라 생각의 여행을 통해서도 변화는 가능하다. 이렇게 미래의 세계가 열릴 수 있고, 그렇게 되길 소망한다. 이 여행을 함께해준 여러분에게 깊은 감사를 드린다!

감사의 말

이 책이 탄생하기까지 도와준 모든 분에게 깊은 감사를 드린다. 특히 자신의 연구를 설명해주고 내 질문에 친절하게 답해준 많은 학자 여러분에게 감사 인사를 전한다. 그리고 내 조교 야니네 블뤼멜Janine Blümel과 알무트 부르크도르프Almuth Burgdorf와 협의해가며, 때로는 지나치게 복잡했던 여행 준비 과정을 지원하느라 애쓴 카트야 케터를레Katja Ketterle 박사가 이끄는 막스플랑크협회 일반 행정 부서 직원들에게 고마운 마음을 전한다.

수많은 방문 일정에 동행해준 막스플랑크협회의 사무총장 지모네 슈바니츠Simone Schwanitz 박사, 집필 작업 초반부터 조언해준 마라 마우러Mara Maurer에게도 감사 인사를 전한다. 텍스트에 관한 제안과 더불어 내용과 글을 교정해준 슈테판 가이어Stefan Geier에게도 고맙다. 그는 내가 기차나 호텔에서 원고를 한 장씩 보낼 때마다 필요한 조언을 빼먹지 않았다.

그리고 각 장별로 비판적이고 전문적인 교정을 해준 연구소의 연구원분들에게도 감사 인사를 전한다. 1장은 토마스 헤닝, 미하엘 크라머, 2장은 위르겐 렌, 리카르다 빙겔만, 3장은 마르틴 비켈스키, 랄프 복, 4장은 요하네스 크라우제, 요하네스 죄딩, 5장은 슈테판 그릴, 하우케 힐렌, 6장은 슈테판 라운저, 요하네스 죄딩, 7장은 멜리나 슈, 요헨 링크, 8장은 베른하르트 쉴콥프, 요하네스 죄딩, 9장은 임마누엘 블로흐, 클라우스 블라움, 10장은 카이 준트마허, 11장은 디어크 라베, 12장은 지필레 귄터, 베티나 로치, 13장은 우어줄라 라오, 옌스 베커르트, 14장은 타트야나 회른레, 나드야마야사리, 15장은 토비아스 본회퍼, 라인하르트 얀, 16장은 엘리자베스 빈더, 울만 린덴베르거, 17장은 탄야 미할스키, 한나 바더가 교정 도움을 주었다.

마지막으로, 항상 든든한 나의 지원군이 되어주고 이 원고가 나오기까지 조언을 아끼지 않은 내 아내 슈테파니 크라머-그슈벤트Stefanie Cramer-Gschwend에게 고맙다. 원고료는 막스플랑크협회에 기증하려고 한다.

부록

막스플랑크협회 소개

막스플랑크협회는 굴지의 연구 기관이다. 31명의 노벨상 수상자를 배출한 이 연구소는 세계적으로 권위 있는 연구 기관 수준의 논문을 발표하고 있으며 발표 건수는 매년 1만 5,000건에 이른다. 약 300명의 연구소장과 수백 개의 연구팀은 최고의 연구 조건 아래서 연구 주제를 스스로 결정한다. 막스플랑크협회는 100여 개국 출신의 직원들 총 2만 4,000명과 함께 자연과학, 생명과학, 법학, 인문과학, 사회과학 분야의 84개 연구소와 기관을 운영하며 새로운 연구 분야들이 정착될 수 있도록 연구 스펙트럼을 꾸준히 확장하고 있다.

이 책을 위해 방문한 막스플랑크 연구소들

날짜	막스플랑크 연구소	해당 챕터
2022년 8월 11일	공유재(본)	13
2022년 8월 11일	노화생물학(쾰른)	7
2022년 8월 12일	신진대사(쾰른)	7
2022년 8월 12일	수학(본)	17

2022년 8월 18일	분자생리학(도르트문트)	6
2022년 8월 18일	보안 및 개인정보보호(보훔)	8
2022년 8월 19일	분자생물의학(뮌스터)	7
2022년 8월 24일	기상학(함부르크)	2
2022년 8월 24일	물질 구조 및 역학(함부르크)	9
2022년 8월 25일	해외 및 국제 사법(함부르크)	14
2022년 8월 25일	해양미생물학(브레멘)	4
2022년 8월 31일	해외공법 및 국제법(하이델베르크)	14
2022년 8월 31일	천문학(하이델베르크)	1
2022년 9월 1일	핵물리학(하이델베르크)	9
2022년 9월 2일	의학(하이델베르크)	5, 9
2022년 9월 5일	인지과학 및 신경과학(라이프치히)	15, 16
2022년 9월 6일	진화인류학(라이프치히)	4
2022년 9월 7일	민족학(할레)	13
2022년 9월 8일	자연과학 속 수학(라이프치히)	13
2022년 9월 13일	물리학(뮌헨)	9
2022년 9월 14일	천체물리학(가르힝)	1
2022년 9월 14일	플라스마물리학(가르힝)	12
2022년 9월 15일	양자광학(가르힝)	9
2022년 9월 15일	외계물리학(가르힝)	1
2022년 9월 16일	행동생물학(콘스탄츠)	3
2022년 9월 19일	신경생물학(마르틴스리트)	15
2022년 9월 19일	조류학(제비젠)	15, 16
2022년 9월 20일	생화학(마르틴스리트)	5, 6, 7
2022년 10월 24일	분자식물생리학(포츠담)	3
2022년 10월 24일	콜로이드 및 인터페이스 연구(포츠담)	10
2022년 10월 25일	중력물리학(포츠담)	1
2022년 11월 3일	중력물리학(하노버)	1

2022년 11월 16일	교육(베를린)	13, 16
2022년 11월 17일	플라스마물리학(그라이프스발트)	12
2022년 11월 21일	고체(슈투트가르트)	9, 12
2022년 11월 22일	지능형 시스템(슈투트가르트)	8
2022년 11월 22일	지능형 시스템(튀빙겐)	8
2022년 11월 23일	생물학(튀빙겐)	3, 4
2022년 11월 23일	바이오사이버네틱스(튀빙겐)	15
2022년 11월 28일	생물지구화학(예나)	2
2022년 11월 28일	화학생태학(예나)	3
2022년 11월 29일	지구인류학(예나)	2, 4
2022년 11월 29일	고체화학물리학(드레스덴)	9, 11
2022년 11월 30일	복잡계물리학(드레스덴)	5, 9
2022년 11월 30일	분자세포생물학 및 유전학(드레스덴)	4, 5, 7
2022년 12월 5일	화학적 에너지전환(뮐하임)	11
2022년 12월 5일	석탄(뮐하임)	10, 11
2022년 12월 6일	철(뒤셀도르프)	10, 11
2022년 12월 6일	행동신경생물학(본)	15
2022년 12월 12일	심장 및 폐(바트 나우하임)	7
2022년 12월 12일	법제사 및 법이론(프랑크푸르트)	14
2022년 12월 13일	생물물리학(프랑크푸르트)	5, 6
2022년 12월 14일	진화생물학(플뢴)	4
2023년 1월 10일	소프트웨어 시스템(카이저스라우테른)	8
2023년 1월 11일	소프트웨어 시스템(자르브뤼켄)	8
2023년 1월 11일	컴퓨터과학(자르브뤼켄)	8
2023년 1월 12일	지구미생물학(마르부르크)	11
2023년 1월 16~18일	플로리다 신경과학연구소(미국 주피터)	15
2023년 1월 23일	정신의학(뮌헨)	16
2023년 1월 24일	혁신 및 경쟁(뮌헨)	13

2023년 1월 26일	사회법 및 사회정책(뮌헨)	13
2023년 1월 31일	복합기술시스템 역학(마그데부르크)	10, 11
2023년 2월 8일	경험적 미학(프랑크푸르트)	16, 17
2023년 2월 9일	에른스트슈트룅만 연구소(프랑크푸르트)	16
2023년 2월 9일	뇌(프랑크푸르트)	15
2023년 2월 21일	면역생물학 및 후생유전학(프라이부르크)	6, 7
2023년 2월 22일	범죄·안전·법(프라이부르크)	14
2023년 2월 23일	태양계(괴팅겐)	2
2023년 3월 6일	폴리머(마인츠)	10
2023년 3월 7일	화학(마인츠)	2, 10, 12
2023년 3월 7일	전파천문학(본)	1
2023년 3월 8일	식물육종(쾰른)	3
2023년 3월 8일	사회(쾰른)	13
2023년 3월 13일	광물리학(에를랑겐)	7, 9
2023년 3월 14일	마이크로 구조물리학(할레)	9
2023년 3월 20일	인구통계(로스토크)	13
2023년 3월 21일	감염생물학(베를린)	6
2023년 3월 21일	병원체 과학연구센터(베를린)	7
2023년 3월 22일	프리츠하버 연구소(베를린)	11
2023년 3월 22일	분자유전학(베를린)	6, 7
2023년 3월 23일	과학사(베를린)	17
2023년 3월 29일	헤르치아나 도서관(로마)	17
2023년 3월 30일	예술사(피렌체)	17
2023년 4월 13일	다학제적 자연과학(괴팅겐)	5, 7
2023년 4월 13일	다종교 및 다인종 사회(괴팅겐)	13
2023년 4월 18일	역학 및 자기조직화(괴팅겐)	2, 13
2023년 4월 20일	심리언어학(네이메헌)	16
2023년 4월 25일	세법 및 공공재정(뮌헨)	14

막스플랑크 연구소 지도

네덜란드

- 네이메헌

이탈리아

- 로마
- 피렌체

미국

- 플로리다 주피터

브라질

- 마나우스

- 연구소/연구실
- 분원/출장소
- 기타 연구 기관
- 유관 연구 기관

찾아보기

ㄷ

ㄹ

ㅁ

"과학적 사고의 씨앗" 프린키피아

프린키피아(Principia)는 '시작, 기초, 원리'를 의미하는 라틴어로,
프린키피아 시리즈는 모든 지식의 기초이자 근원인 과학을 탐구하고
세상이 돌아가는 원리를 알고자 하는 독자를 위한 교양 과학 시리즈입니다.

프린키피아 004

과학의 최전선

1판 1쇄 발행 2025년 7월 4일
1판 2쇄 발행 2025년 8월 28일

지은이 패트릭 크래머
옮긴이 강영옥
감수 노도영
펴낸이 김영곤
펴낸곳 (주)북이십일 21세기북스

정보개발팀장 이리현 **정보개발팀** 이수정 이지윤 양지원 김설아
교정교열 김순영 **디자인 표지** 문성미 **본문** 푸른나무
마케팅 김설아
영업팀 정지은 한충희 장철용 강경남 황성진 김도연 이민재
제작팀 이영민 권경민
해외기획팀 최연순 소은선 홍희정

출판등록 2000년 5월 6일 제406-2003-061호
주소 (10881) 경기도 파주시 회동길 201(문발동)
대표전화 031-955-2100 **팩스** 031-955-2151 **이메일** book21@book21.co.kr

KI신서 13639

ISBN 979-11-7357-349-1 (03400)
(주)북이십일 경계를 허무는 콘텐츠 리더
